馬のこころ

HORSE BRAIN, HUMAN BRAIN
The Neuroscience of Horsemanship
Janet L. Jones, PhD

脳科学者が解説するコミュニケーションガイド

ジャネット・L・ジョーンズ

尼丁千津子 訳

私が生まれたときから、数えきれないほど多くの本、
頼れる優秀な人々（の脳）、そしてウマを、
いつも私のそばに絶やさないようにしてくれた父、
ジェリー・ジョーンズに本書を捧げる。

Horse Brain, Human Brain
by Janet L. Jones, PhD

Japanese translation rights arranged with
Trafalgar Square Books
through Japan UNI Agency, Inc., Tokyo

目次

V　ホースマンシップは知識だけではない　381

脳は――空よりも広い――
だって――その二つを並べて比べてみると――
脳のなかに空を入れられるから
とても簡単に――それにあなたのことも――一緒に

脳は海よりも深い――
だって――その二つを持って――比べてみると
脳は海を吸い取ってしまえるから――
スポンジが――バケツのなかの水を――吸い取るように

脳は神様の重さとほとんど同じ――
だって――その二つの重さを――比べてみると――
たとえ――もしぴったり同じではなくても――
その差は音節と音くらいしかないから――

エミリー・ディキンソン（一八六二年）*

I

人間社会に生きる動物たち

Animals in a Human World

1 ウマと人間の最強チーム

「まったく、もうこいつの引き綱は持ちたくないよ。こいつの顔も見たくない。こいつときたら、まだトレーラーに入ろうとしないんだ。『このいまいましいウマをタダで差し上げます』と書いた看板を首にくくりつけて、こいつを道端に放り出しておいてくれ」。顔を真っ赤にした友人はそう言うと、汗まみれの栗毛馬につながれた引き綱の先を私に押しつけ、足を踏み鳴らして去っていった。どうやら、ここ数時間のチームワークはうまくいかなかったようだ。

ウマと人間は、少なくとも五五〇〇年前から協力しあってきた（あるいは、協力しようとしてきた）。ウマの乳が人間の食用とされ、ウマに手綱をつけて人が乗ったり馬車を引かせたりしていた痕跡を示す石器時代の道具が、カザフスタンで発見されている。[1] それ以来、私たちはこの力強くて美しい動物と、軍隊、農業、運輸、警察、治療（セラピー）、競技、牧場での作業、仲間としての交流、運動、娯楽といったさまざまな場面でともに活動してきた。ウマは人間の生活のありとあらゆる側面で、主要な役割を果たしてきたのだ。

今日、全世界には六〇〇〇万頭を超える数のウマがいると推定されている。アメリカ馬評議会財団によると、この四本足の友は年間一二二〇億ドルの経済的な威力があり、アメリカ一国だけでも二〇〇万件近いフルタイムの雇用を創出している。[2] また、アメリカでは約二七〇〇万人が乗馬をしている。[3] こうした数字から、いかに多くのウマと人間の「異種間ペア」が、互いに努力して協力しあっているかがわかる。

本書の目的は、ウマと人間からなるチームのあらゆる領域において、ホースマンシップを向上させられる脳機能の基本的な性質と、それをいかにうまく働かせるかを説明することだ。とはいえ、この領域は広大だ！　競技にはドライビング（馬車）、ジャンピング（障害飛越）、レイニング、ボルティング（軽乗）、キツネ狩り、カッティング、ロデオ、バレル、エンデュランス、競走、ばんえい、ランチライディング、ドレッサージュ（馬場馬術）、ロービング、トレイルをはじめ、実に多くの種目がある。ウマ科はとても多彩な能力を備えているのだ。騎乗法も、次のように非常に細かく分けられている。ウエスタン、ブリティッシュ、ドレッサージュ、オーストラリアン、ハントシート、ジャンピングシート、サドルシート、ジョッキーシート、バッドシートなどだ。まあ、最後のバッドシート（悪い乗り方）は冗談だが、実際にそうなってしまっている場合も少なくない。

今日、全世界におけるウマの品種は少なくとも四一五〇種類にのぼっている。[4] その多くは各競技向けに特化されたものだ。たとえば、サドルシートエクィテーション競技でクライズデール、あるいはロービングでセルフランセの品種が登場することは考えられない。「エクウス・カバッルス」という学名を持つこの動物の種類は、実に多岐にわたっている。

これほどとてつもなく多くの品種が存在するウマに共通する数少ない要素のなかで、最も重要なのは脳だ。脳はまばたきから空中での跳躍（カプリオール）にいたるまで、ありとあらゆる行動を制御する。脳はすべてのウマにも人間にもひとつずつあり、両者の協力関係がうまくいくかどうかを決定づけるものだ。つまり、よりよいチームづくりを目指したければ、あなたのウマの脳について知ろう。さらに、自分自身の脳についても。

試行錯誤

今日までほぼずっと、人々は試行錯誤と指導を重ねてウマと乗り手を訓練してきた。ウマに簡単な目標を与え、それを達成するための方法をいくつか試し、うまくいったものを採用した。そして、調馬師たちはそのようにして選びぬいた調教手法を、ウマを扱うほかの人々に教えた。

この手法は何世紀もの間、一般的に行われてきたが、さほど優れていたというわけではなかった。その理由のひとつは、試行錯誤は誤ったやり方をたくさん試す方法だということだ。私たちはあるやり方を試すたびに、本来ならウマに学んでほしくないことを教えるというリスクを冒すことになる。そうすると今度は「教えたことを忘れさせる」作業が必要となり、それはたいてい難しく、しかも時には危険をともなう。実験用のモルモットのような経験を積まされたウマは混乱するか、さらにひどい場合は腹を立ててしまうこともある。

もうひとつの理由は、この従来の手法が画一的な点だ。この「ひとつのやり方をすべてに当てはめる」方法は、動物にはあまりうまくいかない。人間と同様に、どんなウマも素性がそれぞれ異なり、経験や長所、短所もさまざまなため、ほかに同じウマはひとつも存在しない。クローンのウマの脳でさえ、日々の経験の違いによって、元のウマのものとは異なっている。つまり、あるウマと人間のチームの目標達成につながった訓練手法も、別のチームでは役に立たなかったり害になったりすることもあるのだ。

しかも、訓練手法の多くは、それを用いて教えるのが予想以上に難しい。あなたも指導員から「こんなふうに脚を動かして」と、おもちゃの粘土でできた脚でないと無理な動作を指示された経験があるのではないだろうか。卓越した指導者に恵まれていない場合、よくしつけられたウマと熟練した乗り手のチームをつくりあげるには、果てしない時間と恐ろしいほどの手間と忍耐が必要なのだ。

さらに、私たちが採用してきた技術は、脳の機能をまったく考慮に入れていないことが多い。たとえば、人間は乗っているウマに対して、ウマが恐れを抱いている物に向かって突き進むよう指示することがある。たいていの乗り手が行っている調教だが、それはウマの脳の仕組みに沿ったやり方ではなく、逆らったものなのだ。ウマの脳の仕組みに逆らった乗り方をしている例は、あなたが想像している以上に多い。ウマと人間の脳について学んでいくにつれて、あなたにもこの矛盾がもっとよく見えるようになるだろう。

試行錯誤と指導を重ねた調教の問題の根源は、採用された調教手法がなぜ、どのようにしてうまくいくのかが、きちんと説明できないことだ。そうした課題の解決にまさに役立つのが、脳科学だ。私たちはウマと人間の脳の仕組みを学ぶことで、チームとしての能力を通常の枠をはるかに超えたレベルへと向上できる。その学びの過程で、私たちはウマが取る行動の理由を考え、次にその振る舞いをウマの脳レベルで変えられないかを探る。そうしてウマたちの脳に共通する原則を理解できれば、どんな調教手法がうまくいくのかをより正確に予測できるようになる。

脳の仕組みに基づいたホースマンシップは、それぞれのチームに最適な新たな調教手法をつくりだすためにも役立つ。私たちは脳機能の基本原則を用いることで、ウマと乗り手が各々の違いを認識しながらも、互いの心と頭の自然な働きを調和させてチームとして動けるよう調教できる。これは「魚を与えてやれば一日食事に困らないが、魚の釣り方を教えてやれば一生食事に困らない」という古くからのことわざとよく似ている。そうした調教の結果、ウマと人間の双方がよりうまく行動できて、より満ちたりた気分になれる。

人間の脳、ウマの脳

ウマが関わるスポーツでは、乗り手のために脳科学が取り入れられつつある。実技や競技に必要な精神力を育むために、乗馬に携わる人々に協力する心理学者も増えてきた。乗り手はスポーツ心理学を学ぶことで、賑やかなホースショーでの競技会でも集中する方法や、競技で緊張してあがらないよう気持ちを落ち着かせる方法、困難な課題に挑戦して自己鍛錬によって日々の自分の弱さを克服する方法、毎日の訓練につきものの厳しい指摘を受け入れる方法を身につけることができる。そういった学びは、間接的にウマのためにもなる。なぜなら、優れた乗り手の集中力、冷静さ、自制心、そして自信は、乗っているウマにも伝わるからだ。

とはいえ、こうした学びを達成しても、それは脳の仕組みに基づいたホースマンシップという分野のごく一部に触れたにすぎない。それらはウマと協力して行動するときに必要な、動作の正確なタイミング、かすかなバランスの移動、極度に研ぎ澄まされた感覚といったものを実現するための、人間の脳による自身の体への指示の出し方に対応していない。あるいは、さまざまな度合いの指示を出す能力を発揮しながら、ウマから時に求められる病的なまでの冷静さを見せるといった、ウマの調教に必要な感情的側面の多くについて考慮されていない。さらに、ウマにいつどういった声かけをしたりどんな態度を示したりするべきか、冷静さや落ち着きをどのように伝えるか、私たちがなぜ異種間のボディランゲージを理解しなければならないかなどの、ウマと人間の協力関係に必要なコミュニケーション面での知識を身につける方法にも対処していない。

このように、ウマが関わるスポーツにおいては、現状では乗り手についての脳科学がわずかに取り入れられているだけで、ウマの脳機能についてはまだほとんど知られていない。解剖学や生理学の題目としてちらほら取りあげられることはあるが、そうした情報は推測だったり、的外れだったり、無関係だったりするものが多い。しかもたいていの場合、不正確だ。いったい、なぜそうなるのだろうか？　それには次のような理由がある。

- 脳に関する事実の多くは新しく発見されたものが多く、今もまだ研究が進められている途中だ。四〇年前には、頭のなかを調べられる脳画像診断機器や、思考をシミュレーションできるほど高性能な並列処理コンピューターは存在していなかった。それらは現在では開発されているが、私たちは今なお、手に入れたこの新たな知識を発展させてあちこちの領域に応用しようとしている最中なのだ。

●ウマを被験体にするのは容易ではない。ひとつの部屋に一〇〇匹の研究用ラットを飼って実験を行うのはとても簡単だし、被験者として一〇〇人のボランティアを集めるのも決して難しくない。だが、一〇〇頭の「実験用ウマ」に対応しようとしたら、身も心も疲れ果ててしまうだろう。ウマはほかの実験用の動物に比べて、より多くの場所、時間、人員、餌、水、費用、器具、専門知識が必要になるからだ。しかも当然ながら、多額の損害賠償保険料もかかる。

●ウマに携わっている人もそうでない人も、この動物にどれほど多くの調教が必要なのかをわかっていない場合がほとんどだ。調教の過程は簡単そうに見えるため、「ただでさえ忙しいのに、なぜウマの生物学についての本当かどうかあやふやな情報を、わざわざ大量に詰めこまなければならないんだ?」と思われてしまいがちなのだ。「さっとまたがるだけで、ウマを乗りこなせる!」というのが一般的な感覚なのだろう。乗馬学校の生徒のあまりに多くが、週一度のレッスンで本物の技能を身につけられるという幻想を信じこまされている。三日間かけて行われる子ウマの初調教競技を初めて見た人は、調教とは一回の土日で完了するものだと思いこむだろう。ウマの新米所有者たちは、一カ月の調教でウマが高度な目標を達成できるようになるなどという「三〇日間の奇跡のレッスン」にいまだ金をかけようとする。それが悪徳主催者のよくある宣伝文句だとは夢にも思わずに。

実のところ、調教が始まったばかりのウマは、まっすぐに歩く方法さえ知らないのだ。乗り手の体重にうまくバランスを取る方法もわからなければ、曲がり角に来たときに曲がるという動作をしなければならないことにも気づいていない。乗り手が出す最も基本的な指示さえ、何の意味かまったくわかっていない。こうした若いウマたちは「止まれ」や「進め」、そして「私を振り落としたら承知しないぞ」といった基礎中の基礎をまだ学んでいる最中なのだから。未熟なウマにとって、人間の世界は途方に暮れるほどの混乱の極みだ。人間との確かな意思疎通によって安定した行動を取れるようになるまでウマを調教するには、何年もの努力が必要なのだ。

- 脳科学者とウマの調教師との交流がほとんどない。両者はまったく異なる世界で働いているため、厩舎の壁にもたれてそれぞれの仕事について雑談するといった機会がない。脳科学とホースマンシップを結びつけるためには、白衣と乗馬ズボンを同時に着て、おまけにがっしりしたカウボーイブーツも履かなければならない。「神経学」という用語を使わずに神経学を説明できなければならない。それはいわば、「論文の執筆で指にインクの染みがついた、歯に衣着せぬウマオタク」になるということだ。

脳の相互作用

私たちはウマと人間の脳がそれぞれどのように機能しているのかを学ぶのみならず、その二つがどのように相互作用しているかについても考察しなければならない。互いを理解しあうことは、チームワークの実現に極めて重要だからだ。二つの脳、とりわけ異なる種の二つの脳が連携するというのは人生においてあまりない結びつきだが、脳の仕組みに基づいたホースマンシップを身につければ、それがまさに実現できる（図1－1）。あなたがウマに前進するよう命じると、あなたの脳内の神経細胞が発火して興奮が伝わる。ウマは一歩前に進み、その間、ウマの脳があなたに神経信号を送り返す。次にあなたがその信号を受け取って、というように続けていく。二つの脳によるこうした緊密な連携は、異なる二つの種に授けられた自然な形のコミュニケーションだ。この一連の仕組みは、どういったものだろうか？　それがうまくいかないときがあるのは、なぜだろうか？　より円滑なチームワークを実現するために、連携を最大限に高めるにはどうすればいいだろうか？

そのためにやるべきことのひとつは、「ウマは常に人間の考え方に従わなければならない」という思いこみを捨てることだ。当然ながら、明確な境界線やウマに求める基準をしっかりと設定するのはあなただが、ウマがあなたに伝えようとしていることに耳を傾ければ、調教の効果がよりいっそう高まるし、しかもより大きなやりがいを感じられるようになる。ハリウッドは「ウマに囁くことで信頼関係を築く」という例の非現実的な物語を映画化したが、名調教師たちは囁いたりしない。彼らは「観察し」、「耳を傾け」、「学びとり」、そして「考える」。囁くのは、あくまでウマのほうなのだ。人間の役目は、ウマたちのどんなかすかな合図にも気づけるよう注意を怠らないことだ。動物に対して常に私たちに合わせるよう求めるのではなく、彼らの目線に立って理解しあえるよう努力してみよう。

この種の相互理解を深めるには、ウマの頭のなかで何が起きているのか考えてみなければならない。たとえば、ウマに穏やかに前進してもらいたいとしよう。知識と経験のある調教師の大半は、「このウマにそれをどうやって教えればいいだろう？」とまず自分自身に問いかける。だが、本当はもう一

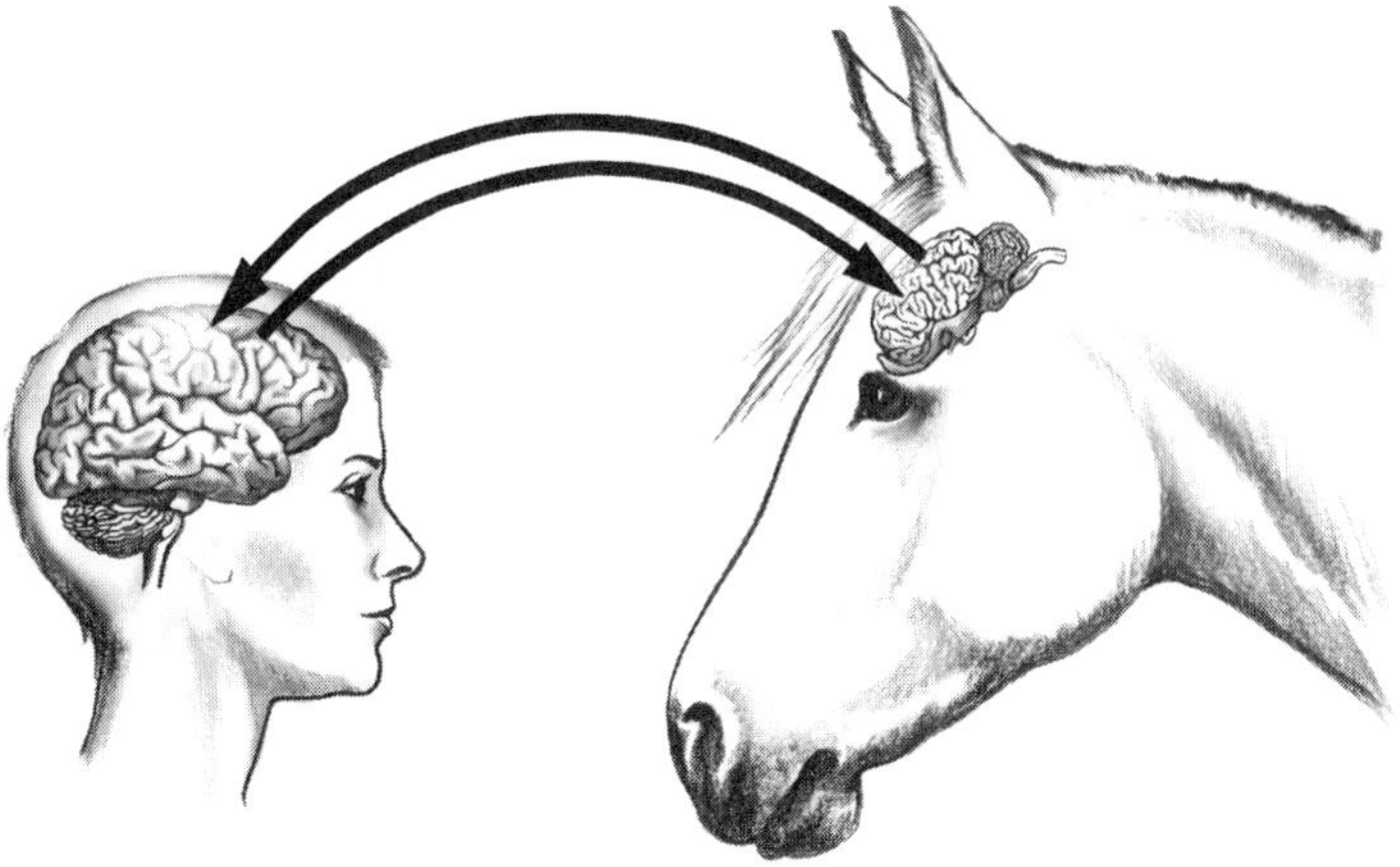

1-1 ウマと人間のチームにおける相互理解は、この２つの種の脳同士のコミュニケーションにかかっている。

歩踏みこんで、「彼はどのようにして学習するのだろう？」とまで考えなければならないのだ。予期せぬ光景に驚いて後ずさりすることを自分のウマにやめさせたければ、「彼はどのようにして周囲を見ているのだろう？　なぜ怖がっているのだろう？」と、あなたは自分自身に問いかけなければならない。もし自分のウマとより緊密な関係を築きたいなら、「彼はどのようにして結びつこうとするのだろう？　彼にとって安心とはどういうことなのだろう？」と自身に尋ねてみよう。

そうか、よくわかった、とあなたは思うかもしれない。だが、実際にやってみようとすると……。こうした問いかけをして、その答えを学ぼうとするには時間がかかることがわかる。ただ単にウマに命令に従わせるほうが早いのだ（まあ、そうすることもたまにはある）。だが、強制は教えることとは違って、相手に何の学びももたらさない。それならば、命令するよりもウマの本能的な好奇心に訴えて興味をかきたて、私たちが求めていることに応えたいとウマに思わせるようにしたほうがいいのではないだろうか？　そして、そのお返しに、今度は私たちが彼らの求めることに応えてあげればいいのだ！

ウマの脳の仕組みに逆らうのではなく合わせることで、牧場での挨拶に始まって、障害飛越競技で二・五メートル近い壁を飛越するにいたる、どんな場面での相互理解も円滑になる。ウマと人間の連携は、私たちが命令してウマが応じるという一方通行のものになりがちだ。多くのウマは、人間の一方的な判断による指示を驚くほどよく受け入れる。とはいえ、ウマと人間のコミュニケーションが双方向で行われるようになれば、調教内容は飛躍的に向上する。より安全で穏やかで、より早く上達できる効果的なものになって、しかも格段に面白くなる。そうして、私たちはほかの種の脳を通じて世界を体験しはじめる。それはすばらしい気持ちになれることでもあり、しかも真のホースマンシップについて知りうるすべてに光を当ててくれるものでもあるのだ。

異種間コミュニケーション

人間とのコミュニケーションが最もうまい動物は何かと尋ねられたら、大半の人は「イヌ」と答えるだろう。やはりイヌは最も一般的なペットで、人間の合図への注意力を生まれ持つよう進化を遂げてきた。だが、私はウマと乗り手との異種間コミュニケーションのほうが、はるかに大きな可能性を秘めていると思っている。なぜなら、通常イヌに対して使っている声かけ、身ぶり、ボディランゲージに加えて、乗り手は自身のウマと体を触れあっていることが多いからだ。どんなペアも皮膚、筋肉、腱、体重配分、バランスを通じて、情報を互いに送受信する。こうした接触は、前述のようなウマと人間の神経細胞同士の緊密な連携を引き起こす。

体が大きいにもかかわらず、ウマは信じられないほど繊細だ。サドルにまたがった乗り手が、運動中のウマに速度を落とすよう伝える場面を想像してみてほしい。優れた乗り手が出す合図のひとつは、ウマの肩甲骨を引きよせて胸の上部を開くことだ。この変化によって、ウマの脳内の神経回路網で発火が起きる。訓練されたウマはすぐさま反応して、若干速度を落とす。その反応は乗り手の体を通じて本人の脳へそのまま伝えられ、すると脳は次の指令をウマへ送る。というように、ウマの脳、次に人間の脳で神経細胞が発火しながら、やりとりが続いていく。それはたとえばニトログリセリンの錠剤を舌の下に入れて溶かす代わりにニトログリセリン注射液を静脈に点滴して直接心臓に送りこむのと同様に、何らかの介在を一切必要としない、神経の直接的な結びつきと呼べるものだ。

本書では私たち人間とウマの頭のなかを探っていくことで、次のような目的の達成を目指す。

- 私たちのコミュニケーションの形をウマのものに合わせられるようにして、絆を強める。ウマと結びつくことができれば、ウマは自身が怖いと思う場所に連れていかれたり、難しい技に挑戦させられたりするのを厭わなくなるほど、あなたを急速に信頼するようになる。
- 動物を調教する際、私たちにその動物の脳に関する知識があれば、強制あるいは強要によってではなく、見識と思いやりによって調教できるようになる。私たちが教えながら彼らの不安を理解して受け入れようとしていることを動物がわかるようになれば、調教は成功に向かっている。

・ウマがなぜ私たちの思うように行動しないのかを理解して、そこから創造性に富んだ新たな解決策を思いつけるようになる。なぜ、この栗毛の牝馬は自分を乗せることを拒んでいるのだろう？ そんなときは、この牝馬の脳の仕組みを調べて、彼女が自身のコミュニケーション方法で何を伝えようとしているのかに耳を傾けてみよう。
・異なる種の脳の違いを分析することで、私たち自身の間違いを減らせるようになる。動物調教師たちはみな、仕事のなかで一番難しいのは人間を訓練することだと指摘している。

目標達成への障害

ウマを扱う際の脳科学の必要性について語ると、きりがない。この必要性について、大半の人は理にかなった考えだと同意してくれる。だが実際に取り入れようとすると、いくつもの障害にぶつかってしまう。そうした壁を、今すぐ脇へやってしまおうではないか。

「脳科学？ 本気で言っているのか？ 私は単科大学をぎりぎりで卒業したというのに」。脳はこの世で最も魅力的な最先端研究分野かもしれないが、たしかに易しい部類には決して入らないだろう。本書では「脳」について、通常なら大量に出てくる仰々しいラテン語は抜きにして、できるかぎり見たままをわかりやすく語るつもりだ。それに、神経系の働きについて細かい点まですべて把握していなくても、それらに関する役立つ知識をウマに乗るときに活用することは十分可能だ。

「必要ない。そんなものを読むひまがあったらウマに乗る」。もちろん、今のままでも乗馬は楽しい。

だが、もっとうまく乗ることで自分のウマと本物の信頼関係が築ければ、もっと楽しくなる。それは、あなたのウマがどのように考えているかを理解することで実現できる。それに、ウマとの関係はただ乗るだけではない。あなたのウマはあなたのことをもっとよく知りたいと思っている。脳があらゆるものを司っていることを、ウマの協力によってあなたも実感できるだろう。

「とにかく、『従うスイッチ』がウマの体のどこにあるか教えてくれさえすればいい」。それは私もぜひ知りたいものだ！　ただ、あなたがウマに求めている振る舞いは、おそらく一つや二つのスイッチでは対応しきれないほど複雑なものだ。たとえば、競走馬をじっと静かに立たせておくには、多くのスイッチが必要だ。たしかに、あなたのウマを一年か二年の間、個別に調教してもらえば、担当の調教師がいくつかスイッチをつくって、押し方をあなたにも教えてくれるだろう。だが、それではあなたが自身のウマと本物の相互理解を築いたとはいえないのだ。もし、「従うスイッチ」さえ手に入れば満足するなら、ゴルフカートを買うことをお勧めする。「餌代」も少なくてすむ。

「『科学』という言葉がついているものは、どれも退屈でよくわからない」。科学者だって普通の人だ。私たちは生命の仕組みや謎に興味があり、その研究を毎日の課題としてこなせるように、小さな段ごとに区切って進めている。それはおそらく、あなたの仕事のやり方と同じではないだろうか。それに、「私はなぜあんなふうに思ったのだろう?」「ああ、なぜあんなことを口にしてしまったのだろう?」という問いから、自分の脳の働きを学んでいくのは意外に楽しいものだ。さらに、あなたが自分のウマに頭を使わせる何かをやらせようとして、それを理解したウマの目に興味が浮かぶ様子を見るのも心地よいものだ。

「ウマは人間である私の言うとおりに行動すべきだ」。人間の脳のしごく当然ともいえる性質のひとつは、人間を中心に考えるようにできていることだ。生存するためには、そうでなければならなかった。紀元前三五〇年にギリシャの哲学者クセノポン[6]が乗馬について記してから今日にいたるまで、ウマの調教は人間の自己中心主義に則って行われてきた。とはいえ、恐怖心の強い、五五〇キロ近い重さの被食動物であるウマをあなたの指示に従わせようとするのは、子イヌをしつけるのとはわけが違う。ウマの尻を押し下げながら、「おすわり！」と次第に声を張りあげればいいものではない。自分のウマの脳についてよく知れば、あなたももっとうまくウマに指示できるようになるだろう。

「ウマに乗るのは簡単だ。何も大げさに騒ぎ立てる必要はないじゃないか」。息を切らせながら踏み台に登り、脚を細長いプレッツェルのように空中に伸ばしながらレッスン用のウマの背に這うようにしてまたがって、その高さに目が回るまでしがみつくことは、ほぼ誰でもできる。だが、ウマを本当に乗りこなすのは、決して簡単ではない。心身の強さ、協調性、努力、知識、技能、それに山ほどの練習が必要だからだ。そして、そういった懸命な取り組みによって、人生における喜びと熟練の技を手に入れるという成果がもたらされる。さらに、それはウマの心身の安定や健康にもつながる。

私が「ウマオタク」になるまで

私がウマと脳に興味を持つようになったのは、アリゾナ州スコッツデールで過ごした小さいときのことだ。そこではウマは生活の一部であり、子どもたちにとっての移動手段でもあった。当時のスコッツデールはウマやウシの広大な大牧場に囲まれた牧畜区域内の、面積およそ一〇平方キロメートル、人口約一万人の小さな町だった。[7] 私は子ども時代の大半を、パロベルデの木の下で読書するか、ウマにまたがって汗まみれになりながら駆け回って過ごした。私たち子どもはポニーに乗り、未舗装の道路を走ってはお互いの家を行き来したり、砂漠の茂みにふざけて飛びこんだりした。あるとき、父に連れていってもらったホースショーで、乗り手が自身の体を上下に弾ませながらウマを走らせているのを見た。「あれは軽速歩《けいはやあし》だ」と父に説明してもらった私は、たちまち魅了された。その瞬間から、乗馬は私の使命になったのだった。

　それから何年もの間、私は六〇頭のウマを預かっている厩舎に住みこんで、二名の調教師に指導されながらウマに乗った。そこは調教用の施設だったため、ほとんどのウマが若いか、何らかの問題を抱えていた。つまり彼らは、人間の世界をまだ知らない赤ちゃんと、ほかの誰も扱いたくない厄介者が混ざった集団だったのだ。私は一日に七、八頭のウマを調教して、さらに乗馬初心者たちへの指導も行った。

　そこに脳への興味が加わったきっかけは、クォーターホース種の三歳の牡馬に乗っていたある早朝のことだった。〈ディーシー〉という名のこの子ウマは、のちに体高一六・三ハンド（約一六六センチ）にまで成長し、その大きさにふさわしく、名馬〈ドックバー〉並みの尻という強力なエンジンを備えるまでになった。あの日、ディーシーが将来的にカッティング競技に向いているかどうかを判断するために、私たちは初めて本物のウシと戯れた。すると、彼は早速その才能を発揮してしまったのだ。

　私は単に場の雰囲気を味わわせるつもりだった。だが、この冒険が始まると、ディーシーはすぐさま一頭の若い去勢雄牛の気配に聞き耳を立て、体を低くして急ブレーキをかけながら、瞬時に一八〇度の方向転換をした。それはカッティングですでに実績をあげているウマと、寸分違わぬ速さだった。私は何とかディーシーの背にしがみついていたが、装着しておくべきではなかった一・五センチ近い拍車を、うっかり彼の脇腹に当ててしまった。ディーシーはものすごい勢いで後肢を蹴り上げて高く飛び、吹っ飛ばされた私はフェンスの支柱代わりに垂直に立てられていた枕木に頭から思いきり突っこんだ。当時は現在に比べて安全対策への意識が低い「暗黒時代」だったため、ストラップつき乗馬用ヘルメットやプラスチック製のフェンスはまだ存在していなかったのだ。

「我に返った」のは、その日の午後のことだった。だが、どうやらそれまでの間に、何頭かのウマの調教を行っていたようなのだ。しかも、周りの人々によると、私は「いつもどおり」に話したり、歩いたり、馬具をつけたり、ウマに乗っていたりしていたらしい(若かりし頃の私の「いつもどおり」がどんなものであったのかは、ここでは触れないほうがいいだろう)。その後の数年間は、一時的な記憶喪失に何度も襲われた。「ふと気づくと」いつの間にかある場所にいて、そこにどうやって来たのか、そこで何をしていたのかはまったく思い出せなかった。そうして、二時間から時には二日間にも及ぶ完全なる意識の欠落の最中に、なぜ自分の脳が私を正常に働かせ続けられるのかを、私は自身に問いかけるようになった。

その疑問に答えるために、乗馬の合間に脳についての本を読むようになり、やがて認知科学で博士号を取得した。この言葉を聞いて、不安になる必要はない。「認知科学」とは、ある普通の一日の間に頭のなかで通常何が起きているかを解明していくことを、小難しく言い表した用語にすぎない。その後、人間の脳がいかにして認識、学習、記憶、伝達、思考するかを、単科大学の学生たちに教える仕事に就いた。朝の八時に、起きぬけでぼんやりしている一八歳の学生たちに神経細胞の中身を教えるには、普通のやり方では通用しない。この若者たちが少なくとも授業中に起きていられるような方法で、脳について説明しなければならなかった。

長年、私は二つのことを掛け持ちしてきたが、二〇一四年にようやくウマと脳がひとつになった。枕木に衝突したあの日から、ずいぶん長くかかってしまった。私は終身在職権が保証されていた教授職を辞して、ウマに関連する新たな仕事を始めた。自分で立ちあげた、ウマの調教を中心とするこの事業は軌道に乗っている。現在私が目標としているのは、ウマと人間のチームにおける脳の働きを解明することだ。

この先の道のり

本書は五部構成になっている。第一部では本書の内容説明を行い、捕食者と被食動物によるチームづくりにおける課題を、私たちの脳をつくりだした進化の圧力に着目しながら検討していく。

第二部では光景、音、匂い、味、触感、姿勢の認識といった、外界の感知について重点的に取りあげる。そこでは、人間の自己中心主義がすぐさま浮き彫りになる。たいていの場合、乗り手はウマが人間とまったく同じ方法で周囲を認識していると思っている。この間違った思いこみによってウマは混乱し、ウマを扱う人々はいら立つのだ。

第三部では、ウマがどのようにして学習、模倣、問題解決、記憶するのかを見ていく。調教師たちは通常逆の方法に頼っているが、ウマの脳が「正の強化」によって最も効果的に学習するのはなぜだろう？　天然化学物質が脳組織に流れるタイミングが極めて重要なのはなぜだろうか？　報酬が食べ物の場合、なぜそれが大きなプラスにも大きなマイナスにもなりうるのだろうか？　なぜ、罰を与えることが最悪の教え方なのだろうか？　こうした連合学習の基本をひととおり解説したあとに、間接的な訓練の効果について説明する。第三部の最後では、目標によって働く人間の脳が、刺激によって働くウマの脳に指示しようとするときに生じる危険について考察する。

第四部ではウマの注意、感情、計画性に着目する。ウマに何を教えるにしても、私たちはまずウマの注意を引いて、彼らの感情を安定させなければならない。ここではウマがいかにして自身の感情を表したり、私たちの感情を読み取ったりしているかを見ていくのに加えて、ウマが感じる恐怖、不安、信頼についても説明する。さらには、戦略についての次のような疑問も調べていく。ウマの脳にはあらかじめ計画を立てる能力が備わっているのだろうか？　もしそうであれば、彼らは自身の行動に対して非難されるべきなのだろうか？

そうして最後の第五部では、「真のホースマンシップ」について取りあげる。知識や技能も当然ながらホースマンシップの重要な要素だが、ウマを大事に扱うということの倫理哲学についても議論したい。男女関係なく、本物の「ホースマン」はウマが求めているものを一番に考えて、たとえウマが望ましくない振る舞いをしたときでさえも寛大な気持ちで受けとめる。本書の役目は読者にウマの頭のなかを学んで理解してもらうことだが、それは決して私たちがより上手にウマを乗りこなし、より効果的にウマを調教し、ウマを可愛がって保護するためだけではない。脳科学をホースマンシップに取り入れることで、二つの種の間に信頼と責任の絆が結ばれるほど、私たちが一頭一頭のウマを深いところで理解できるようになることも本書の大事な目的なのだ。

本書について

この本で解説されている脳科学はどれも、ウマと関わる現場で取り入れることができるものばかりだ。それは、権威ある理論を読んで頭の片隅にただ置いておくのではなく、日々の生活のなかで実際にあなた自身の脳を使ってウマに乗ってほしいからだ。どの章でも、私が調教で関わったウマについての事例を紹介している。それらは、私がウマの頭のなかを理解しようとした取り組みの成功例や失敗例だ。途中、脳細胞がどのように電気の火花を起こして、細胞内で生成された化学物質を放出するのか、その仕組みも説明する。番号がついた注釈を、巻末に掲載している。また、本書全体に図をふんだんに取り入れていて、ウマの脳の図は見やすいように大きめになっている。用語集も掲載している。これらはすべて、あなたが自身のウマについて急遽、何か調べなければならなくなったときに、すぐに必要な情報を見つけて競技場に戻れるようにするためだ！

本書はウマと関わりあうすべての人に向けて書かれた。まったくの初心者、経験豊富な上級者、ウマの各種競技に携わっている人々、ウマに関連する仕事に就いている人々をみな対象にしている。こうした人々は誰もが、ウマの脳について理解しておくべきだ。だが、いかんせん対象者の範囲が広いため、箇所によっては専門家には易しすぎたり、反対に初心者には難しすぎたりして、不満に思われるかもしれない。そのような、自身のレベルとは合わない箇所が出てきたら、誠に申しわけないが理解を賜りたい。

「シンプルさは究極の洗練である」。これは、レオナルド・ダ・ヴィンチの名言とされている。[8]ダ・ヴィンチのこの言葉が正しいと信じたい理由は、一冊の本で人間やウマの脳の複雑さを完全に伝えることは不可能だからだ。そうするには、難しい用語を詰めこんだ本が何巻も必要となる。だが、それでは本書の企画意図にそぐわなくなってしまう。本書では主役である「ウマ」から話題が大きく外れないよう、脳の説明は正確さを保ちながらも簡潔にまとめている。

馬

この広い世界で
高慢さなき気高さ、
嫉妬なき友情、
虚栄心なき美は
どこにあるのだろう?
それは、優雅さが筋肉をまとい、
優しさのなかに強さが秘められた
ところにある[9]

ロナルド・ダンカン(詩人)　

脳の仕組みに基づいたホースマンシップを身につけることで、私たちは異なる種の一頭とチームを組んで、互いの脳を形づくるというすばらしい恩恵に浴することができる。だが、その成果を手にするには、人間とウマの脳の原則に逆らうのではなく、それに沿った取り組みを行わなければならないのだ。

2 脳を進化させる

脳がどのようにしてできたかを、なぜ知る必要があるのだろうか？ もう、脳は完全にできあがっていて、いつでも使えるようになっているというのに。だから、歌の一節のようにただ「黙って踊ればいい」のではないか？ それでも知らなければならない理由は、大昔に脳がいかに進化したかを見ることが、今日の脳の仕組みについて多くを教えてくれるからだ。

ウマの脳は、ウマの世界を感知して捉えるようにできている。一番おいしい草はどこにあるのか？ 水がある場所はどちらの方向だろうか？ ここで横になっても安全だろうか？ あの音は何だ？ 最優位の牝馬は、私に興味を持ってくれているのだろうか？ 一方、私たちはウマに対して人間の世界を感知して捉えるよう求めることが多いが、ウマの脳はそうするようにはできていない。

それにもかかわらず、私たちはウマに人間の世界を理解するよう求めるのみならず、私たち自身のことまで理解するよう求めているのだ！ あなたはそうではないかもしれないが、私の場合、人間の脳を持っているにもかかわらず、情けなくなるほどほかの人のことを理解できていなかったことが何度もある。さらに本音を言うと、自分自身のことをわかっていないときさえよくあるのだ。それなのに、それをちゃんとこなせるようウマに求めるのは、いかがなものだろうか?

人間、ウマ、あるいはどんな種の脳も、さまざまな方法で時間をかけてつくりだされてきた。脳が働く仕組みのなかには、修正しやすいものもある。私たちはウマの振る舞いを形づくるうえで、脳の働きのどれが変更できて、どれをそのまま受け入れなければならないかを知っておく必要がある。

- 脳はまず、その働きが各個体の生存と繁殖に大きな役割を果たす自然選択において進化した。たとえば、初期のウマは周囲の動きに素早く気づける個体が生き残る傾向があった。今日の脳の物理的構造は、何百万年も前における環境からの圧力によって決められたものだ。私たちはその構造に対して何らかの働きかけはできるが、その一部を除去したり変えたりはできない。
- 脳は人為選択によって行われる家畜化を通じて、与えられた環境に適応する。ここでの家畜化とは、ある特徴を持つ牡馬と牝馬を人間が選んで、同じ特徴を持つ子を産ませようとすることだ。その場合、生産者はウマを選ぶときに気質や調教のしやすさよりも、美しさ、速さ、強さを優先させることが多い。
- 脳は誕生から成年期への発達の過程で成熟する。人間の脳は一般的に思われているよりもゆっくり発達し、完全に成熟するまで二五年かかる。[1] 一方、ウマの脳が成熟して大人のものになるまでの期間は不明だ。ウマの体が成熟するまでにかかる年数は種類にもよるが、一般的には五年から七年だ。[2] 脳が発達している最中の経験が脳の働きを著しく変えることがわかっているため、ウマの早期調教は極めて重要だ。

・成年期の脳は、日々の学習に応じて物理的に変化する。あなたやあなたのウマが何か重要な経験をするたびに、脳細胞の間で新たな接続が形成される。これらの接続は、利用されることで脳内に永続的な記録をつくる。さらに、成年期を通じて新たな神経細胞がつくられる。[3]

自然選択

骨や歯の化石から、現代のウマの最古の祖先は五六〇〇万年前に北アメリカ大陸に生息していたことがわかっている。大きさは小型犬ほどで、間隔の広い目が顔の下のほうの鼻のあたりについていて、足には肉球と何本かの指があった。この時代の温暖な気候によって大陸の大部分が亜熱帯林で覆われていたことから、ウマの祖先たちは低い位置に茂った葉を食べ、住処にした。満ち足りた生活だった。

だが、それから二一〇〇万年後、氷河期に入るとともに気温が下がった。極冠が形成され、氷河が拡大し、森が滅び、大草原が現れた。固い土壌と丈夫な草で覆われたその土地は、周囲がよく見渡せる場所と捕食動物ばかりだった。ウマの祖先のなかで、こうした新たな状況に体が耐えられなかったものは次々に死んでいった。だが、たまたまほかよりも暖かい毛皮に覆われ、より大きな体、強い足、速い脚、硬い歯を持っていた数頭の個体が生き残った。彼らは繁殖し、その子どもも繁殖し、その次も……という長年の繰り返しが、その種の体と脳に変化をもたらしていった。[4]

もし機会があれば、裏が柔らかく、指がいくつもついたあなたの足で、でこぼこの地面を裸足でどれくらい速く走って逃げられるかを試してみてほしい。たいしてスピードが出ないはずだ。自然選択によってウマの足の外側にある指が退化しはじめたのは、そういうわけだった。現代のウマの脚のなかの副管骨、膝の上の夜目、球節にできている小さい角質塊である距《けづめ》は、祖先の足の外側についていた指の痕跡だ。[5] 一方、中指は拡大して硬くなり、荒れた土地でも長時間移動できる蹄《ひづめ》へと進化した。

また、より脚の長いウマのほうがこの新しい状況下で生き残って子孫を残せる可能性が高かったため、ここでも自然選択が働いてウマは長い脚で速く走れるよう進化した。脚の骨は長くなった。今日のウマの「膝」(副手根骨)は、実は人間の手首に相当している。副手根骨より下はすべて、とても指が長い人間の手のようなものだ。ウマの足首である球節は、人間の手の指の付け根にある太い関節部分と同じである。このように骨が伸びたことで、腱も長くなった。今日のウマの脚は電光石火の速さで走って逃げられるようにできているが、長いがゆえに脆弱でもある。一方、長い脚を手に入れたことによって頭の位置が草原の背丈のある草よりも高くなり、体を低くして待ちかまえている捕食動物を察知しやすくなった。[6]

脳が采配を振る

ウマの脳の感覚器は、こうした自身の体の進化によるさまざまな変化に順応しなければならなかった。草をかきわけて進む捕食動物がカサカサと立てる音といった、気配や音にすぐに気づけるよう、周囲に対する運動視や細かい音を聞き分ける聴覚の精度が向上した。嗅覚は捕食動物からの安全確保や、水がある場所に到達するための極めて重要な感覚になった。運動協調性と速筋は、逃げるために

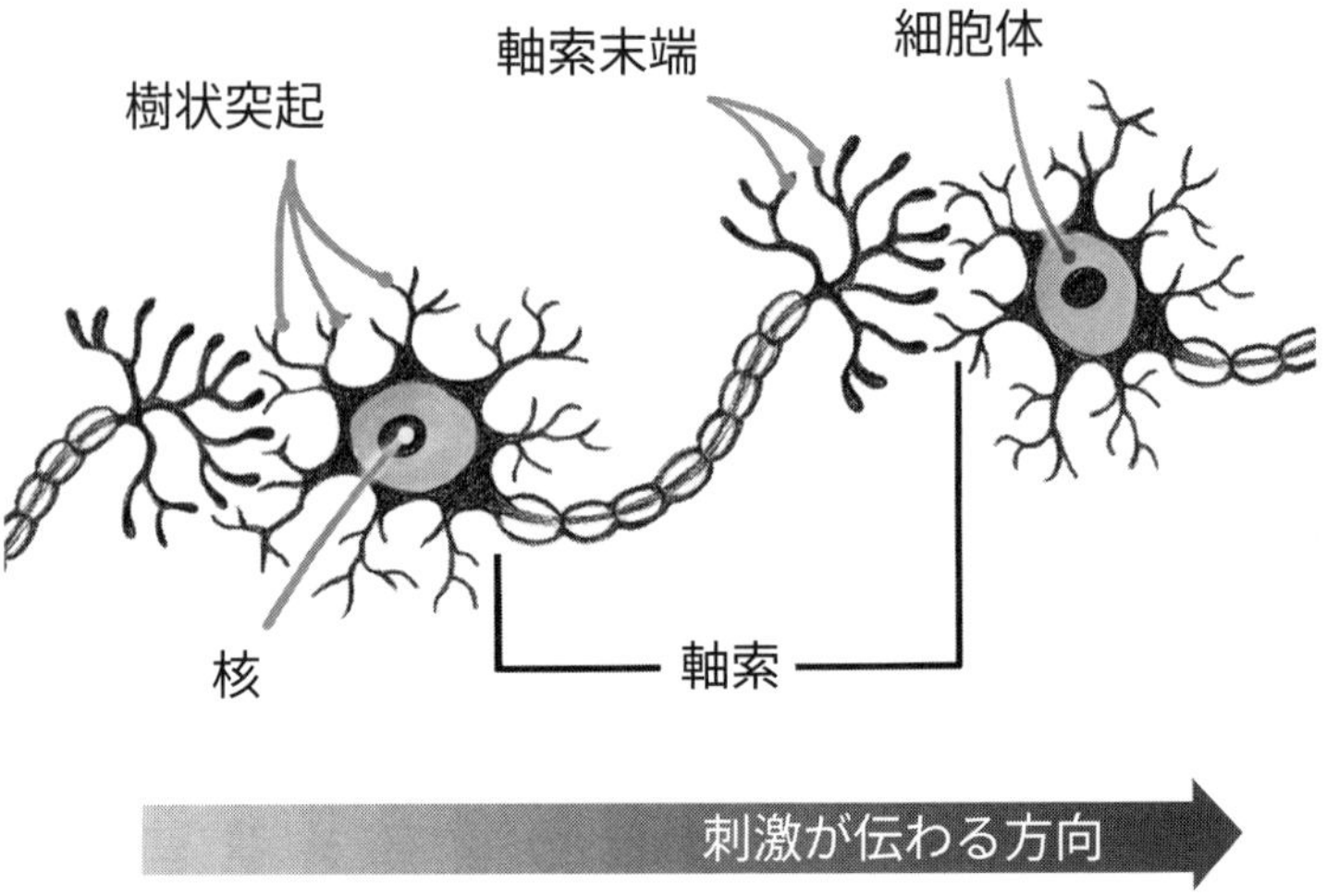

2-1　神経細胞はウマや人間の脳内で、電気刺激を伝えている。神経細胞の樹状突起は受けとった電気信号を、軸索を通じて軸索末端に送る。軸索末端はその情報を次の神経細胞の樹状突起に伝える。

なくてはならないものとなった。こうした感度の鋭敏化の一部は目、耳、鼻、そして筋肉で行われた。だが、よりいっそう感度が高まったのは、送られてきた感覚信号を解釈する脳組織や、行動を起こす指示を脳内のさまざまな部位に伝える「確立された経路（ハードワイヤリング）」においてだった。

　脳細胞の内部の仕組みも、変化に順応した。情報をより速く伝達できるよう、各神経細胞の細長い突起（軸索）を覆う脂質の組織がつくられた（神経細胞は脳細胞の一種で、機能に関する情報を伝達する）。現代のウマの場合、軸索のなかには脳から伸びて体内をぐるりと回っている、長さおよそ三メートルになるものもある。[7] 最速のものは毎秒約一二〇メートルまでの速さで情報を送ることができる。[8] これは一時間で約四〇〇キロにもなる！　また、脳の清掃役であるグリア細胞が、神経細胞の恒常性を保つために増加した。神経細胞は、より速く効率的な接続を確立できるようになった（図2－1）。さらに、学習過程の障害にしかなりえない未使用の接続を除去する、脳の能力も向上した。

ほかにも脳が順応した点は、エネルギー源として大量に消費するグルコースを、摂取した食物からより効率的に吸収するようになったことだ。人間の脳は重さでは体全体の二パーセントにすぎないが、体内のグルコースの二〇パーセントを消費する。[9] ウマの脳はそれ以上に貪欲で、体重で占める割合はわずか〇・二パーセントであるにもかかわらず、体内のグルコースの二五パーセントを消費している。[10] ウマでも人間でも、グルコースの過剰摂取は体に害を及ぼすおそれがあるが、反対に摂取量が少なすぎると脳が悪影響を受ける。血糖値が下がりすぎると意識が朦朧とするのはそのせいだ。

身を守るためのハードワイヤリング

大草原で危険信号を感知したウマは、何をするかをのんびりと決めるわけにはいかない。あれこれ考えるには、まず逃げて生き延びなければならない。その必要性に対処するために、ウマの脳は知覚を行動に直接つなげるよう進化を遂げた。たとえば、ウマの脳の視覚情報を処理する領域が目からの神経信号を受けとると、脳はその信号を「走れ」という指示とともに、運動を制御する領域へ送る（図2－2A）。情報を処理するこうした領域は、脳の表層である大脳皮質に存在している。これらの作業はすべて無意識に行われている。

人間の脳における知覚と行動を結ぶ情報伝達経路は、ウマのものとはかなり異なる。人間の場合、

2-2A ウマの脳は視覚野で受け取った新たな視覚情報を、即座の行動に結びつけるために運動野へ送る。

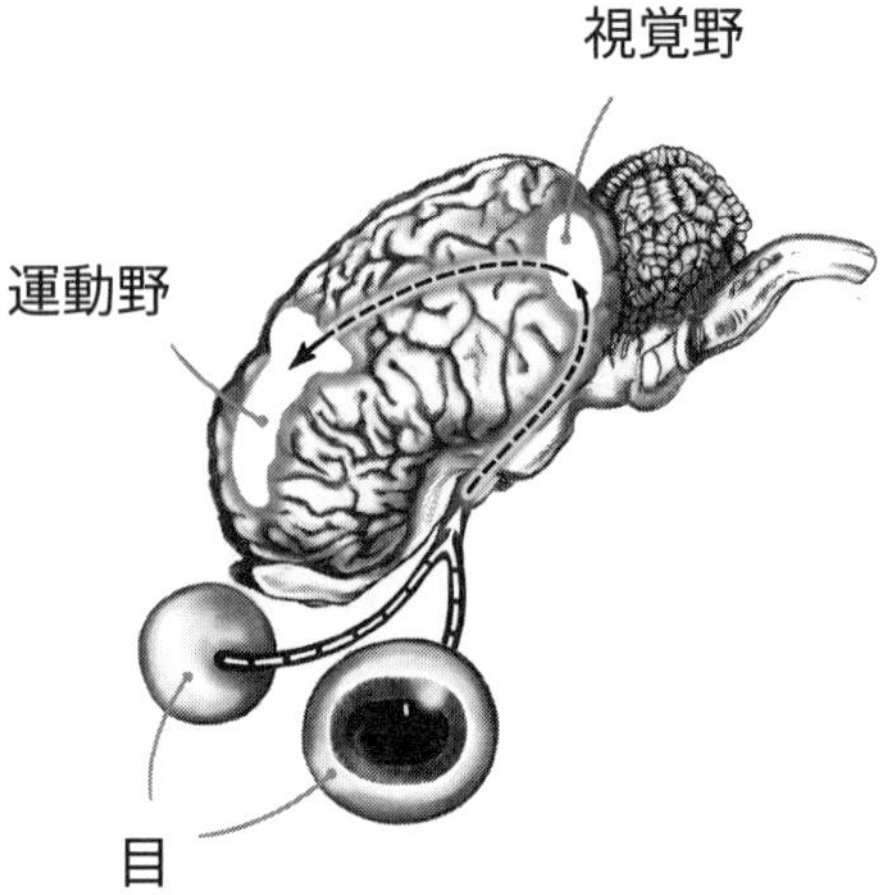

2-2B 人間の脳も視覚野で視覚情報を受け取る。だが、その情報は運動野で行動が引き起こされる前に前頭前野に送られ、そこで分析と評価が行われる[11]。

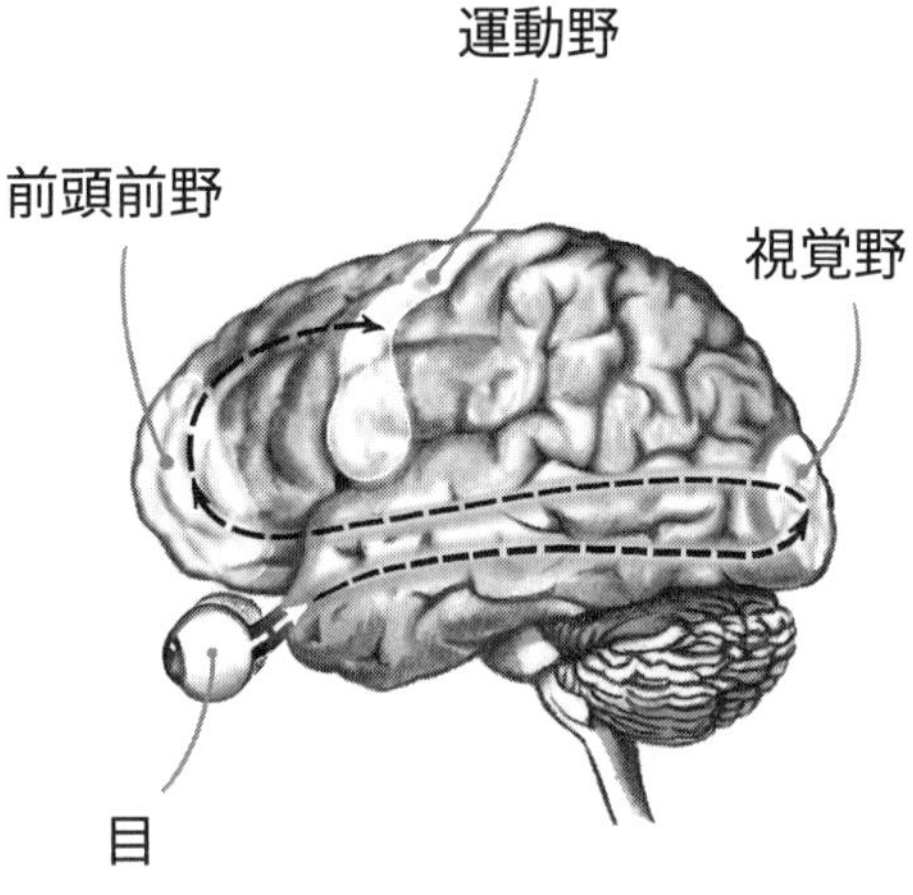

目から脳の後方にある視覚野に送られた神経信号は通常、伝達速度の遅い曲がりくねった経路へ迂回させられ、額のすぐ後ろにある前頭前野へ伝えられる。そこでは次のような分析が無意識に行われる。「私が見たのは何だったんだろう？　前にも見たことがあっただろうか？　あれはどういうことなんだろう？　私はどうすればいいんだろう？　どの選択肢が最良なんだろうか？　それはなぜ？　今日はもう昼ご飯食べたっけ？　おっと……集中しないと……えーっと、『選択肢17－c』は前にうまくいった。それをもう一度試してみよう」。そうして、ようやく行動が取られる（図2－2B）。もしこれがウマだったら、とっくにライオンにのどを噛みちぎられて、肢を半分ほど貪り食われているところだ。

反射運動

人間の知覚と行動が思考を介して行われているのであれば、なぜ私たちはあれほど急速に苦痛から逃れられるのかと不思議に思うかもしれない。それを可能にしているのは、脳が制御していない反射運動だ。この先、熱いコンロに触れてしまったとき（絶対に家でわざとやらないように！）、自分の腕が瞬時に引っこむことを確認してみてほしい。この運動は痛みの信号が脳に到達する前に、脊髄を介して起きる。思考は一切ともなっていない。ウマの反射運動の例は、皮膚からハエを振り払う、寒さに震える、せきをする、飲みこむ、乳を飲む、まばたきをするなどだ。

本能という生まれもったもの

何百万年にもわたる自然選択の過程で、脳の主な経路と構造が形成、確立された。進化とは常に現在に遅れをとるものだ。それゆえ、人間の脳は今日もなお、肉のために狩りをし、木の実を集め、寒さや雨を防ぎ、亜熱帯のサバンナで伴侶を見つけ、ライオンに食べられないよう子どもを守るといった能力を発揮できるよう機能している。たとえ今日の私たちが、夕食用にヌーを槍で突く代わりに材料をスーパーに車で買いに行ったり、インターネットでお見合いしたり、学校で撃たれないよう子どもたちを守ったりしていても、根本は同じなのだ。

経路のなかには脳の目的地へ向かう途中、あちこちに寄るものもある。そういった立ち寄り先の多くは、数百万年前においてはその経路の終着点だった。そういった今はもう使われていない「途中駅」を科学者が見つけると、それは以前の脳の働きが現在とは異なっていたことを示す証拠になる。一例をあげると、研究者たちは人間の脳において、進行方向指示と嗅覚を司る領域の間につながりが存在していることを、二〇一八年に発見した。[12] これはつまり、人間は今では嗅覚に頼りながら水を探す必要はなくなったが、かつてこの能力が生存を大きく左右していた状況に応じて、脳の構造が物理的に変化したことを示しているものだ。

心理学者の大半は、恋に落ちて相手に惹かれるのは本能的なものだと考えている。自分の意思でいきなり恋心を抱くこともできなければ、スイッチを切るかのように簡単にやめられるものでもない。この気持ちは、勝手に湧いてくるものだ。とはいえ、それに対処する方法がないということではない。

この気持ちに気づいてそれが何であるかを理解する術を身につけ、それが意味するものをいったん立ち止まって慎重に考え、「恋愛マスター」たちの意見に耳を傾け、心乱される状況から抜け出そうとすることによって、自分の気持ちにうまく折り合いをつけることはできる。つまり、そういった気持ちが心のなかにずっとあっても、それに従って行動しなければならないということではないのだ。

怯えて逃げようとするのは、ウマの本能的な行動のよくある例だ。ウマの脳は、危険かもしれないことが起きると急に向きを変えて逃げるよう進化した。ウマも人間とまさに同様に、自身の脳の自然選択で残ってきた性質に縛られている。しかも、ウマは人間に比べて、自身の本能的な行動に対処する能力がはるかに低い。ウマは非常に賢いが、本能を完全に制御するための前頭前野を擁していない。すぐ近くにいるクマの匂いを嗅いだウマに、何事もないかのように歩き続けさせようとするのは無理な話なのだ。

ちなみに、この例は仮想の話ではない。友人が所有しているこげ茶色のフワフワした毛並みのポニー〈アスペン〉は、農地から少し外れた荒れ地でよく怯えて逃げだそうとしていた。とりわけ、柳が鬱蒼と茂ったある場所のそばを通るのが嫌でたまらなさそうだった。アスペンはそこが危険だと確信していて、近づくたびに体中の筋肉をこわばらせ、ダンス勝負のリアリティ番組に出演しているかのような速いステップを踏んで、目を大きく見開いた。不満を解消できずに途方に暮れた持ち主は、アスペンが未熟さを克服できるよう調教師に依頼した。

ある秋の日、調教師がアスペンにまたがって例の茂みまで走らせると、いつもどおりの悪い癖が始まった。調教師が茂みのそばに近づくよう辛抱強く促すと、アスペンは震えながらもようやく言うことを聞いた。するとそのとき、茂みに潜んでいたクロクマが飛び出てくると、四つんばいでアスペンに向かってきた。アスペンは生き延びるために、猛スピードで駆け出して逃げきった。この例は、私たち人間にいろいろなことを教えてくれた。最大の教訓は「ウマが言わんとしていることに耳を傾けるのが、最善の策の場合もある」だ。そして、くれぐれもクマを突つき出さないように！

だが、そうだとすると、私たちは木の葉がカサカサと揺れるたびに、驚いたウマから振り落とされてもいいということなのだろうか？　もちろん、そうではない。私たちはウマに、「怖いと思う場所に時間をかけて慣れる」「もっと小さい動作で怖がる」「怯えて逃げたあとに、速度を落として状況を把握しようとする」「私たち人間の統率力を信頼する」といったことを教えられる。一方の私たちは、ウマが神経過敏になっているだけなのか、それとも本当に恐ろしい状況なのかを見分ける術を学んで身につけることができる。それによって、私たちは不満を解消できる。結局のところ、ウマ自身は本来の自然な習性に完璧に従っているにすぎないのだから。ウマが怯えて逃げようとするのは、車が衝突しそうになったときに同乗者もはっと息をのんで、何の役にも立たないのにブレーキを踏むかのように床に足を押しつけるのと同じ行為だ。それは生き延びるために、脳が無意識に取らせる手段なのだ。

社会動学

ウマという動物は大昔から存在しているため、群居本能が発達していて社会性が強い。常に仲間に反応している。私たち人間はこのかすかなやりとりをほとんど見落としているし、そもそも私たちがそばにいるときはやりとり自体が少なくなる。だが、周りに人間がいないときのウマは集団全体の知覚に頼り、仲間を模倣することで学習し、群れを統率するウマの指示を求め、社会的接触を通じて安心感を得る。

ウマが開けた草原で捕食動物から身を守れるように進化したことで、その脳は群れのなかでの行動に、よりいっそう依存するようになった。たとえば、一〇頭のウマが慣れ親しんだ放牧地で草を食んでいる光景を想像してみてほしい。より広い範囲を見渡すため、ウマたちは体がそれぞれ異なる方向を向くように、本能的に位置をわずかにずらしながら立っている。通常は頭を下げた状態のままだが、どのウマも互いに注意を払いあっている。もし、最も敏感なウマが聞こえた音の正体を確認するためにちらりと目を上げると、ほかのウマは彼に目をやるか耳を傾ける。一頭が驚くと、集団全体が瞬時にそちらに向く。安全でいるためには、互いが必要なのだ。

集団から離されたウマは、指示を求める対象をリーダー格のウマから人間へ移す。つまり、上位のウマがいないときは、あなたのウマはあなたに助けを求める。その場合、彼はあなたを仲間や下位の存在としてではなく、リーダーとして求めているのだ。

ウマ同士の社会的行動の一部は学んで身につけるものだが、大半は先天的だ。ウマが常に活用している、集団内の序列化、群れの状態の把握、発声による集団内でのやりとり、仲間の観察をうまく行うといった能力は、哺乳類の脳に先天的に備わっているものであることを、脳科学者たちは二〇一八年に発見した。[13] 私たちは調教を実のあるものにするために、こうした進化の目的を理解しなければならない。

進化の結果による行動傾向

捕食動物から逃げなければならないウマは、動きを制限されたり閉じこめられたりすることを本能的に恐れている。そのため、たとえば綱でつなぐときは、生まれ持った恐怖心をウマが克服できるよう、優しくゆっくりと慣れさせなければならない。狭い道を通るとウマの側面の視野が遮られてしまうので問題が起きやすいのだが、人間は知らず知らずにウマをそうした状況に頻繁に追いやっている。少なく見積もっても三五〇〇万年もの進化を遂げた結果、ウマの脳にとってトレーラー式馬運車という体の動きを制限される暗い金属製の箱は「死」を意味する。中に入らせようとする人間の言うことを聞かないウマは、気難しいのではない。あくまでウマであろうとしているのだ。

ウマが予期せぬ光景や音に敏感なのは、周知の事実だ。だが、ほとんどの人が気づいていないのは、ウマが最も驚く可能性が高いのは「素早い一瞬の動きや小さい音」という、驚く可能性が最も低そうなものに対してだということだ。それは、捕食動物が自身の存在を事前に知らせないよう、身を隠そうとすることからきている。もしあなたが、ウマに不慣れな人がウマの邪魔にならないよう「身を隠そうとした」ときの光景を見たことがあるなら、私が言わんとしていることにピンときたのではないだろうか。ある例を紹介すると、以前私が室内馬場でウマに調教を行っていたとき、見学者がラブラドル・レトリーバー犬を観客席の下に隠れさせようとした。すると、場内のすべてのウマが興奮状態になった。だが、よく見える場所にイヌが姿を現すと、ウマたちは落ち着いた。ウマから隠れるのはどうやっても無理な話であり、隠れて音を立てないようにし続けるという行為そのものが、姿をはっきりと見せてゆっくり近づくよりもずっとウマをうろたえさせてしてしまうのだ。

ウマと人間の脳の極めて大きな違いのなかには、捕食者と被食者という立場の差によって形成されたものもある。ウマは、（ウサギ、シカ、ウシといった多くの種と同様に）捕食動物の食物となる被食動物だ。そのため、ウマの脳はかすかな動きをすぐに察知し、何の分析もせずに急いで逃げ出し、安全のために群れで生息するよう進化した。被食動物は、広い水平視野を確保することによって潜んでいる危険を察知しやすいように目が顔の横についているという特徴によって、簡単に見分けられる。

捕食動物は、目が前方に向かってついている。その脳は、より優れた視覚焦点調節能力、奥行き知覚、追跡して仕留める能力を獲得できるよう進化した。そうした捕食者にはライオン、オオカミ、ネコ、イヌ、それに……（なるべく遠回しに言いたかったのだが）人間も含まれている。あなたも私も捕食動物であり、どんなウマも私たちの間隔の狭い目を一見しただけでそれを察する。ウマがとにかく私たちと一緒に何かに取り組んでくれて、おまけに背中にまで乗せてくれるという事実は、彼らの寛大さ、好奇心、家畜化の証だ。とはいえ、ウマの脳は進化によって今もなお本能的に人間を怖がるようにつくられているということを、私たちは頭に入れておかなければならない。

私たちが変えられない、ウマの進化におけるもうひとつの副産物は、孤立への恐怖だ。ウマにとって、安全は群れのなかにある。非常に冷静なウマさえも、一頭でいるときは神経質になりがちだ。ウマが恐怖のせいで問題行動を起こした場合、ほかのウマに引きあわせることで改善することが多い。

不安を抱えているウマには、静かに歩いてトレーラー式馬運車に入っていくウマ、トレイルライドでリラックスできるウマ、怖い物を見たけれど無事に耐えられたウマといった仲間からの安心感を与えよう。

本能的な恐怖

自然選択によって、ウマは次のようなものに恐怖を抱くようになった。

- 動きを制限されること
- 閉じこめられること
- 暗闇、狭い通路
- 急な動き
- 聞き慣れない音
- 捕食者
- 群れからの孤立

家畜化

今日のウマの種類「エクゥウス・カバッルス」にはすべての品種が含まれていて、それらは森や草原で暮らしていた祖先が家畜化された結果の表れだ。厳密にいえば家畜化とは人為選択を指し、少なくとも六〇〇〇年以上にわたって行われてきた。[14] 野生の動物を飼いならすことを目的とした繁殖で求められる主な特徴は、「穏やかさ」「学習能力」「行動を制約されることに抵抗がない」「人間との接触を受け入れる」といったものだ。人間はこうした特徴を持つ牝馬と牡馬を選ぶことによって、家畜化されていない野生馬よりも調教をずっと楽に行えるウマをつくりだしてきた。

今日の「野生」のウマは家畜化されたものとは異なると、一般的に思われている。だが、その認識は正確ではない。人間とあまり接触せずに暮らしてきた野生化した個体もいるが、その祖先は家畜化されたウマだ。人間とは離れた群れで生きていても、まったくの「野生」ではない。実は最近まで、モンゴルのモウコノウマは現存する最後の野生馬だと思われていた。[15] だが今日では、この種さえも家畜馬の子孫であることが、DNA検査によって証明されている。[16]

「野生」といわれるウマの多くは、捨てられたウマだ。たとえば、二〇〇八年のアメリカでの不況時には、一部の貧窮化した持ち主が、自身のウマを未開の地に放して独力で生きさせようとした。そのなかで運よく生き延びて群れをつくったウマたちは「野生」と呼ばれることもあるが、実際には厩舎で育てられて何年もの間、調教されてきたのだ。

何千世代にもわたる家畜化を経て、体と脳の特徴の大半は自然選択によるものである一方、穏やかさや従順さという振る舞いに関する特性はほぼ人為選択の結果であるというウマを、私たちは手に入れた。品種による違いも、人為選択の特徴だ。たとえば、アメリカンサラブレッドは軽くて長身で、体が引きしまっていて敏捷という特徴を目的として、つまり最も速く走れるよう繁殖された。ベルジャンウォームブラッドはがっしりした体つき、厚みのある筋肉、しっかりした横幅、ゆったりとした歩みといった力強さを目的に生みだされた。こうした身体的な特徴に加えて、サラブレッドといった競走馬は気まぐれで神経質、反対にベルジャンはものおじせず頼りになる、といった気質の違いもある。もちろんどの品種においても個体差があるのはいうまでもない。

今日の脳

進化の過程を通じて、脳は大きくなっていった。だが、ウマでも人間でも、脳の機能は脳の絶対的な大きさよりも神経同士の接続によって決定づけられる場合がはるかに多い。インターネットで検索してみると、ウマの脳の大きさは「クルミ程度」という情報が出てきた。「人間の拳くらい」とも。あるいは「野球ボール三つ分」とも。この調子では、もしかしたら「ピーナッツ」や「スイカ」並みの大きさという情報も出てくるかもしれない。何が正解なのか、わからない状態だ。

人間の脳を頭蓋骨から取り出すと、そこにあるのは水分が七五パーセントを占める、およそ一・三キロのぐにゃぐにゃした豆腐の塊だ。[17] 平均的なウマの脳は、堅さは同じくらいでも重さは約六〇〇グラムと、人間のものの半分にも満たない。[18] これはバスケットボール、あるいは生後半年の人間の赤ちゃんの脳と同じくらいの重さだ。大きさでは、人間の成人の脳はおよそ高さ一〇センチ、短径一五センチ、長径一八センチだ。人間もウマも、脳の組織は一部の領域でとりわけ密度が高い。これは図解で示される「構造」の部位に対応している場合が多い。

ウマの脳の大きさは、グレープフルーツ程度だ。[19] 実際の形はグレープフルーツを引き伸ばして、一部をへこませたものに近い。表面はかなりでこぼこしているが、だいたいの大きさは高さ一〇センチ、短径一〇センチ、長径一五センチだ。[20] 人間の脳が水平状態で位置しているのとは異なり、ウマの脳は四五度の角度で下を向いている。

脳が機能するために最も重要な神経細胞はウマの脳には一〇億強あるが、[21] これは人間の脳の八六〇億個[22]よりもはるかに少ない。種類にもよるが、各神経細胞は最大一万もの接続に対応ができる。[23] ウマの知覚、学習、感情、運動能力を陰で支えているのは、こうした接続なのだ。

成熟と学習による脳の変化

どんな形の動物の調教においても（さらにいえば人間の学習でも）、要となるのは何が変えられて何が変えられないのかを見極めることだ。これまで見てきたとおり、ウマの振る舞いのなかには、進化がもたらした本能的あるいは生理的なものがある。そうした行動を尊重すれば、私たちはまずウマの恐怖を軽減して、次に脳のより柔軟性の高い特徴を修正できる。

脳内の接続は、日々の経験によってつくられる。学習という過程がいかに物理的なものであるかを、理解している人は少ない。生後一年に満たない子ウマがあなたに向かって初めて一歩踏みだしたとき、脳内の細胞間で新たな物理的な接続がつくられる。それは弱いし、繰り返し使われなければ消えてしまうし、しかもミスを起こしがちだ。それでも、生まれたばかりのその接続は、使われるたびに強くなっていく。それは子ウマの二歩目によって強化され、明日の前向きな取り組みによってよりいっそう強くなる、ということが続いていく。その結果、あなたは自身の子ウマの脳に神経細胞の接続による新たな神経回路網を築くことができ、それがあなたと子ウマの第一の結びつきとなる。

そのひとつの物理的な接続が、まさに子ウマが人間社会で行うことすべての土台となる。あなたはその上に、さまざまなものを少しずつ築いていく。まずは、この幼いウマが綱を引いているあなたと並んで速歩《はやあし》して、引き綱が緩んでいてもあなたが歩みを止めると立ち止まるように教える。その後は口頭での指示に従うようになり、サドルと乗り手を受け入れ、障害飛越（ジャンピング）を学び、世界選手権で優勝し、引退してあなたとともに外乗して、そうしていつかは、老いたウマのための放牧地で過ごすことになるのだろう。

神経細胞の接続は一生行われるため、あなたは自身のウマの脳、さらには自分自身の脳も形づくり続けられる。どちらかがこの世を去るまで。そうした取り組みが持つ計り知れない力を、いったん立ち止まって想像してみてほしい。そして、それにともなうあなたの責任の重さについても。あなたは自身のウマの脳を物理的に形づくり、ウマはあなたのものを形づくっているのだ。これは神秘といってもいいほど類まれな能力だ。くれぐれも大事にしてほしい。

II

周りの世界を感知する

Taking the World In

3　ウマにはどう見えているのか

室内馬場の屋根の隙間から入ってきた日差しが、砂の上に細長く照らされているのが見えるだろうか？　牝馬の〈ホークアイ〉はそれがまるでガラガラヘビであるかのように、近くを通りすぎるたびに首を弓のようにそらしながら、光の周りを避けるように歩いた。砂の上の光の筋は太陽の動きに合わせて大きさや形を変え、ホークアイはその小さな違いを捉えては、また新たなヘビがやってきたとみなしているようだった。それと同時に、砂の粒がさらさらと動くといったそれらしき音がするたびに、彼女は横に飛び跳ねる。

こうした振る舞いは、ウマの脳に生まれつき組みこまれた視覚系の仕組みによって起きる正常なものだ。私たちはそうした振る舞いを抑えるようウマに教えることはできるが、それらを無理にやめさせることはできない。ましてや、私たちと同じような見え方をさせるわけにもいかない。私たちは乗っているウマに反応するときには、人間の視覚に大幅に頼っている。だがその自身の視覚のせいで、私たちはウマが何をどう見ているかについて誤った認識を抱いてしまうのだ。

ウマの視覚について考えているときは、私たち人間とは異なるに違いないと理解できる。だが、その事実は、実際にウマを必死に扱っているときには簡単に忘れられてしまいがちだ。ウマが目にするものは、ぼやけている。私たちの想像に反して、ウマは細かいものを見分けられないし、輪郭がはっきりと見えない。それに、物体、とりわけ近くにある物に焦点を合わせるのに苦心する。私たちは視野の周縁は見えないが、その領域はウマにとっては前方や中心に相当するため、彼らは私たちが絶対に見ることができない両横の光景を完璧に見ることができる。また、ウマの目は人間の目では捉えることのできない、ほんの一瞬の動きを識別できるようになっている。そして、ウマのいくつもある盲点に物が入って見えなくなってしまうことがあるため、ハロウィーンでお菓子をねだる子どもたちが「ワッ！」と驚かせてくるかのように、盲点に入っていた物が突然ウマの目の前に飛び出てくることもある。

目と脳

私たちは目から入った情報と脳内の知識を組み合わせることで、周りが見えている。この仕組みの端と端にある、目と脳のどちらかに問題が起きることがある。視力を失った人は、それでも想像で描いたものや夢を見る。一方、目に異常がなくても視覚野に損傷を受けた人は、光や影が見えてもそれが何かがわからないことが多い。まれな事例だが、脳の視覚の領域がまったく機能していない場合でも、人は見えない物を避けながら通ったり、見えないコーヒーカップをつかんだりできることもある。盲視と呼ばれているこの能力は人間に限られたものではなく、皮質盲の動物にも備わっている。[1]

ごくまれに、視覚野のわずかな部分があまりにピンポイントな損傷を受けたために（それ以外の視覚は正常）、色、形、あるいは動きが突然見えなくなってしまう事例もある。正常な目を見開いているが脳は動きを感じられない状態で、車でごった返した通りを渡ろうとしている自分を想像してみてほしい。時速八〇キロで走っている車が、道路に沿って置かれた一連の静止画になっている。そして次の瞬間、今度は別の位置に置かれているのだ。

神経科学者ジェラルド・エデルマンの次の言葉が最も的を射ている。「どんな知覚的な活動も、ある意味では創造的な活動である」[2]。ウマと人間のチームでの問題点は、ウマの脳では人間の脳とはかなり異なる方法で知覚がつくりだされることだ。視覚情報が目から脳へと伝わるのは、当然ながらどちらの種においても同じだ。とはいえ、それとは反対方向、つまり脳から目へと送られる神経情報量は、人間の脳のほうが六倍も多い。このつながりは、知覚的解釈を大幅に促進する。つまり、人間の目が捉えた外界の光景に、大量の知識が織り交ぜられるということだ。ということは、現実を見るうえでより客観的なのはあなた、それともあなたのウマのどちらだろうか？　こんなことはできれば伝えたくないが、おそらくウマのほうだろう。ウマの脳は人間の脳よりも、思い違いをする恐れが低いはずだからだ。

視力

ウマは非常に優れた視覚を持っているという印象を与えがちだ。広々とした野原で歩いているウマたちは、鳥が一度羽を動かすだけで一斉に頭を上げ、耳をそばだて、鼻の穴を膨らませ、目を見開いて、鳥の居場所を探ろうと一気に集中しているように見える。この目つきをワシのようだという調教師もいるし、たしかにそれは知性と感度の高さを表していて印象深い。だが、その目つきの理由は視覚が優れているからではなく、むしろ視覚が劣っていることによるものだ。ウマはぼやけた視野を改善しようとして、頭を上げて目を見開いている。動いていないものの詳細がよく見えないから、しっかり聞こうとして耳をそばだてる。優れた嗅覚を最大限に活用するために、鼻の穴を膨らませる。

ウマの目は地上の哺乳類のなかでは最大で、人間の目の八倍もある。[3]だが、ウマは私たちよりかなり視力が悪い。視力とは、視野の中心にある対象物に焦点を合わせているときに、それをどれだけ細かく見分けられるかを示す能力だ。人間の場合の好例は読書だ。まさに今、あなたの目はページ内の黒い記号同士の細かい違いを捉えている。たとえば、あなたには「e」と「c」の違いが見える。この二つを見分けられることは重要だ。もし顔の両側についているものを「ears（耳）」ではなく「cars（車）」と読み違えてしまったら、どれほど混乱してしまうだろう。

一般的に、人間の正常な視力は20／20と表される（訳注：アメリカの視力表示は分数表示。20／20は日本の1・0に相当）。あなたの視力が正常値の20／20ということは、正常な視力を持つ人が二〇フィート（約六メートル）先から見えるものが、あなたにも二〇フィート離れた位置から同じように見えるという意味だ。一方、一般的なウマの視力は20／30（同約0・7）から20／60（同約0・3）だ。[4]

まず、視力の優れた（20／30）ウマについて考察してみよう。あなたが三〇フィート（約九メートル）離れたところから見分けられる細かい違いも、視力が優れているとされるこのウマでさえ、二〇フィートまで近づかないと見分けられない。つまり、細かい違いをあなたと同じくらいよく見分けるためには三分の二の距離まで近づかなければならず、視力はあなたの三分の二しかない。では、あなたの愛馬の視力がウマの正常範囲で最も低い20／60付近だとしたら、それはどういうことだろうか？それは、あなたが六〇フィート（約一八メートル）離れたところから見分けられる細かい違いが、彼には二〇フィートまで近づかないと見えないということだ。その場合、人間の正常な視力の三分の一程度しかない！

自分のウマの視力がそこまで悪くなくて、正常な人間の視力の半分くらいだったとしても、それを不安に思わない乗り手はいないはずだ。あなたとウマが障害飛越（ジャンピング）の障害物に近づくときに、ウマにはどう見えているかを想像してみよう（図3－1A・1B）。乗り手のあなたには、障害物は明るくはっきりくっきり見える。もし色あせたようにぼやけていたら、あなたはとてつもなく不安になるはずだ。だが、障害物がウマにどのように見えているかを示すために制作された写真を見た馬術の騎手は、たいていびっくりする。[5] たとえ日差しのなかでも、ウマの目から見た障害物はぼやけていて、靄でかすんでいるようで、影に覆われ、のっぺりしていて、輪郭が曖昧だ。こうした描写は、秒速九メートルで襲歩《しゅうほ》（ギャロップ）するウマに乗って、ぶつかると自身の首が折れてしまいかねないくらい大きなオクサーに向かっているときに考えたくないものばかりだ。

人間の視力に個人差があるのと同様に、ウマの正常な視力範囲である20／30から20／60に当てはまらないウマもいる。ウマの二三パーセントは近視（物を見るときに正常な視力を持つウマよりもさらに近づかないと詳細がはっきりわからない）で、四三パーセントは遠視（物をよりはっきり見るため

3-1A 乗り手にはジャンプの障害物がはっきり見える。

3-1B 同じ障害物に対して、ウマの脳では人間の場合と比べて焦点がはっきりと合わずにぼんやりと見える。

には遠ざかるしかない）だ。[6] 遠い地点から細かい点を探れる能力はウマのスポーツ競技熱をかきたてるゆえ、遠視気味のウマのほうが障害飛越（ジャンピング）といった競技で優れた成績を収めるという傾向は理にかなっている。

　人間もウマも、年を取るにつれて目のなかの水晶体が硬くなるため、近くを見るための視力は年齢とともに悪化する。あなたが五〇歳以上なら、これを実感しているのではないだろうか。ウマの視力が最も優れている年齢は七歳前後だ。それより前はまだ発達段階だし、その年齢を過ぎると老化が始まる。品種によっても視力の差が出る。スタンダードブレッドやサラブレッドといった顔が長くてその真ん中が出っ張っている品種は、アラブ種のように

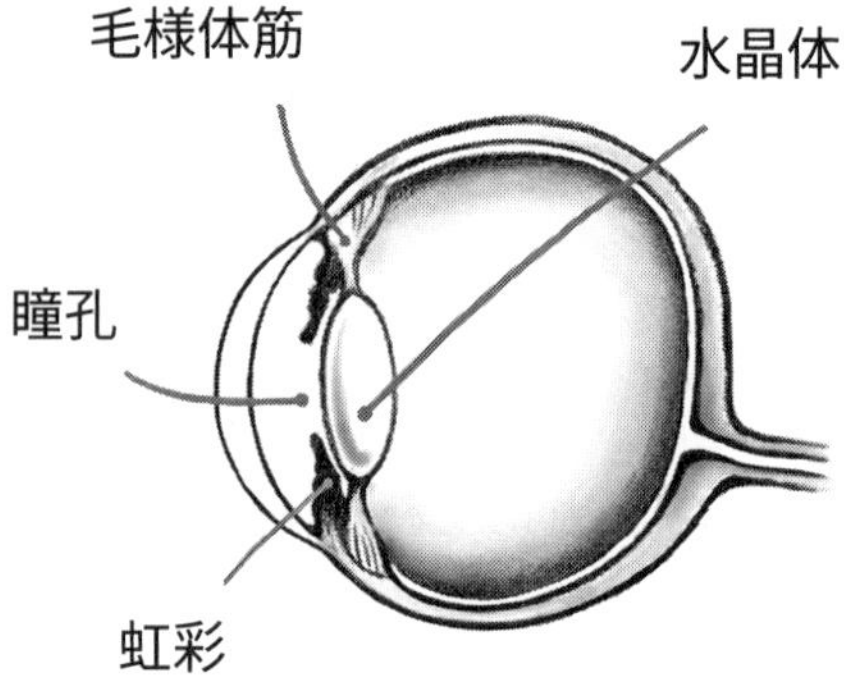

3-2 人間の目と同様に、ウマの目にも瞳孔、虹彩、毛様体筋、水晶体がある。だが、ウマの眼球の形状は人間のものに比べると圧縮されたかのように若干平べったい。

短い顔の真ん中がくぼんでいる品種よりも視力がいい。[7]

焦点

人間の目は、ある光景のひとつの細かい点に焦点を合わせることに非常に優れている。近くにある物に焦点を合わせるときは、厚みを変えられる水晶体がそれを支える筋肉によって引っ張られて膨らむ。この筋肉の動きを感じるには、まず両目の前に指を一本立ててみよう。その指に焦点を合わせたあと、今度は指の向こうの遠方の物を見る（このとき目を動かさないように）。近くと遠くを見るこの動作を何度か繰り返すと、水晶体の厚みを変化させている毛様体筋の動きが感じられるようになるはずだ。調整と呼ばれる毛様体筋のこの能力によって、私たちは手で作業をしている物を詳しく確認できる。人間はこうした視覚調節能力に長けている。

ウマはそうではない。ウマの毛様体筋は、水晶体を引っ張ってもっと膨らませて、焦点をよりいっそう合わせようとするには力が弱すぎる（図３－２）。つまり、馬勒《ばろく》やバリカンといった物をウマの顔に近づけたとき、ウマは匂いを嗅ぐことはできても、それに目の焦点を合わせるのはとても苦心するはずだ。そのため、ウマに何か新しい物を見せるときは、鼻のそばに近づけてよく匂いを嗅がせるか、あるいは肩に当ててウマの極めて鋭い触覚で感じてもらうようにすることだ。もしどうしても目にしてもらわなければならないのなら、ウマから数メートル離れた場所で物を宙に掲げてしばらく待つ。ウマができるかぎり焦点を合わそうとするには、時間がかかる。体の近くで何かが突然動くとウマが驚くのは、そういうわけだ。

視野

小さい子どもにウマの目について尋ねてみよう。おそらく最初に返ってくる答えは、人間の前方に向かってついている小さな目とは違って、ウマの目はとても大きくて顔の横についている、ということだろう。この明らかな違いこそが、人間とウマの見え方に決定的な差をもたらしている。目の位置は、視野、周囲に対する運動視、奥行き知覚に影響を与える。さらに、ウマは見えている光景の片側をより注意深く取りこむために、片方の目をもう片方とは別に動かせるのだ。[8]

人間の視覚はページ内の細かい記号を読み取れるほど正確だが、それは見えているなかのごくわずかな細長い部分に対してのみだ。読書をしているとき、あなたの中心視野に入っている単語はどれもとてもはっきりしているが、それ以外はぼやけている。鉛筆などを縦に握りしめたまま、腕を体の真横に伸ばしてみよう。そのまま、まっすぐ前を見てみてほしい。あなたには、その位置にある鉛筆が

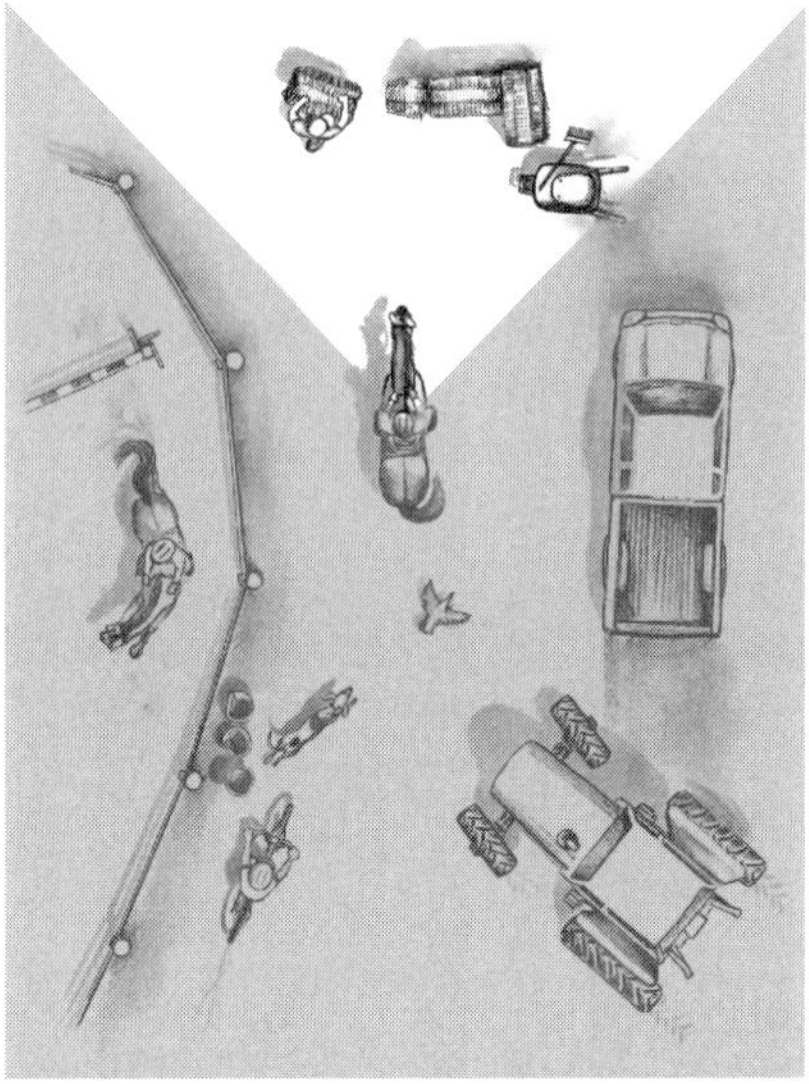

3-3A 人間の視野は約90度のため、乗り手には手押し車の近くで干し草を動かしている人しか見えていない。

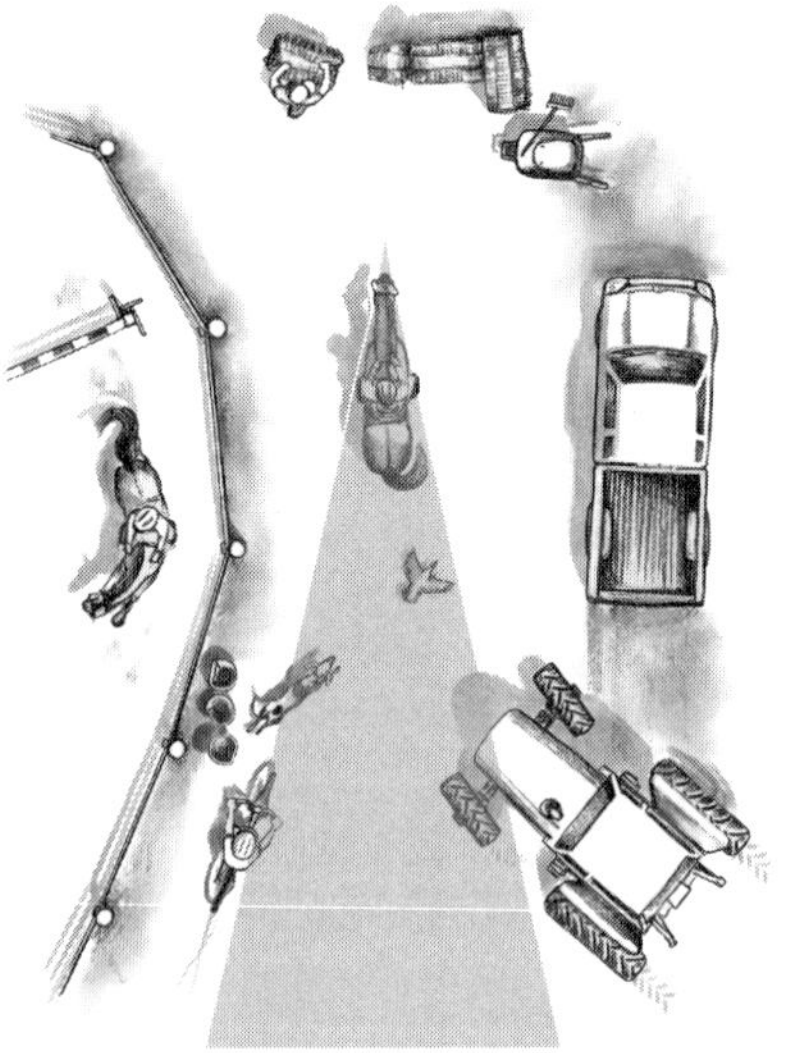

3-3B ウマの視野はおよそ340度のため、このウマには後方の鳥以外はすべて見えている。

見えないはずだ。それどころか、腕だって見えない。では、その腕を伸ばしたままゆっくりと半円を描きながら前方へ動かしてみよう。このとき、あなたの目は前方の遠い一点を見つめたままにしておく（横を向いたり、盗み見をしたりしないように！）。鉛筆は腕と体の角度がほぼ四五度になるまで、目に入ってくることはない。人間の視野は片目が鼻の中心から耳側までおよそ四五度、合わせて約九〇度しかない（図３－３Ａ・３Ｂ）。

一方、もし縦に握った鉛筆をウマの顔の横に差し出したら、それはほぼウマの視野の中心にある。ウマは顔の横に目がついているため、三四〇度、つまり私たちの約四倍の視野を持っている。[9] もし、私たち人間が毎秒処理しなければならない視覚情報が今の四倍になったらどうなるだろうか。私たちも神経質になるに違いない！

ウマの視野は、鼻の前方と尻の左右の後方をそれぞれ結ぶ想像上の二本の線の外側全体を占めている。後肢と尻に近いほうの数度分の領域は、非常に見えづらい。ウマを引いているときや乗っているとき、あなたには見えない背後から近づいてくる車はウマの視野にはぎりぎり入っているが、あまりはっきりとは捉えられていない。そしてたいていの場合、そうした車はウマ自身の歩みよりもずっと速いスピードで近づいてきている。未熟なウマの場合、自分が獲物として追われているものとみなし、この勝負で生き残るには逃げるのだという全身からの本能的な叫びを耳にする。逃げろ、今すぐに！

側面の視野にうまく対応する

不安がっているウマへの対応策で最も犯しやすい間違いは、ウマの側面の視野を遮ってしまうことだ。人間は側面が見えないため、そこがウマの視野に入っていることを忘れてしまう。私たちはウマが最もよく見える領域を壁が完全に遮断してしまうことをうっかり忘れて、彼らを引いて狭い道を通ってしまう。そして、このウマはなぜこんなにも落ち着きを失っているのだろうと首をかしげるのだ。

前に向かって目がついている私たち人間にとっては前方が最も見えやすいため、ウマにとってもそうだろうと思いがちだ。乗馬関連のウェブサイトのなかにも、ウマに前方の視野を確保するのが最適だと助言しているものもある。先ほどのホークアイの話に戻ろう。ホークアイはアペンディックス種のハンター競技用のウマだ。ホークアイを連れてきた生徒を私が指導するのは今回が初めてで、彼女はとても優秀な乗り手だった。先ほどお話しした、ホークアイが光の筋を避けて通ろうとする一件は、室内馬場での指導中の出来事だった。このとき、私はまずウマと乗り手を観察するにとどめた。

乗り手はイライラしていた。彼女は通常の手法に従って、ホークアイがすでに縮みあがるほど怖がっている光の筋がある場所へと、一直線に向かわせた。そして、近くに来るとホークアイを立ち止まらせて、光の筋を真正面から見つめさせた。ホークアイの目は、テニスボールほど大きく見開かれていた。ホークアイは横を向こうとして前後に飛び跳ね、乗り手はそのたびに正面を向くよう指示した。こうした命令は、優れた乗り手が日々出しているものだが、実はウマの脳の働きに逆らった乗馬の最たる例なのだ。それはなぜだろうか？　では、順に考察していこう。

- 人間の目には正面にある物がはっきり見えるが、顔の横についたウマの目には見えない。ホークアイがわかっているのは、乗り手が腹を立てていることと、自分が怖いと思っている場所へ乗り手に無理やり進まされているということだけだ。

- ウマは頭を激しく動かさなければ目の位置より下はあまりよく見えないし、しかも鼻の下はまったく見えない。つまり、ホークアイが「光のヘビ」にいやいや近づいている最中に、ヘビはその視野から消えてしまう。それはホークアイをいっそう怖がらせることになる。
- じっと立ち止まらせることは、ウマの恐怖心を和らげるどころか、ますます煽ることになる。怯えたウマは、動かなければならないのだ。脳がそうするよう命じているのだから。
- ホークアイはもっとよく見ようとして頭を傾け、横向きになろうと体を回転した。そのたびに乗り手は片方の手綱を引いて反対側の脚をホークアイに押し当てて、ウマにとって最も見えづらい正面へと再び向かせた。

大きなウマが日光の筋や見慣れない紙コップに怯えているのを見ると、つい小ばかにしてしまうかもしれない。だが、何を怖いと感じるかは、受け手によって異なる。あなたは大きくて毛深いタランチュラが髪のなかをはいずり回っていても、果たして気分よく過ごせるだろうか?

ホークアイが正面を向く命令に従うのを拒んだため、乗り手のイライラは今や最高潮に達しようとしていた。そういったときはウマから降り、慰めを求めて最寄りのアイスクリーム店までつい車を走らせたくなるものだ。だが、それは「怖がれば、居心地がよくて安全な馬房でひと休みできる」とウマに思いこませてしまうだけだ。ホークアイは光のヘビを怖がってはいたが心底怯えているようではなかったので、私は乗り手に対して「ウマから降りない。ウマが怖がっているものから離れるよう仕

3-4 競技場の砂を照らす光の筋といった何かにウマが怯えているときは、恐怖の対象に正面から向かっていかないこと。それが横から見える位置でウマをゆっくりと前後に動かして気をそらし、これをウマが落ちつくまで続ける。この方法は人間が得意とする前方を見ることにウマを慣れさせせようとするのではなく、ウマが得意とする見方を取り入れたものだ。

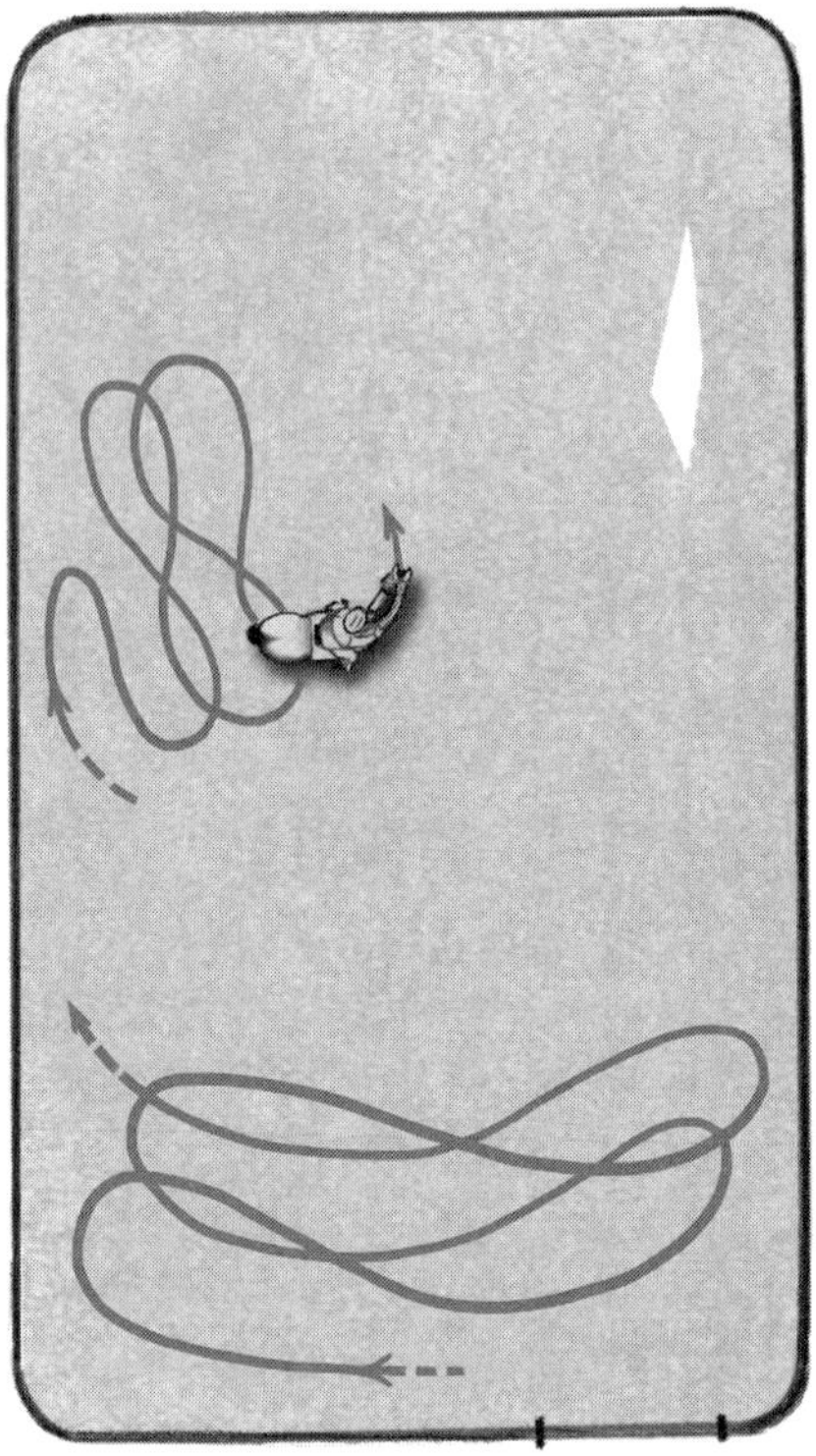

向けて、注意をそらす」よう指示した。たしかにこれは「ウマを大目に見ている」ように聞こえるかもしれないが、とにかく私と一緒にいったんやってみよう。

最善の手法は、怖い物がウマの目に入るようにしながら、ウマ自身が安全だと感じる距離まで離れさせることだ（図3－4）。その物が最も頻繁にウマの側面に現れる位置で、いくつものループを描くように前後に速歩《はやあし》させる。速度やテンポ、リラックスさせること、内側に曲がることに集中する。ウマが怖がっている物は無視して、ちらりとも見ないようにする。ある距離でウマが落ち着いたら、ウマが冷静でいられるその間隔を保ったまま徐々にループを拡大していく。物に一番近い位置を通るたびに、三〇センチほど距離を縮めてみる。たとえ距離があっても、ウマが物に最も近い位置を落ち着いて通りすぎたら、首をなでて優しく話しかけてやろう。だが、動き続けること。「今取り組んでいる課題は、内側に曲がりながらいくつものループを描くこと。ただそれだけ」とウマに思わせたいのだ。ある時点で、怖い物を見たウマがそれを避けようとする仕草をしたら、負担を減らすために前に描いたループに戻ろう。近づくのは「あなた」の心の準備ができたときではなく、あくまで「ウマ」の心の準備ができたときだ。

こうした単純な課題は、ウマができるようになるまで一分ですむのか、それとも一〇〇分、二日、あるいは二カ月かかるのか、まったく見当がつかない。だが、怖がっているのに無理やり進めたり、怖がること罰したりしてはならない。ウマが怖い物を落ち着いて受け入れるのに一五メートルの間隔を必要とするのなら、それだけの距離を取ってあげよう。大事なのはウマの気持ちを安定させることであって、距離を近づけることではない。距離を一四メートルに縮めてなおかつウマが冷静さを保てるようにするのは、明日の課題にすればいい。もし、あなたに時間の余裕がなかったり（「このあと予定があるのに！」）、イライラしてしまったり（「あれはもう何度も目にしているじゃないか！」）するのであれば、調教は別の日にしよう。ウマに無理強いすると、ウマのあなたに対する信頼を台無しにしたり、さらに怯えさせたり、あるいはあなたも心身を病んでしまったりすることになりかねない。

先ほどの調教を一〇分間行ったところ、ホークアイは光の筋を見たり、避けたりせずにその脇を歩いたり、速歩したり、駈歩《かけあし》したりして通りすぎるようになった。その様子はゆったりと落ち着いていて、ウマと乗り手がもめることもなかった。だが、必ずしもいつもこのように簡単に解決するわけではない。

あなたのウマがまだ怯えていたら

この調教を行ってもあなたの愛すべきおばかさんがまだ怖がっているとしたら、どうすればいいだろうか。その場合は、グラウンドワークに戻ろう。ウマがわりと安心できると感じる地点まで騎乗する。ウマから降りて、すぐに調教を始める。必要ならば、問題となっている怖い物を忘れさせるために調馬索《ちょうばさく》運動を行う。調教の進度を調べるために、怖い物がウマの側面に来る位置へと調馬索運動の円をゆっくりと移動させる。

そこで常歩《なみあし》へと速度を落として調馬索を外し、ウマが安心できる範囲内で怖い物に最も近い地点で、以前に歩んだループを再び描くように誘導してみよう。あの光っているところは噛みついたりしないということを、発見する機会を与えるのだ。状況に応じて、代理学習も取り入れよう。たとえば、あなたのウマが慣れ親しんでいる人間の友人に「怖い物」まで歩いていってもらい、その横に立って穏やかに話している姿をウマに見せるのだ。それから、ウマの首をなでながら、横方向から怖い物に近づくよう促してみる。ウマが離れたくないと思った場所から一、二歩先に進めば、上出来だ。褒めの言葉をかけてやって、今日のところは終わりにしよう。

もしこのやり方でもうまくいかないほど深刻な恐怖に陥っている状況なら、あなたのウマが見慣れているウマ、それもできればリーダー格のウマを、友人に頼んで怖い物がある場所に連れてきてもらおう（このウマがその物を怖がらないことを事前に確認しておく）。仲間のウマが「恐怖に耐えている」

光景を見せながら、あなたのウマにゆっくりと話しかけて首をなでてやる。とはいえ、この方法でもだめだったら、怖い物が完全に見えない場所までウマを連れていって、まったく関係のない課題に取り組ませよう。明日になったら、そこまで怖がらない別の物を使ってウマの自信を一から育てていく。やがて彼は冷静さを取りもどして、例の怖い物がある場所に戻って再び挑戦できるようになるはずだ。

あなたのウマがようやく落ち着いて怖い物に正面から向かっていけるほどになったら、首を前方下に伸ばすよう促して、その物の匂いをたっぷり嗅がせよう。途中、ウマは何度かびっくりする様子を見せるかもしれないが、それはまったく問題ない。あなただって盲点にいるタランチュラの匂いを嗅がなければならなくなったら、飛び上がりたくなるほどびくびくするはずだ。あなたがその「危険物」に手で触れてかすかな音を立てれば、ウマは耳を通じてその物についてもっとよく知ることができる。慣れてきたら、その物をウマの周囲で押したり転がしたりしてみよう。こうした正面から近づいての調教における大事な点は、ウマが怖い物に側面から近づいたりその横に立ったりすることに完全に抵抗がなくなってから行うことだ。

グラウンドワーク

調教師の大半は、若いウマにサドルをつけはじめるときにグランドワークを行う。グランドワークとは、ウマに乗らずに行うあらゆる種類の調教を指している。たとえば、引き馬、調馬索運動、グラウンドマナー、人間の居場所への配慮を教えるときに行うものだ。だが、グランドワークで私たちがつい忘れがちなのは、それが後退、旋回、飛越、横方向の動きといったことを教えるうえで、大人のウマにも役立つという点だ。それ以外にも何か問題が起きたときにグランドワークに立ち返ることは、極めて優れた方法だといえる。

重要なのは、ウマにとって人間が乗っているとリラックスしたり学習したりすることがずっと難しくなるという点に私たちが気づくことだ。それがわかった今、ウマから降りて、やりやすいようにしてあげよう。心配しなくていい、調教が終わる頃には再び騎乗できる。あなたは穏やかさと落ち着きを保ったまま、自分の目、手、体の位置、声、引き綱、手綱でウマを動かそう。鞭を使う場合は、あくまで自分の腕の延長としてウマの後躯に触れるためだけにすること。グランドワークは怯えているウマを、棒に結ばれたポリ袋をひらひらさせながらぐるぐる追い回すものではない。そういったやり方は私から言わせればもはや「怖がらせる作業」と呼ぶべきであって、効果よりも害をもたらすことのほうが多い。理想的なグランドワークを行うには技術と練習が必要だ。時間をかけてうまくこなせるようになれば、あなたのチームに役立つはずだ。

周囲に対する運動視

人間でもウマでも、眼底には視覚に特化された五五種類もの細胞がある。[10] だが、安心してほしい。ここで取りあげるのは桿体《かんたい》細胞と錐体《すいたい》細胞の二つで十分だからだ。いったん読むのをやめて、周りの何かを見てほしい。居間、窓の外の風景、自分の手、など何でもいい。その光景で見える明るい、または暗い「画素」は、すべてあなたの目のなかの桿体と錐体を通じて伝達される。細胞のひとつひとつが、目にしている光景の小さい領域に対応していて、もしその領域の光景が明るければ桿体か錐体が脳に信号を送る。同じ光景の別の小さな領域が暗ければ、そこに対応している桿体も錐体も反応しない。その光景の各領域はあなたの両目合わせて二億一〇〇〇万個の桿体と錐体によって符号化され、その作業は脳が光景全体を表す明るさと暗さの神経パターンを得るまで続けられる。[11]あなたが目を動かすたびに、桿体と錐体は新たな一連の信号を送るのだ。これはかなりすごいことではないだろうか。

桿体は弱い光のなかでの中心から外れた動きを読み取ることを、とりわけ得意としている。この細胞は、細かい情報は送らない。ウマの目には非常に多くの桿体があり、それらは動きに関する情報を脳に急速に伝える細胞とつながっている。この連携によって、ウマには素早い小さな動きを察知する極めて優れた能力が備わっている。もし私たちにウマの桿体があったら、自分の視野に勢いよく飛びこんでくる無数の動きに驚かされ続けることになるだろう。乗り手が自分のウマについて「何もないところで驚いてしまう」と不満を述べるのは珍しいことではないが、実際にはウマは、私たちには桿体が少なすぎて見ることができない、現実そのものの光景に驚いているのだ。実にすばらしいのは、ウマは必要以上には驚かないし、しかも私たちに彼らのどんな振る舞いも修正させてくれる点だ。

前述のとおり、桿体と錐体は目の前の光景の明るさと暗さのパターンを脳に伝送する。人間の脳が周りを一目見たときの情報を処理して、その光景を形、色、大きさ、距離、意味、重要性といったさまざまな側面から理解するまでにかかる時間は〇・五秒だ。[12]だが、野生のウマにとっては、情報処理に〇・五秒もかかるなどありえない。草がかすかにそよぐ音に気づいて、大急ぎで逃げなければならないのだから。たとえその気配がライオンではなく自転車のものだったとあとでわかっても、取った行動自体は間違っていない。自転車から逃げることで、何かを失うはめにはならないのだから。

ウマは安全確保において、周囲に対する運動視に本能的に依存している。その能力はあなたが乗っているときも、ウマに「驚く」「大急ぎで逃げる」あるいはそれ以外の「『問題行動』をとる」ことが必要だと告げる。ウマが落ち着いて行動できるようにするには、まず周囲に対するあなた自身の知覚を研ぎ澄ませなければならない。自分の耳、鼻、知識を活用して、目では捉えられない後方や側面にある物をこれまで以上に意識しよう。ウマが見ている場所に、自分の体全体を使って注意を払おう。これは直観的な能力の一種で、注意力の向上と訓練によって身につけることができる。もしウマたちがいつもなら穏やかに過ごしている場所で興奮していたら、周囲をよく調べよう。それはあなたにはわからなかった何かに気づいた彼らが、あなたに教えてくれようとしている可能性が高いのだ。

盲点

水平方向の広い視野があるにもかかわらず、ウマの目にはいくつかの盲点がある。体を動かさないかぎり、ウマは自身の首や背中よりも上、お腹や首の下、真後ろを見ることができない。目のなかの桿体と錐体の配置の関係で、ウマが何かをよく見たり識別したりするために必要な優れた視力は、目の高さの水平方向に延びる領域で最大となる。そのため、ウマにとってすぐ横の低い位置にいるイヌや子ども、あるいは目より高い位置の風船や鳥は、それらが動くまで見つけづらい。

また、ウマは自身の後肢の外側の領域はほとんど目に入らない。どんなに愛らしいウマでも後方か

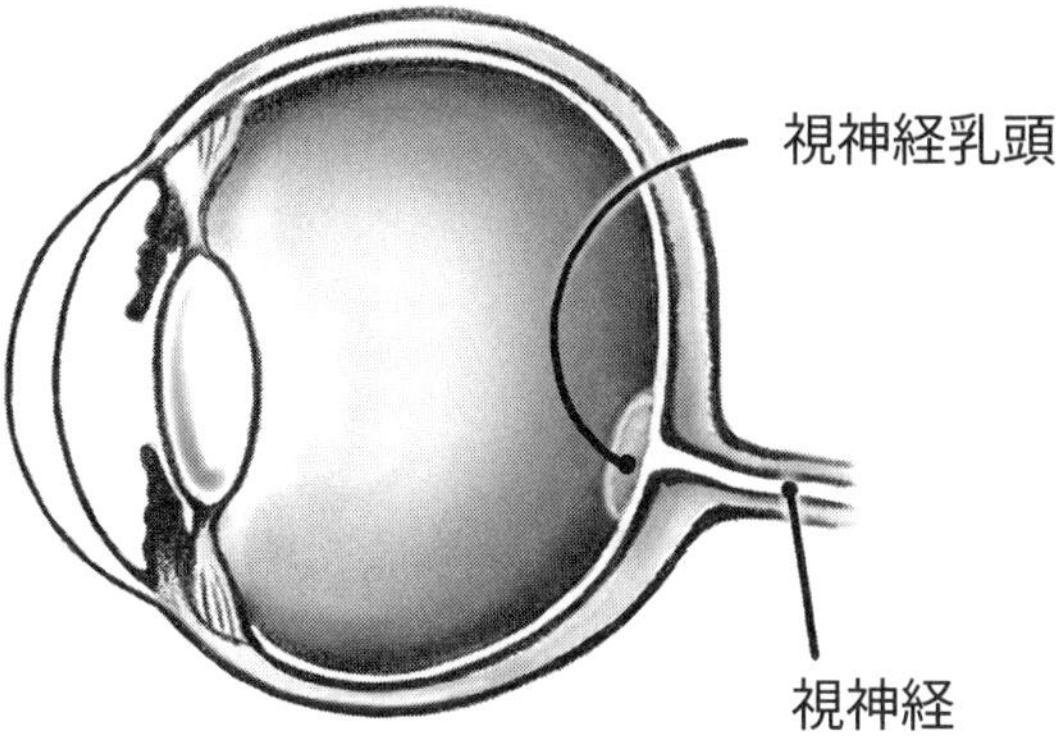

3-5 人間やウマの目の内部には、視神経によってできた盲点がある。視神経乳頭の細胞は、目の前の光景のその部分に対応している領域の視覚情報を感知できない。

ら驚かされるとあらゆる方向へ蹴りを入れることがあり、重傷や死亡事故につながる恐れがある。それゆえ、私たちがウマの後躯に近づくときは、まず肩の近くに立って話しかけて腹部を触りながら後方へ下がっていく。乗馬を始める人へ最初に教えるのは、「ウマには絶対に後ろから近寄らない」だ。

ウマのもうひとつの盲点は顔の正面で、目の高さから鼻の真下の地面までと、そこから約一八〇センチ先までの部分だ。この領域に突然手が差し出されると、ウマにはどこからともなく現れたように見える。ウマには自分が食べている草、つけるのを受け入れているハミ、鼻口部をなでてくれている指、あるいは保護者が目を離した隙にウマの柔らかい鼻にキスしようと背伸びしてくる子どもが見えない。ウマは目の代わりに長い口髭を使って、この領域を感知する。そのため、髭を剃られているウマは感覚が鈍くなる。

最後に、ウマの目のなかには盲点があるが、ウマが動くとその領域も視界に入る。目の後方にある細胞はすべ

3-6 自分の盲点を見つけよう（方法は本文を参照）。

て、自身が受け取った信号を視神経を通じて脳へ伝える。情報を伝えるためには視神経は両目とつながっていなければならないが、接点が占めているその場所には桿体や錐体がない。そこは視神経乳頭と呼ばれている（図3－5）。視神経乳頭は通りの下にある下水管を隠すマンホールのふたのように、感覚受容器を塞いでいる。

頭や目が動いていないとき、目に映っている光景の視神経乳頭に対応している領域は見えなくなる。これは人間にもウマにも起こる現象だが、ウマの視神経乳頭とそれに対応する盲点は人間のものより大きい。私たちはこの問題を解決するために、日々の生活で頭や目をあちこち動かしている。さらに、人間の脳はたとえ目に映らなくてもそこにあるに違いない物を想像して、盲点で見えない部分を補うことができる。

自分の目のなかの盲点を見つけられれば、あなたのウマの目のなかの盲点についても理解しやすくなるかもしれない。まず、図3－6を見てほしい。次に、本書を持ちあげて十字の印が左目の正面に来るようにする。右目を閉じて、左目で十字を見つめる。左目を動かさずに視野の周辺部を意識して、黒い丸印が目に入るようにする。そうしたら、本書をゆっくりと前後に動かして、自分に近づけたり離したりする。本書とあなたの左目の距離が一〇センチから三〇センチの範囲で、丸印が消える。そこがあなたの盲点だ！　盲点が見つかったら、本書を小刻みに動かして丸印を盲点から出たり入ったりさせてみよう。丸印は消えたり再び現れたりするはずだ。

自分の盲点を利用して、ゲームをすることもできる。[13] 内緒だが、大学での退屈な会議中に私がよくやっていたのは、まず自分の目の焦点を、苦手な同僚が座っている席のほんのわずか横に合わせることだった。そして、目をかすかに動かしては同僚の顔を盲点から入れたり出したりして、ひとりで楽しんでいた。あなたも練習すればできるようになる。ホースショーで十分な距離を取れば、きかん坊のポニーを消すこともできる。

本題に戻ると、あなたが知っておくべきさらに重要な点は、ウマにはある距離を取ると物がすっかり消えてしまうほど大きな盲点があちこちにあるということだ。消えてしまうのは、たとえば鳥、イヌ、小さい子どもといったものだ。もし私たちがウマの盲点からそっと出たり、あるいは私たちはじっとしていてもウマが動いたりしたら、ウマを驚かせてしまう恐れがある。突然何かを見つけると、ウマは不安になる。どんな被食動物にとっても、捕食動物が視野から現れたり消えたりするのは怖い。あるいは、正面から何かを見せようとされたり、逃げるのを阻まれたりすることもだ。その間、ウマの脳は「逃げろ！」と叫び続けている。

4　視覚に関する調教

前章では、ウマの視力や焦点を合わせる能力は劣っているが、周辺視野や周囲に対する運動視は極めて優れていることがわかった。本章ではウマの視覚についての理解をまとめるうえで、そのさらなる側面について解説する。具体的に挙げると、暗視能力、奥行き知覚、視覚的捕獲、色覚である。

ウマに乗る人は、本能的に人間の思いこみに基づいてウマを操る。そのため、ウマの奥行きや色の視覚化の方法について多少考えたとしても、ウマも人間と同じはずだと思ってしまう。また、ウマの視覚は人間と同じくその他の知覚の上位にあると考えがちだ。さらに、暗視能力に関する誤った情報や、人間にその能力がほとんどないことによって、私たちはウマが暗闇で超人的な感度で細かいものまで見ることができると思っている。だが、実際はそうではない。人間とウマの視覚のこうした違いを理解することで、ウマと人間のチーム内でよく起こる多くの問題の原因を把握できる。

暗視能力

「ウマは暗いところでも見えるんだよね？　だから、夕暮れ時に障害飛越（ジャンピング）をするのも夜明け前にトレーラーに入るのも、わけなくできるよね？」。いや、そんなことはない！　今度あなたのウマの瞳孔をよく見てみよう。人間の瞳孔よりもずっと大きくて長いことに気づいただろうか？ウマの大きくて横に長い瞳孔は、視角のより広い範囲でより多くの光を取り入れる。目のなかに入った光は内部を通過して後方へ到達すると、桿体と錐体がある領域を照らし、それらの細胞が光子を神経インパルス（電気信号）に変化させる。次に、そのインパルスが、その意味を解釈する脳の領域へと伝えられる。

また、ウマの眼球の上部には輝板（タペタム）と呼ばれる、コラーゲン繊維でできた虹色の層がある。この繊維が地面からの光を反射して眼球に送りこむことで、暗闇で動いているウマは少量の明かりを集められる。人間の目にも脈絡膜という同じような構造があるが、タペタムほど大きくもなければ高性能でもないし、同じくらい多くの光を反射することもできない。ウマでも人間でも、これらのコラーゲン繊維でできた部分は、カメラのフラッシュやヘッドライトに反射したときに目で見ることができる。人間の脈絡膜は赤く見えるが、タペタムの光る色には緑、黄色、青が混ざっていて、ウマの毛色や年齢によってさまざまに変化する。

大きな瞳孔と反射するタペタムによって、ウマはある程度の暗視能力を備えている。それは夜間に飼桶と水桶の間をうろうろしたり、茂みのなかの動きに気づいたりするには十分なものだ。水中で呼吸する能力と同じくらいないに等しい人間の暗視能力よりも優れてはいるが、細かい違いを見分けたり、クロスバー障害を飛んだり、トレーラー式馬運車に易々と乗りこんだりできるほど鋭くはない。

ウマが暗闇のなかでこうした指示をこなそうとするのは従おうとする意欲の表れであり、暗視能力が優れていることを示すものではない。

暗順応

私たちは「ウマは長い時間をかけて瞳孔の調節をしたのち、ようやく暗闇で形状を認識できる」という事実に気づいたとき、ウマの暗視能力がいかに対応が難しいものかを知る。ウマのこの視覚の特徴は、ゆっくりと日が暮れていく外で暮らしていた時代に身についたものだから、理にかなっている。だが、今日においては、ウマを明るい陽射しの下から暗い厩舎や屋内競技場に、いきなり連れていくことが当たり前になっている。

競技会の選手の多くは、自身が乗るウマは試合のために日の当たる場所から屋内競技場へ移動しても平気だと思っている。トップレベルの施設は照明が非常に明るいが、それ以外の施設では電気が節約されがちだ。さらに、練習拠点においては、乗り手の大半は冬の間は屋内でウマを調教することを好む。だが屋内は、足場はいいが照明はよくない。こうした明るさの変化は、ウマの実力発揮にどのように影響するのだろうか？

あらゆる競技において影響するが、ウマの視覚の優劣に大きく左右される障害飛越を例にして説明しよう。この競技のウマは、障害物の高さと奥行きを素早く把握しなければならない。通常、ウマは短い助走の間に距離を読み、踏み切りに合わせて歩幅を調整し、いくつもの合図を送ってくる人間を乗せた状態で、高さわずか二センチから五センチ程度の猶予しかない障害を自身と乗り手の体をひとつにして飛び越えなければならない。これらは人間のスポーツ選手なら多くがしくじるであろう、細心の注意が必要とされる技能だ。

世界中どこでも、馬術の選手たちはハンター競技や障害飛越競技に出るウマを、試合前に明るい日差しの下でウォーミングアップさせる。通常のウォーミングアップを行った〈トゥインクルトーズ〉の瞳孔は、取りこむ光の量をできるだけ少なくするために最小レベルまで小さくなった。光を神経インパルスに変換する化学物質は、最小限の状態になっている。こうした瞳孔の縮小と化学物質の減少が合わさることで、ウマは明るい日光の下でもまぶしさに目がくらまずにジャンプできるのだ。また、高地、中緯度、低湿度、競技場の白い砂、白い障害物といったものによって、さらなる順応が必要になる。

暗順応にかかる時間

目は瞳孔を「縮小」することで明るさに慣れ、「拡大」することで暗さに慣れる。人間の目は、明るい日差しから完全な暗闇に慣れるまでに約二五分かかる。一方、ウマの場合は、およそ倍の四五分必要だ。[1] つまり、日が差している外から薄暗い建物に入ったとき、ウマはあなたの目が慣れたあとも暗さへの対処にまだまだ苦心することになる。暗さに順応してしまえば、ウマの目は最初に比べて二万五〇〇〇倍感度が向上する。[2] これでもう、見ることができる。だが残念ながら、四五分間の調教時間はちょうど終わろうとしているのだ。

ウォーミングアップで順調にジャンプを行っていたトゥインクルトーズは、屋内競技場に入るようゲート係に呼ばれる。入場ゲートをくぐってサングラスを取った乗り手の目は、すぐに室内の明るさに慣れた。残念ながら、ウマのトゥインクルトーズでも身につけられるような、軍事用の暗視ゴーグルなどは存在しない。ウマと乗り手はゲートをくぐり、八個か一二個、あるいは一五個のときもある障害を越えるために、暗いなかを襲歩《しゅうほ》する。それらの障害は、ウマにはほとんど見えていない。なお、私たちも自身のウマに対してそうするように、乗り手もトゥインクルトーズが実力を最大限に発揮するよう求めている。だが、トゥインクルトーズには、室内の照明に順応するために必要な四五分という時間が与えられることはない。もし、もらえたとしても通常はせいぜい一分間だ。

今紹介した場面は、よくある例だ。なぜそれが起きるのかというと、ウマが視覚面で困難にぶつかっていることに、私たちが気づいていないからだ。私たち乗り手の多くは、自分のウマが入場ゲートでためらったり、障害物と障害物の間で熊癖《ゆうへき》が出たり、同じく障害物のプランターを避けて通ったり、ジャンプを拒否したりすると叱りつける。私たちは、自分には競技のコースを見えるのだからウマにも見えるはずだと思いこんでいる。だが、日差しの強い駐車場から暗い映画館に入り、重いバックパックを背負って座席をまたぎ、床に落ちているバターまみれのポップコーンで滑り、むっとしている観客を避けながら慌てて席に着こうとする自分を想像してみてほしい。それとよく似た状況下でウマたちが実力を発揮しようとするのは、彼らの寛容さの証なのだ。

人間と同じく、ウマの視覚能力にも個体差がある。薄暗い明りに慣れるのにまるまる四五分かからないウマもいれば、それ以上かかるウマもいる。年齢も関係している。健康な目をしたウマでも、若いウマに比べると目で光を取りこむ量が少ない。こうした年齢による差は、人間にもある。平均的な六〇歳の人間の目が取りこむ光の量は、二〇歳のときに比べて六六パーセント減少している[3]。どうりで、年を取っていくにつれて世界が何やら陰気そうに見えてくるわけだ。

競技の前にウマの目が慣れるようにするために、私たちはどのように協力できるだろう？　完璧な答えはないが、役に立つ方法はいくつかある。屋内競技場に入る前に、日陰でウマを歩かせる。前の組が競技を行っているとき、数分前からゲート前で待機しておく。もし可能ならば、ジャンプのないフラットクラスの直後にジャンプの競技ができるようなスケジュールを確保しよう。そうすれば、一五分かけて順応してから障害飛越に臨める。障害飛越の競技はコースがどんなに簡単そうに見えてもウマにとっては複雑で、しかも自然に反する戦いだ。そのため、万全の態勢で挑まなければならないものなのだ。

最善の策は、競技会の主催者や施設の責任者に対して、屋内競技場を強力な人工照明で明るくするよう求めることだ。とりわけ安全性に関わる問題の場合、出場者、調教師、厩務員、ウマの持ち主が一団となれば、要求が通る可能性が高い。獣医学関連の大学や団体は、強力な室内照明の必要性を訴えることで目的の達成に一役買えるだろう。米国馬術連盟（ＵＳＥＦ）や国際馬術連盟（ＦＥＩ）といった業界団体は、会場の照明が水準に達していない馬術競技会での採点を無効にするべきだ。

出場する選手として、競技直前のウマが室内で歩きながら待機できる専用の一角を設けるよう、大会係員に提案してみよう。屋内を明るくするために扉を開けておくよう頼んでみよう。また、すべての照明がついているかを確かめるほうがいい。なぜそんな当たり前のことを確認しなければならないのかと思うかもしれないが、施設の責任者が屋内競技場の照明を半分しかつけていなかったという出来事を、多くの選手や調教師が競技大会で経験している。もしそのほかでどうにもならないような事態が起きたら、棄権してその理由を主催者に伝えよう。謎めいたものにあふれた暗い洞窟のような場所で三分間飛んだり跳ねたりするよりも、あなたのウマの、そしてあなた自身の長期的な心身の健康のほうがずっと大事なのだから。

二メートル以上ある壁を飛び越えているときであろうと、厩舎でただのんびりしているときであろうと、ウマが周囲を見回せるようにしてやらなければならない。よく見えない場合、ウマはその埋め合わせとしてほかの知覚によりいっそう頼る。すると、たとえば暗い屋内競技場でじっと耳を澄ますようになると、まるで空気の分子同士が衝突したくらいのかすかな音にさえ怯えるようになって、それが新たな騒動を巻き起こしかねない。

奥行き知覚[4]

物体を見るのは目だが、視距離を計算するのは脳だ。まっすぐ前を見たとき、人間は目の前の光景を右目と左目でひとつずつ、つまり二つの像を取りこむ。それを実際に確認するには、まず腕を伸ばして鼻と同じ高さで指を立てる。片目を閉じ、立てた指を遠くにある縦長の物（ドアの枠、フェンスの支柱など）のすぐ隣に見える位置に持っていく。では、閉じていた目を開けて、もう一方を閉じよう。両目を交互に閉じたり開いたりしていると、指と物の位置が変わったり元に戻ったりするはずだ。

4-1 ウマが１完歩分の位置から両目で見たとき、その脳は約22センチ以下の前後の奥行きの差は認識できない。一方、人間の脳は約３ミリの前後の奥行きの差を認識できる。私たちはウマには見えない奥行きの差を察知できる。

それらが右目と左目がそれぞれ脳に送る二つの像である。脳がその二つの差を計算すると、あなたはたちどころに奥行きを把握できるようになる。この「自動計算機能」を利用することで、あなたはウマたちがいる放牧地を眺めながら、あの可愛い葦毛《あしげ》のウマがあの綺麗なまだら模様のウマよりも遠いところにいることに気づけるのだ。

人間は両目の位置がとても近いため、奥行き知覚の精度が極めて高い。しかも両目はつながっているため、連動することで対象物を正確に捉えられる。こうした仕組みによって、平均的な人間は約五メートルの距離から約三ミリの奥行きの差を認識できる。[5] つまり、バーが縦に二本並んだ垂直障害の踏切地点から長めの一完歩分の位置にあなたが立っているとき、片方のバーがもう片方よりも約三ミリ奥に設置されていることを、あなたの脳が教えてくれるのだ。この奥行き知覚の精度は、まるでステロイド剤で強化したほどすごい！

一方、同じ距離で比べると、ウマは約二二センチ以下の奥行きの差は認識できない。[6] つまり、人間の立体視力はウマよりも七二倍も鋭いことになる（図４－１）。

ウマの奥行きを把握する能力が限られているのは、両目があまりに離れてついているからだ。ほとんどの角度において、ウマは一目見るだけでは同じ物体を右目と左目で同時に捉えられない。私たちヒト科は、腕を伸ばした先の指を両目で同時に見ることができる。だが、たとえ後肢だけで立っていたとしても、トゥインクルトーズは曲芸師でもないかぎり、自身の蹄《ひづめ》を両目の前に同時に差し出せない。ウマは被食動物であるがゆえ、奥行き知覚の能力を犠牲にしてでも、周囲に対する運動視の精度が高くなるようできているのだ。一方、捕食者である私たちのつくりは逆になっている。

馬場馬術（ドレッサージュ）、レイニング、プレジャーといった競技では、ウマの奥行き知覚はそこまで重視されるものではない。だが、カッティング、バレルレーシング、障害飛越ではどうだろうか。これらの競技では、ウマは自身に関連している対象物がどれくらい遠くにあるか、さらには自身の動きによってその距離がどれくらい速く変化しているのかを把握しなければならない。ウマは頭を持ち上げる、き甲を下げる、あるいは鼻を上げることで奥行き知覚の精度を向上できるが、そうした動作はこなすべき課題をますます複雑にしてしまうがことが多い。たとえば、カッティングではウマはウシから目を離さずに見下ろしたまま、素早い方向転換のために頭を低くしなければならない。障害飛越では地面を蹴って飛ぶ推進力になる大きな力を後躯に込め、脚を上げるために腹部を引っこめなければならない。こうした動きを実現するには、体のバランスを取るために背を丸めておかなければならないので、頭を高く保てないのだ。

ハンター競技用のウマと障害飛越競技用のウマでは事情が異なる点を理解することも重要だ。トッププレベルの障害飛越競技用のウマは、奥行きのある高い障害物を飛び越えることとコースを回るスピードで審査される。これらの障害物は通常、急転換のあとに短い助走で跳ばなければならない。この競技用のウマの多くは首がき甲部分の高い位置についていて、それゆえ頭の位置が高いことが、選ばれた理由だ。そうした特徴を持っていないウマの場合は、頭を上げた状態で障害に近づくよう迫られる。障害飛越競技用のウマが障害物に近づく様子を観察すると、飛ぶ直前の一、二完歩で頭を上げるのがわかるはずだ。この理にかなった姿勢によって、ウマは両目で障害を一瞬捉えられるので、脳が障害物の高さと奥行きを割りだせる。とはいえ、障害物の姿を捉えられるのはコンマ数秒レベルのまさにほんの一瞬であり、しかもタイミング的には遅いのだ。

障害飛越競技用のウマに障害物を片目ずつ見られるよう頭を前後に振らせれば、奥行き知覚が高まり競技に役立つのではないかという話をたまに聞く。だが、この説は脳科学の観点から見ると、理にかなっているとはいえない。距離を計算するためには、脳は対象物を両目で「同時に」見た像を必要とする。頭を前後に振らせるのは、ウマが走っているコースの中心からずれてしまう事態を招くだけだ。しかも、乗り手が出しているもっと重要な指示への注意力をそいでしまう恐れもあるはずだ。

ハンター競技用のウマのほうが奥行きを知覚しやすい。この競技のウマはジャンプのフォームという「静の美しさ」で審査されるため、後躯にまで神経を使い、弧を描くように首を長く伸ばし、頭を低くし、顔をバーに近づけて、体の上側が力強い綺麗な線になる姿勢を長時間保つよう調教される。この姿勢が障害物を飛んでいる間ずっと保たれるのは、ハンター競技でのウマは長い助走が与えられていて、しかも障害物の高さが比較的低いため、頭を持ち上げなくても助走中に障害を確認できるからだ。この競技の優れた乗り手は、コーナーを曲がっているときにウマに遠くの障害物を見るよう促

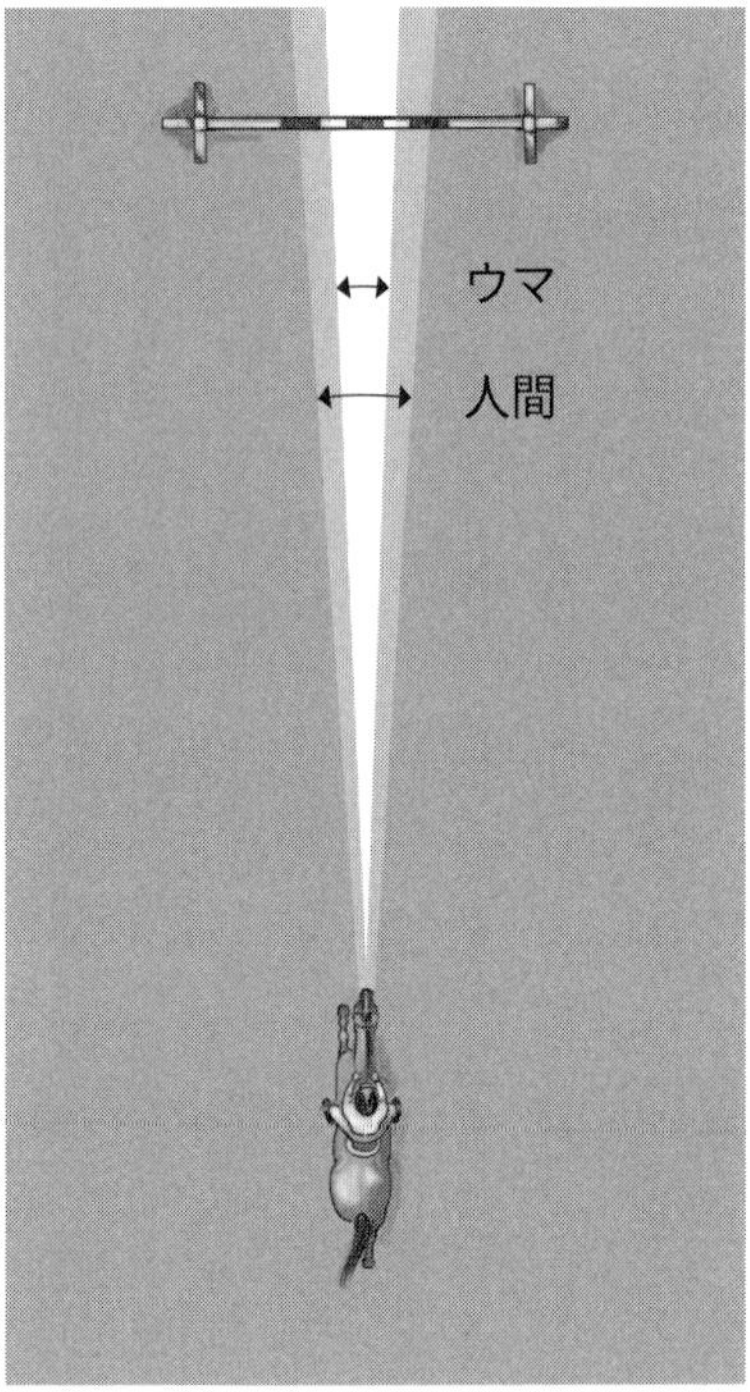

4-2 両目で集中して前方の光景を見ているウマは、人間に見えている幅の半分しか捉えられていない。

す。そうするとウマは障害物を側面からより詳しく捉えられるし、それに加えて障害物をまっすぐ見る時間も長いことから、両目は障害物の視覚情報をより長い間、脳に送ることができる。とはいえ、どんな場合においても、ジャンプしようとするウマにもっとよく見えるよう自発的に頭を動かせる余地をある程度与えておくのは、決して悪いことではない。

　幅については、ウマが両目で同時に見える幅の範囲は、人間のそれの半分程度しかない[7]（図4－2）。競技場内の障害物から、九メートルほど離れた場所に立ってみよう。そこで両目を動かさずに見た場合、はっきりと捉えられる障害物の範囲は、幅約一・五メートルだ。ウマが同じ位置から両目で見た場合、その半分程度（約七五センチ）の幅しかはっきりと捉えられない。そして、このウマの脳は両目で見えるそのわずかな範囲の情報で、立体視力に基づいた奥行きを計算しなければならないのだ。

障害物に向かってウマを助走させているとき、ウマが両目でそれを捉えられるよう、ウマが見えている狭い幅の中心に障害物の真ん中が入るよう注意しなければならない。ジャンプ直前や開始直後での失敗の多くは、乗り手がウマを障害物の中央にうまく誘導できなかったことから起きる。だが、「ウマが逃げた」「飛ぶのを拒否した」「おじけづいた」「美しくないフォームで飛んだ」というように、問題が起きたのはウマのせいとされがちだ。だが、実際にはウマが悪いのではなく、乗り手がウマに障害物をきちんと見せなかったからだ！

視覚的捕獲

視覚は、人間の最も強力な知覚だ。人間の脳における視覚に関する神経の領域は脳全体の三分の一近くを占め、これはほかのどんな知覚に関連するものよりも多い。[8] その影響力の大きさから、視覚はほかの知覚よりも優位に立つことがある。この神経上の優位性は、視覚的捕獲と呼ばれている。

腹話術師が観客を騙せるのは、視覚的捕獲によるものだ。実際にしゃべっている人間がすぐそこに立っているのに、私たちは人形の口から言葉が発せられていると思いこんでしまう。作り物の人形の口の動きを見せられるとそこに注意がいってしまって、発せられている言葉と結びつけてしまうのだ。

手品師は視覚的捕獲を利用して、手を見せたままの状態でその動きを隠すことができる。映画館で映画を観ている人は、音声がどこから聞こえてくるかと尋ねられたら、スクリーンに映しだされている俳優の口を指差すだろう。実際には劇場用のスピーカーは館内の後方か両側についているにもかかわらず。

私たちは自分があまりにも視覚に頼っているため、ウマもそうだと思ってしまう。だが、ここまで見てきたとおり、ウマの視覚は多くの点で私たち人間よりも劣っている。ウマは視覚の欠点を、優れた聴覚や非常にすばらしい嗅覚で補っている。私たちは自身のウマに対して、こうしたより鋭い知覚にもっと頼るよう促すことで力になれる。次回あなたのウマが安全と思われる場所から逃げていったら、あなたには感知できないどんな音や匂いをウマが捉えたのかを考えてみよう。あなたのウマの世界は、視覚が優位を占めているわけではないのだから。

色覚

〈ハーレー〉はくすんだ赤茶色の毛をした六歳のクォーターホース種で、引き綱で引かれたり調馬索運動を行ったりすることはできた。だが、ほかのことはまったくわかっていなかった。この程度しか学んでいない大人のウマは、決して安全とはいえない（全国のアマチュア飼い主のみなさんに、心からお願いする。あなたのウマが若くて体が小さいうちに、調教師を雇ってください！）。ある日、室内馬場でこの体は大きいが中身は赤ん坊のようなハーレーの引き綱を持っていると、屋根から雪が滑り落ちる音がした。多くのウマはこの音に怯えるが、さすがに私の膝に飛びこもうとはまずしない。ところが、ハーレーは四肢をすべて上げて三〇センチほど飛び上がると、そのまま一メートルほど前につんのめって、私の左足の上に着地した。

それによる怪我のせいであぶみが使えなくなった私に、底が固いマウンテンバイク用のシューズなら足を保護してくれると友人が助言してくれた。そこで、足を引きずって自転車専門店に行くと、唯一のお手頃価格のシューズは売り場の棚で異常に目立っていた、ものすごく派手な黄色に黄緑色のつやが入ったものだった。しかも、足に保護パッドが巻かれていたため、二サイズ大きなものを買わなければならなかったのだ。このシューズは、おそらく月からでも見えたに違いない。だが、幸いなことに、私にとってウマに乗ることは自分の見た目より重要だった。さもなければ、あのシューズに足首からふくらはぎまで覆う古い日焼けしたハーフチャップスを合わせるという、とんでもない格好の自分に耐えられなかったはずだ。

この新たないで立ちで登場した初日、牧場のウマはみな私の足を驚いて見つめた。ウマたちは私をよく知っていた。なかには何年もの間、毎日乗っているウマもいた。雰囲気を盛りあげようと何種類もの派手なシャツを着ている私の姿も、彼らは見てきたのだ。だが、このシューズは明らかにウマたちの目に強烈に映ったようだった。終日、私が乗るたびに、どのウマもあぶみのほうを向くと私のシューズを片足ずつ念入りに嗅いだ。私たちは「ウマが面食らっている」といったジョークを言いあったが、実際にはウマの色覚の特徴が確認できたと感じていた。

ウマにとって、最もよく見える色は何だろう？　そう、あなたの想像どおり、黄緑色がかった派手な黄色だ。私のシューズとまさに同じ！　また、明るい青緑色や、青みがかった緑の色合いもウマには捉えやすいようだ。競技場の障害物に、さまざまな色の上着をかけてみよう。そして、同じくらい目立つ派手な紫色や燃えるような赤色のものよりも、派手な黄色のレインコートに目がいくウマたちの様子を観察しよう。障害物の前で足を上げられないウマには、障害物の色を派手な黄色や青緑色にするという簡単な方法で飛ぶのを促すことができる。一方、地面に並べられたバーを踏まずに歩く地上横木通過の練習を始めたばかりの若いウマの場合、バーをそれら以外の色にすることでよりいっそうの成果が出るだろう。なぜなら、あまり刺激を受けずにバーを見なければならないからだ。

第三章（66ページ）で取りあげた、目の桿体と錐体を覚えているだろうか？　桿体は薄暗いなかでの動きを察知し、錐体は細かい点や色を捉える。ウマには多くの桿体があるが、錐体は少ない。人間は逆だ。つまり、たとえ派手な黄色であろうと、ウマに見えている色はどれも人間に見えている色に比べると弱い。また、特筆に値するのは、ウマには赤色と緑色を捉える錐体がない点だ。そのためウマは（イヌ、リス、ブタと同じく）赤と緑の区別がつかない。ジャーナリストのウェンディー・ウィリアムズが指摘するとおり、緑の放牧地を眺めているウマには、じっと動かない真っ赤な服の人が見えないのだ[9]。ウマには放牧地も人物も灰色に見える。

色で命を救う

二〇一八年、イギリスの研究者たちは、固定障害競走（スティープルチェイス）でウマが高速で飛ぶ障害物の各開始地点を示すために地面に設置されている派手な赤橙色のバーが、ウマには見えないことを示した。[10] ウマにとっては、白いバーのほうが緑の芝生との区別がつけやすかった。ジョッキーにはどちらの色でも同じくらいよく見えたので、色が変更されたとしても問題はなかった。英国競馬統括機構は何千頭ものウマとその乗り手の安全を向上するため、イギリス全土において固定障害競走のバーの色を変更するよう計画している。これはいわば脳科学が命を救うということだ。二〇一八年だけでも、イギリスの固定障害競走のコースで二〇一頭のウマが亡くなった。[11] 線を引く代わりに地面に置かれた見えないバーが、これらの死亡事故のいくつかに関与している可能性は高いはずだ。

次回、放牧地の一部に種をまきなおしたり週末工事を行ったりするときに、その一画にウマが入れないようテープを張り巡らせる場合、ピンク色の調査用テープは使わないようにしよう。それはあなたには目立つ色だが、あなたのウマには見えないのだ。代わりに、仮設の柵には派手な黄色いテープを巻きつけておこう。

ウマの目で見てみる

脳の重要な特徴のうちのいくつかを掘り下げただけでも、ウマの視覚が私たちのものとは著しく異なることがわかった。こうした違いを動画で表した、二〇一六年のすばらしいビデオクリップを紹介しよう（オンラインで見ることができる）。[12] このビデオは、ウマと人間のチームが草の茂った野原と森を通って厩舎に歩いていくだけのものだ。ウマとウマに乗った人間が見ている光景は画面の上下に同時に示されているので、比較しやすい。あなたは二分もしないうちに、視野、視力、暗順応・明順応、色覚におけるウマと人間の差が、見えているものにどれほどの違いをもたらしているのかをつかめるはずだ。

ウマと関わっている人はみな、「ウマも私たちと同じように見えている」という思いこみによって、理解に苦しむ困難を彼らに押しつけていることについて考えなければならない。たまには、ウマたちの目を通して見ることを心がけようではないか。

5　ねえ、聞いた？

ある日の午後、引退生活を送っている元競走馬の鹿毛《かげ》のサラブレッド〈レノ〉は、張り縄でつながれて立っていた。既舎経営者のよちよち歩きの子どもは、昼寝のために家のなかに連れられていった。母親は厩舎に取りつけられたベビーモニターで、作業を続けながら二歳の我が子がベビーベッドにいる様子を聞くことができた。レノはこの幼児にもモニターにも慣れていたので、大人の話し声や、子どもがベッドに入れられているときの毛布や枕が動く音に対して何の反応もしなかった。だが、数分後に子どもが赤ちゃん語でおしゃべりを始めると、レノはすぐさま注目した。頭を上げて声がするほうへ首を曲げるように伸ばし、その間、耳はモニターに釘づけだった。

「バーバーバーバーバー、ナーナーナーナー、ムームームームー」。子どもはひとつの音を何度も繰り返す。レノは鼻を前に突き出して、張り縄を軽く揺らした。どうやらモニターからの音の繰り返しに合わせて、頭を揺すっているようだった。好奇心に駆られた私は、反応が見たくてレノをベビーモニターの前まで連れていった。彼はいそいそとモニターに近づくと、まったく恐れもせずに機械の隅々まで匂いを嗅いだ。そして、頭を左右に傾けながら聞きいった。子どものおしゃべりはたしか一五分も続いたが、レノはモニターから離れようとはしなかった。ひたすらうっとりしていた。

音の大きさ

馬の聴覚について解説する前に、音の大きさ（ラウドネス）、音高（ピッチ）、音源定位の違いを知っておいてもらうとより理解が深まるだろう。最も説明しやすいのはラウドネスだ。音の大きさを測る単位は、デシベル（dB）という。ゼロデシベルとは、人間の耳が聞こえる最も小さい音と定義されている。それは防音室のまったくの静寂のなかで鳴らされる、極めて小さなカチッという音だ。この音はロックコンサートに一度も行ったこともなければ、イヤホンで大音量の音楽を聞いたこともないまれな一八歳だけが捉えられる。最も敏感なウマにさえ、その音は聞こえない。

入手可能な最良のデータによると、平均的なウマが聞こえる最も小さい音は七デシベルだそうだ。それは人間の穏やかな呼吸音に相当する。つまり、一般的には同じ音でもウマには人間より少し小さく聞こえるようだ。ウマには私たちが話しかけている声が聞こえるが、私たちが発したと思っている音量よりも若干小さく聞こえている。とはいえ、ウマが人間ほどには静かな音をよく聞き取れないと知って驚く人もいるかもしれない。なにせ、外乗で怖がるウマは、まさに極めて鋭い聴覚を持っているように見えるではないか！　また一方では、ウマが穏やかな呼吸音くらい静かな音を聞き取れたときは、充分に褒めてやらなければならないということだ。

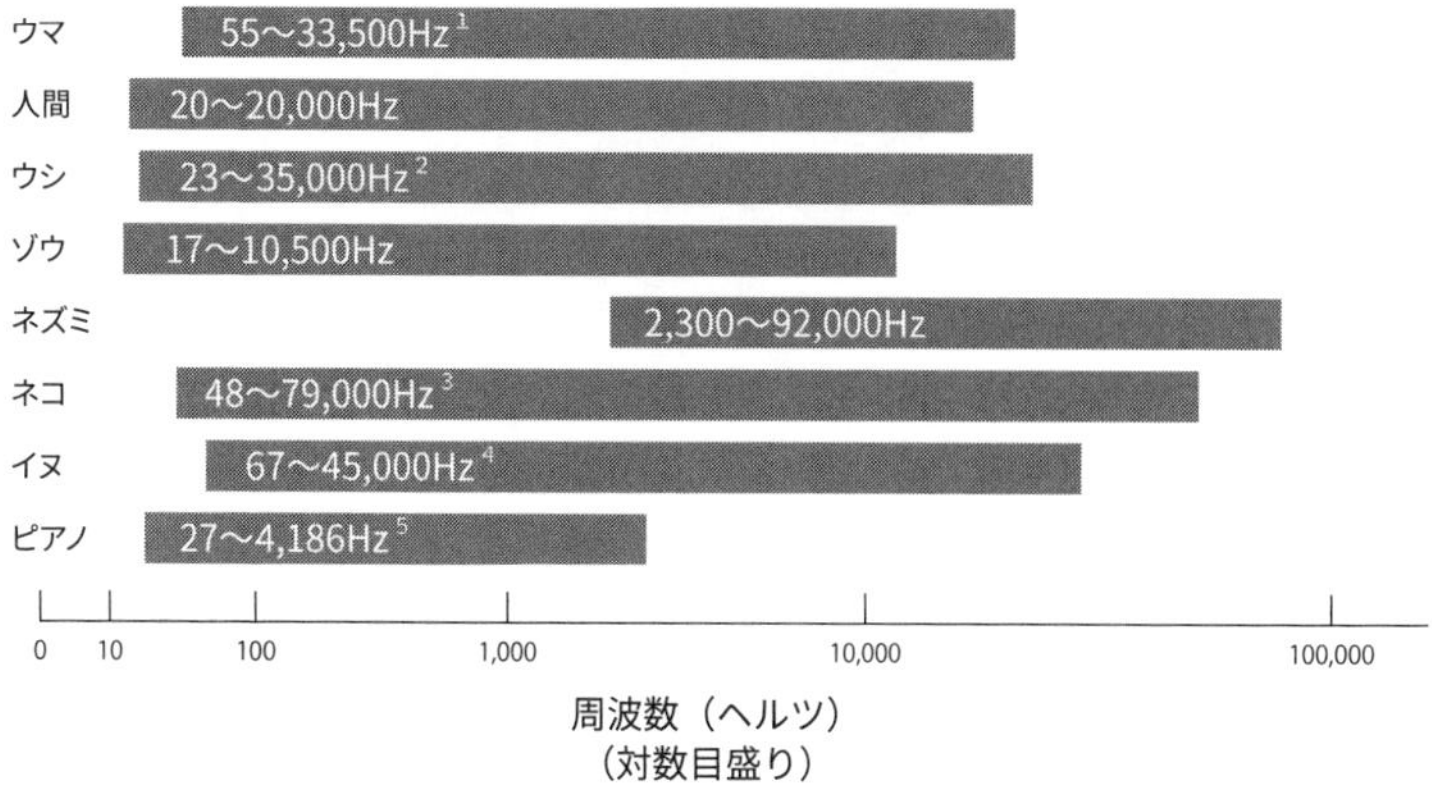

5-1 さまざまな青年期の動物のピッチ（周波数）範囲。比較のためにピアノの範囲も示しておく。ウマには人間の範囲よりも若干高いピッチが聞こえるが、人間に聞こえる非常に低いピッチは捉えられない。

音高

人間やウマが捉えられる大きさの範囲での、二つ目の音の特徴はピッチ（音高）だ。ピッチは低いベース音から高いソプラノ音までの音符に対応している、低周波数域から高周波数域までの範囲を表す用語だ。ウマには約五五から三万三五〇〇ヘルツ（Hz）までのピッチが聞こえる。それは人間が感知できる一〇オクターブの範囲（二〇～二万ヘルツ）に近い。これに対して、インドゾウはさらに低いピッチが聞こえるし、野生のネズミは非常に高い領域の鳴き声を捉えられる（図5－1）。

ウマには人間が聞こえる範囲で最も低い一オクターブ半（二〇～五五ヘルツ）に相当するベース音は聞こえない。だが、ウマはこの低周波の音の多くを、草を食むときの歯や顎骨の振動を通じて捉えている。蹄《ひづめ》にも低い音の振動が伝わる。耳だけがすべてではないのだ！

この音声スペクトルの高域を見ると、ウマは人間の半オクターブ上（二万〜三万三五〇〇ヘルツ）まで聞こえていることがわかる。それゆえ、ウマにはコウモリやイルカの超音波の鳴き声、犬笛、害虫・ネズミ撃退器が立てる音といった、人間には聞こえない音も聞こえる。聴覚感度における牡馬と牝馬の差を示す研究結果はまだないが、実際には牡馬のほうが音に敏感なようだ。[6] 牡馬の感度がより高いのは、牡馬には牝馬や子ウマに危険を知らせる役目があるからではないかと思われる。

聴覚と老化

人間と同様に、ウマの聴覚も年齢とともに衰える。ウマの場合、一般的には二〇歳になる頃には軽度または中度の聴力低下が起きている。[7] 寿命比で考えれば、人間の聴力はウマよりもずっと早い段階から低下し、通常は三〇歳までには高周波音が聞こえなくなる。是非については議論になっているが、公共の場での若者による破壊行為を防ぐために、集っている若者たちを追い払う「モスキート音」撃退システムが多くの国で導入されている。この装置が発する音（一万七四〇〇ヘルツ）は上の年齢層には感知できないが、若者たちにとってはその場にいたくなくなるほどの威力がある。ウマにとっても同様だ！

あなたも騎乗中にウマが突然立ち止まって真剣に何かに耳を澄ませるので、「何も聞こえないでしょ?」と何度も話しかけた経験があるだろう。私自身、あくまで想像でウマの気持ちを伝えているにすぎないが……でも、もしそれが高周波音だとしたら、おそらく「何らかの音が発せられていた」のだ。ただ、私たちには聞こえていなかっただけで。とくに年配の乗り手と若いウマの組み合わせの場合、乗り手にはウマほど高周波音がよく聞こえないので、こうした状況が起こりやすい。ウマはサドルがきしむ音、蹄が地面に当たる音、ハミがぶつかりあって立てる小さな金属音といった周辺雑音を減らそうとして、その場で固まってしまうことが多い。草を食んでいるウマは小さな音が聞こえると、噛むのをやめる。顎で草をすりつぶす動作が、音信号を脳に送ろうとする耳の働きを妨げてしまうからだ。

ウマは人間よりも聞こえる範囲が広いのみならず、進化の結果、小さな音に対する注意力も人間より高い。たいていの場合、あなたにもあなたのウマにも同じ音が聞こえているが、あなたは枯れた小枝がパチパチ鳴る音よりも自分の計画や考えや心配事といった、あなた自身の頭のなかの声のほうに耳を傾けていることが多いからだ。

音を解釈する

目、耳、鼻、舌、皮膚といった感覚器はすべて、外界の特定の情報を捉えて神経インパルスへと変換し、それらを解釈するために脳へ送る。人間の発話、感情が表れた声、音楽、環境騒音、動物の声を理解するには、ラウドネスやピッチのかすかな違いが極めて重要になる。ウマでも人間でも、音をうまく区別できなければコミュニケーションがうまくいかなくなる恐れがある。

では、ウマの耳が音を捉えて、例のへこんだグレープフルーツのような脳に情報を送るとどうなるのだろうか？　そこでは、実にさまざまなことが起きる。私たちはその仕組みを研究するとき、もし脳が本来の役割を果たしていなければどうなるかを考える。耳は正常だが聴覚野に障害がある人は、聴覚失認の症状があることが多い。聴覚失認の患者は、音は聞こえるのだが、その意味が理解できない。さらに、音（声の場合が多い）が大きすぎる、不快、不明瞭、割れる、反響するといった症状を訴え、時には音が苦痛にさえ感じられる。聞こえている音が現実のものかどうかわからなくなっても、自身の脳に問題があることには気づかない場合が多い。そして、音を正しく認識できないのは音自体に問題があるせいだと訴える。

正常な人間とウマの脳は、ある音は目立たなくして別の音は強調するというように、音に優先順位をつける。普段使われている音には慣れ、普通でない音は警告信号と捉える。さらに、学習した音を光景、匂い、感触、知識、あるいは経験と関連づける。たとえば、飼料運搬車や飼桶の音を、一日のある時間帯と結びつけないウマはいないはずだ。

脳の働きのおかげで、ウマは日々の生活において仲間内で使われる「いななき」「低いいななき」「荒い鼻息」「息の吐き出し」「うなり声」「いびき」「甲高い鳴き声」を、非常に巧みに解釈できる。ウマはいななき声ひとつ聞くだけで、誰が発したものか、そのウマの気分、何を欲しているかがわかる。ウマたちのもとにそれぞれの所有者が車で餌を運んできたとき、自分の所有者の車が到着するとウマはいなないて歓迎するが、ほかの車は無視する。彼らには人物の見分けがついているのだ。あるいは、ほかの運搬用車両は気に留めなくても、自分のトレーラー式馬運車がやってきたら「結構です。今日は家にいる気分なので」とでも言うかのように、放牧地の一番奥に行ってしまったりもする。

音にまつわる話はたくさんある。サーカスを引退したあるウマは、「ハイ（high＝高い）」と命令されると後肢で立つことが身についていた。そして引退後に暮らすことになった厩舎で、そこの人々が「ハイ（Hi＝やあ）」と挨拶しあっていたら、そのウマが何をしたか、あなたにも想像がつくだろう。別の話では、アメリカからイギリスに輸入されたウマがなぜか調馬索運動で駈歩《かけあし》を拒んでいたが、あるときイギリス人の調教師が強いアメリカ英語の発音で命じてみた。すると、その言葉を理解したウマはすぐさま歩みを速めたのだった。[8]

ウマは人間の声の調子からさまざまな感情を細かく読み取って、適切に反応する。たとえば、馬具をつけられているときはじっとしていなければならないことを学んだウマも、調教師が「おい、やめろよ」と言ったり、「立て」といったよくわかっている指示を出したりしたときでさえ、体をくねくねと動かすかもしれない。だが、一目置かれている調教師が同じ言葉を突如として厳しい口調で言った途端、ウマは行儀のよさを取りもどす。もちろん、こういった例は、ウマが求められている振る舞いを事前に身につけていた場合に限る。残念ながら、ウマを一から調教する場合、ただこちらの声を大きくするだけではうまくいかない。そうであればよかったのだが！

音楽

正常な人間の脳は、特定のピッチのパターンを音楽として解釈する。私たちはこの能力を当たり前のものだと思っている。なぜなら、それはいとも簡単にできることに思えるし、しかもほぼすべての人に共通する能力だからだ。だが実際には、音楽を理解するために私たちの脳は必死で働いている。

脳は次のことを分析しなければならないのだ。

- ピッチ、時間、音量の関係
- グルーピングや表現法の変化や一貫性
- リズムやテンポのパターン
- 記憶に基づいた期待
- 作曲家によってつくりだされた錯覚
- 感情

これらを分析するのは、複雑で難しい作業だ。

私はウマに乗っているとき、よく音楽のリズムとの関連性に気づかされる。「脚扶助に遅れる」ウマは、ビートに遅れて歌う歌手のようなものだ。そして音楽と同じく、リズムがうまくハマるポイントは馬術の競技によって異なる。ウエスタンプレジャー競技用のウマには「脚扶助に遅れる」よう、障害飛越競技用のウマには「脚扶助より積極的に前に進む」よう、そしてトレイル競技用のウマには「脚扶助にぴったり合わせる」よう調教する。

まれに、脳が特定の損傷を受けると音楽の知覚に影響が出ることがある。失音楽症の人は、流れてくる歌が無作為に割りあてられた、つながりのないいくつもの音として聞こえる。元作曲家で演奏家だったある患者は、脳が損傷を受けた以降の音楽の知覚について、どの楽器も音も強調されて目立つことのない、同等の音の集合体に感じられると表現した。「オーケストラの演奏を聞くと、二〇個の人工的な声（それぞれが異なる楽器のもの）に聞こえます。こうした異なる声すべてを何らかのまとまりとして統合するのは、極めて難しいです」[9]

また、患者数はさらに少ないが、先天性失音楽症を抱えている人もいる。これは生まれたときからの障害だが、患者は聴覚に問題もなければ、この症状以外は脳もまったく正常だ。心地よい子守唄は、ある患者には次のように聞こえるそうだ。「あなたが私の家のキッチンに入ってきて、鍋や調理道具をすべて床に投げつけたとします。その音と同じです！」

ウマは音楽を知覚できると推測されている。たしかに、音楽はキッチンの床に鍋が落ちる音とは異なる影響をウマたちにもたらしている。ウマの脳は、突然音量が変化することのない軽やかなメロディーに癒される。ウマはベートーベンよりモーツァルト、テクノよりソフトロック、ヘビーメタルよりフォーク音楽を好む。また、不協和音を聞くと動揺するので、ストラビンスキーの作品は家に置いておくのが最善の策だ。人が集まって一緒に音楽を聞くと、彼らの脳波は同期する。[10]ウマ同士でも同じような同期が起きている可能性は高い。

音楽の知覚の複雑さにもかかわらず、ウマの脳は音のパターンを解釈できる。なぜそれがわかるのかというと、さまざまな音楽を聞かせると曲ごとにウマの感情が変化するからだ。さらに興味深いのは、ウマのなかで起きている音楽と感情の結びつきは、人間と同じものだという点だ。つまり、私たちが癒されたり、元気づけられたり、イライラさせられたりする曲は、動物にも同じ影響をもたらす可能性が高いということだ。

音楽で勝つ

アラブ種の競走馬に対する音楽の効果を調べる研究が、最近行われた。三〇頭のアラブ種を厩舎に集め、旋律の美しい曲をBGMとして毎日午後の五時間流した。さらに、同じ施設の別の厩舎にも四〇頭のアラブ種を集めたが、こちらでは音楽を流さなかった。二つの集団における餌、運動、仲間との交わり、清潔さ、世話といった条件は同じに保たれた。ひと月もしないうちに、毎日音楽を聴いていたウマたちの心拍数が大幅に低下し、彼らがレースに勝つことが増えた。

このプラス効果は三カ月続いた。その後はウマが曲に慣れてしまったため、効果が次第に薄れてしまったのだ。それでも、三カ月は有能な調教師が曲の効果を利用して、生意気なウマを落ち着いて学べるウマに変化させるには十分な期間だった。そういった土台がしっかりと築ければ、ウマは長期にわたって調教しやすくなるのだ[11]。

あの音はどこから？

聴覚の三つ目の要素は音源定位だ。目をつぶって何かの音を聞こう（友人に数分後に小さめの音で鳴るようセットしたタイマーをどこかに隠してもらおう）。それが鳴ったとき、あなたはその音が後方、右側か左側、上、下、あるいは前のほうのどこから聞こえるかがわかるだろう。ウマは音源定位の能力が極めて高い部類に入るはずだ。というのも、ウマの耳は大きなカップ状で、前後一八〇度、上下九〇度の範囲で動かせる。この大きな軟骨を速く正確にパタパタ動かすための一六個の筋肉が、それぞれの耳に備わっている。[12] こうした動きは左右独立しているため、たとえば一方の耳を前に向けると同時に、他方を後ろに向けることもできる。虫刺され、寒さ、異物、ほこり、雨といったものから耳を守って機能を正常に保つために、ウマの耳は毛で覆われている。

さらに、ウマの耳は大きく離れてついているため、脳内に左右の耳からの音の情報が到達する際の時差が大きくなる。これは優れた音源定位の能力を獲得するための、極めて重要な特徴だ。物理学的にいえば、音とは鼓膜に当たる空気の分子の波だ。仮に、ある波が頭の左側からやってきているとしよう。この音は右の耳に届く前に、左の耳に達する。耳同士の距離が大きければ大きいほど、音の到達時間の差も大きくなる。このわずかな間隔によって、脳は音が左側から来ていることを判断する。そうしてウマ（あるいは人間も）は、左を見てさらに情報を得ようとするか、または潜在的な危険性から逃げるために右へ走るべきかを知る。

こうした優位性によって、ウマは極めて優れた音源定位の能力を身につけているはずだ。[13] 人間はといえば、ちっぽけで貧相な耳が頭の近くについているだけだ。私たちの耳につながっているのは三つの弱い痕跡筋のみで、それは耳をくねくね動かせる珍しい特技を持つお調子者が、パーティーの隠し芸として利用するときしか使い道がない。しかも人間は、ほとんどのウマよりも頭部の横幅が狭い。それでも、耳が頭部の両側についていることは、両耳から音の情報が脳に届くまでの時差を大きくする効果がある。だが、そうはいっても、ウマのあまりに多くの有利な特徴に加えて、音源定位によって生存競争に勝たなければならないという進化の圧力がある点を見れば、ウマの音源定位の能力ほう

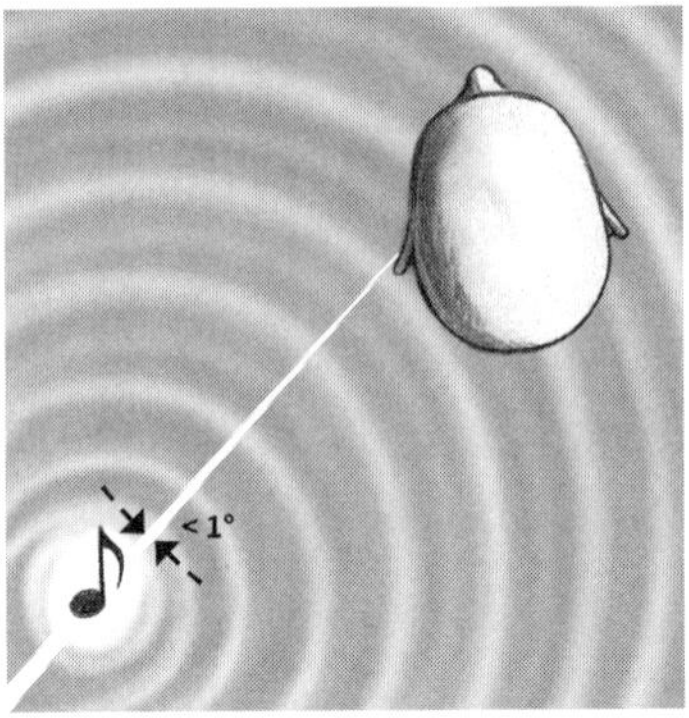

5-2A 人間の脳は音源を１度以下の誤差範囲で特定できる。

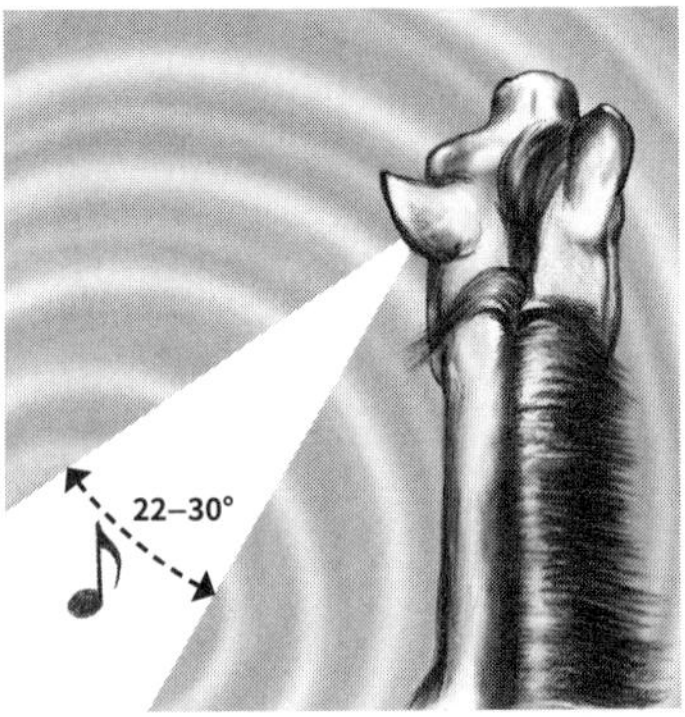

5-2B ウマの脳が音源を特定する際の誤差範囲は22〜30度だ。

が人間よりも優れていると考えるのが妥当ではないだろうか。

それにもかかわらず、この説は研究で実証できなかった。人間はわずか一度の誤差範囲で音源を特定できる。ちなみに、ゾウの誤差範囲は一〜二度、ネコは五度だ。ではウマは？　研究の対象となった音によって差はあるが、ウマの誤差範囲は二二〜三〇度だ（図５－２Ａ・２Ｂ）。これは、ほぼ落第点ではないか！　草原でライオンが忍び寄ってきたとき、ウマは三〇度の範囲で「あちらかな？」と推測するよりもずっと正確にライオンの位置を特定できないと、大変なことになってしまうだろうに。

なぜ、ウマは音を聞いて音源を特定する能力がこれほど低いのだろうか？　ここで私の推測による二つの説を提示したい。まず、こういった異例の結果が科学研究で出た場合、私たちは研究で使われた手法を確認する。たとえば、サンプル数が少なすぎる場合がある。一、二頭の個体の結果に基づいて、世界中の六〇〇〇万頭のウマすべてを語ることはできない。あるいは、データを集める方法がよくなかったか、データがほかの変動要因に影響されてしまった場合も多い。さらに、研究対象、とりわけウマは、研究を進めるうえで協力してくれない場合もある。とはいえ、研究の不備は科学の一部だ。脳のように極めて複雑なものの研究では、毎回完璧な実験を計画、実行できる者などいない。こうした問題を乗り越えるために、私たちは研究を再現して修正を重ねていくのだ。

その一方で、二つ目の説はこうだ。もしかしたら、ウマには身を守る術がほかにもあるので、優れた音源定位の能力は必ずしも必要ないのではないだろうか。ウマは広範囲にわたる水平方向の周辺視野を備えているため、音源定位の能力は無意味なのかもしれない。しかも、優れた嗅覚も、危険が潜んでいる場所を突き止めるのに役立っている。クマの存在を察知したアスペンを前に取りあげた（39ページ参照）。彼女は茂みのなかのクマの居場所を、音を聞いて特定する必要はなかった。なぜなら、もっと遠くからすでに匂いでわかっていたからだ。

騒音

人は厩舎を設計するとき、ありとあらゆる興味深い点を検討する。洗い場はどちらに向いているほうがいいだろうか？　手入れ場所はどのあたりにするべきか？　ウマが馬房から外の世界をどれくらい見られるようにすればいいだろうか？　暖かさを保つために厩舎の扉はしっかり閉めるべきか、それとも換気のために大きく開いておくべきか？　というように、挙げていくときりがない。そこで選択されたものの多くは、ウマが人間の社会にどんなふうに関わっているかについての、私たちの推測に基づいている。

私が数年間にわたって調教をしていたある厩舎のウマの所有者たちは、突発的な騒音は馬術訓練に役立つと考えていた。ここの室内馬場の隣にある作業所では、何の予告もなく高圧エアホースで塗料が吹きつけられ、除雪車が打ちくだかれて解体され、電動のこぎりの刃が大音量でプラスチック製フェンスの支柱に入れられていた。室内馬場で調教中のウマと乗り手は外が見えないため、こうした爆発音並みの大音量がもうすぐ轟くことを事前に見て察することはできない。こういった状況は、とりわけサドルさばきが不安定な初心者の乗り手や、未熟または怖がりのウマにとって、危険な事態を招くこともあった。この建物の位置関係は、控えめに言っても「イライラして不機嫌にさせられる」ものだった。

たいていの人は、作業所が室内馬場のそばにあるのはたまたまだと思うだろう。だが、そうではなかった。これは「ウマたちが予期せぬ騒音に慣れるのを促進する」ための、意図的なものだったのだ。その論理には、「そうしておけば、ホースショーの競技会でより穏やかでいられるだろう」という続きがあった。いや、だが、それはウマの脳の働きに沿っていない。たしかに若いウマにはある程度の騒音に慣れさせることも必要だが、穏やかなメスの子ウマを、恐怖をあおる騒音の大きな渦に放りこむのは、適切なやり方とは到底言えない。

聞きなれない予期せぬ大きな物音をともなう環境は、ウマに深刻な苦痛をもたらす。ウマは風の音やアイドリング中のエンジン音といった、連続的に起きる不快な騒音にさえ悩まされているのだ。風はいろいろな物をパタパタとなびかせるし、エンジン音は被食動物にとって聞き逃してはならない音をかき消してしまうかもしれない。何十年もの研究によって、連続的な騒音は人間の耳、精神、感情にもよい影響を与えないことが証明されている。動物（人間も）は、そういったうるさい場所では気が休まらないし、くつろぎによる安心感なしには真の学習はなしえない。先ほどの例では、調教していたウマたちをもっと静かな厩舎に移すと、わずか数日で調教の拠点や競技会でずっと扱いやすいウマになった。

「何だって？」

ウマのピッチに対する知覚は極めて優れているが、それはなぜだろう？　どうしてウマは一〇オクターブもの範囲にわたる可聴周波数を分析しなければならないのだろうか？　捕食動物が近づいてくるときにカサカサと立てる草の音は、そこまで範囲が広くない。その答えは、ウマが社会的な動物だという点にある。ウマが生存するためには、群れの仲間たちの発声を聞いて、その意味を解釈しなければならないのだ。

ウマは常に仲間とコミュニケーションを取りあっている。その大半は、人間にはわからない形で行われている。といっても、この四本足の友人が私たちに隠し事をしようとしているわけではない。私たちの多くは、動物が仲間同士で交わしているかすかな合図に気づけないのだ。しかも、彼らの動きや発声に気づいたとしても、たいていの場合、その意味を理解できない。

普通のいななきを考察してみよう。その平均的な長さは約一・五秒で、およそ八〇〇メートル先まで聞こえる。このいななきには三つの段階があり、高周波の導入部分、いくつものリズミカルな中周波の音からなる中間部分、そして最後に近づくと低周波のはっきりしない音へと変わる。これらのさまざまな周波の音の多くは和音のように同時に発せられているように聞こえるが、なかには震えながら途切れたり聞こえたりを繰り返す音もある。こうした音のわずかな違いを示す特徴が、意味あるものとしてウマの脳に伝わる。

平時のものと比べると、怯えたいななきは基本のピッチが高く、そのなかで最も周波数が高い音はよりいっそう強く発せられる。挨拶のいななきはピッチがずっと低く、音と音の間により多様な震える声や連続的なビブラートがもっと長く入る。別れのいななきは、最後の部分がすぐに切れる。ほかにも「会えて嬉しいよ」「なぜあの牝馬はこっちに来ないんだろう?」「今すぐ餌をちょうだい」「助けて、厩舎が燃えている!」といった意味のいななきもあり、挙げるときりがない。ウマのいななきは一〇〇〇万種類にものぼる可能性が高く、どの種類にもそれぞれほかと異なる音の特徴がある。

聴覚を働かせているウマの脳は、こうしたすべての要素を、瞬時かつ無意識に分析する。ウマの内耳の細胞は、各いななきのさまざまな周波数の音を符号化する。聴覚野の細胞は、それらの違いを計算して間の取り方を記録する。そして、脳の連合野がそれらを意味と対応させる。たとえば、「ああ、あれは〈ミラー〉だ。彼女は何か悩んでいるみたいだな」というように。ウマのいななきがしたとき、よく観察すればそれを聞いたあなたのウマの反応に気づくことができる。だが、その複雑な神経の働きは目に見えないため、私たちは脳による分析は簡単なものだと思ってしまう。あるいは魔法のようなものだと。だが、そうではない。あなたのウマの額の奥では、たくさんのことが起きているのだ。

ウマのいななきには微妙に異なるさまざまな感情や意味があるのみならず、署名のように個体それぞれの特徴がある。[14] たとえば、レノの怯えたいななきは、ディーシーの怯えたいななきとは音の構成が異なっている。つまり、いななきを聞いたウマは、その意味を理解するに加えて、誰が発したものであるかを目で確認しなくてもわかる。人間と同様にウマも個体によって感受性の度合いが異なるので、どのウマが発したいななきかがわかることでより多くの情報が得られる。いつも何かに怖がっているウマの怯えたいななきよりも、普段はゆったりと落ち着いているウマの怯えたいななきのほうがより強い警告と認識される。

さらに、ウマは知らないウマが発したいななきからでさえ、情報を抽出できる。いななき音だけで、その見知らぬ個体の大きさ、性別、ウマ社会での地位を特定できるのだ。一方、人間は声の響きから性別はまず特定できるが、体の大きさを想像するのは難しいし、人間社会での地位を声だけで当てるのは無理だろう。というのも、ウマに比べたら人間の社会的地位は生存にそこまで重要ではないからだ。

人間の声を聞き分ける

ウマはよく知っている人間を、声だけで認識できるだろうか？　もちろんできる。あなたのウマも知っている、人間の友人が二人いたら協力してもらおう。彼らに同じ言葉を言ってもらい、録音する。ウマから見える場所に友人たちに黙って立ってもらって、録音した声を流してみる。すると、あなたのウマは聞こえてきた声と本人を一致させるだろう。スピーカーから流れてくる録音された声を聴いた瞬間に、ウマがその声を持ち主のほうを向いて長く見つめるのがわかるはずだ。ちなみに、視覚と聴覚が連携するといったクロスモーダル知覚は、以前は人間特有のものと思われていた。今日では、イヌやウマにも備わっていることがわかっている。しかも、ほかの多くの種類の動物も、このクロスモーダル知覚を利用している可能性が高い。私たち人間がまったくそう思っていなかったのは、実に驚くべきことだ。[15]

ウマの脳の聴覚情報を解読する能力の全貌を探るにあたって、ここまでの私たちはまだいななきしか考察していない。ウマはさらに、低いいななき、甲高い鳴き声、うなり声、息の吐き出し、荒い鼻息の意味も考えなければならないのだ。ウマの脳はそういった発声のあらゆる音の違いを分析して、どの音がどのウマのものであるのかを見極める必要がある。そして、発声にどんな意味が込められているのかを、発したウマの立場で解明しなければならない。ウマを見知らぬウマばかりの新しい環境に置くのは、混乱をもたらす耳障りな騒音のなかに放りこむということだ。それにもかかわらず、私たちは「周囲が変わっただけで、なぜこんなに動揺しているのだろう」と思ってしまうのだ！

6　嗅覚と味覚の力

　障害物を飛ぶ初期の訓練に入って数カ月経った〈シマー〉は、さまざまなプランターやいろいろな種類のバーといった低い垂直障害を速歩《はやあし》で越えられるようになっていた。駆け出しのハンター競技用のウマは向こう側が見えない障害物におじけづくため、簡単だが隙間のない障害物のジャンプ練習を始める時期に入っていた。低いレンガ障害から始めることにした。

　馬術のジャンプ関連競技に関わったことがない方に念のために言っておくが、心配しなくてもいい。ハンター競技で使われる「堅牢なレンガの壁」は、堅牢でもなければレンガでできているわけでもない。それは細い木製の支柱をレンガ模様の軽いプラスチック板で覆った、長方形の立て看板のようなものだ。たとえぶつかっても、簡単に倒れる。エネルギーに満ちあふれたこの四歳馬のジャンプのために用意された壁は高さがわずか六〇センチ、奥行きが二〇センチで、これまで練習していたものと変わりなかった。

　シマーは速歩で向かった低い壁を滑らかに飛び越えると、満足げに駈歩《かけあし》で壁から離れていった。周りにいた人はみなにっこりした。シマーはアムステルダムから来たウォームブラッドで、毛は新しい一セント硬貨のような美しい銅色、性格はクルーズ船のレクリエーション責任者くらい親しみやすかったため、私たちはみな彼が学ぶところを見るのが楽しかった。シマーはこの新たに身につけた技を何度も繰り返した。

だが、この壁に今度は反対方向から速歩で向かっていたシマーは、突然止まった。こんなことは今までなかった！ 普通、自分が投石機の石のように勢いよく投げ出されることが好きな者以外は、未熟なウマに「止まる」という選択肢があると思わせるような調教はしないものだ。シマーの調教師と乗り手はこの問題に素早く対処できたが、それでも調教後の厩舎の通路はこの話題で持ちきりになった。あちら側から向かったときはあれほど積極的に飛んでいたのに、なぜ反対側からのときは止まってしまったのだろう？

ウマの行動の背景や理由を考察する過程は、調教を効果的に行ううえで極めて重要だ。シマーは壁を飛ぶことを拒否した際、馬場の出入り口に向かったので追い払われた。馬場から出たかったのだろうか？ いや、それまではそんな素振りも見せずに、出入り口の前を何度も通りすぎていた。疲れていたのだろうか？ いや、止まりだしたのは毎日行われる一時間の調教の開始わずか二〇分後のことだったし、ほかの障害物を飛ぶときはまったく疲れている様子ではなかった。壁が大きすぎたのだろうか？ いや、シマーはこの程度の障害物を日々飛んでいたし、同じ壁の反対側から飛んでいたときは何のためらいもなさそうだった。障害物はどちらの側からも同じに見えた。助走の距離も同じだった。いったい、何が原因なのだろうか？

こうした自問自答をひととおり続けたのち、ようやく答えに辿りついた。シマーのジャンプの調教がいつも行われている昼頃は、この屋外馬場に日陰はなかった。だが、そのほかの時間帯は、壁のシマーが嫌がった側に濃い影ができていた。その日陰では四匹の大きなクーンハウンドが毎日のように、偽物の冷たいレンガに背中を当ててごろりと横になっていた。そのためイヌたちの匂いは、壁のそちら側にとりわけ強く残っただろう。しかも、濃い影のなかで居眠りしている黒いイヌたちの姿は、ウマにとってはとても見づらかった。シマーはこのことを、壁のイヌがいる側に日陰ができている毎朝の訓練のときに認識していた。

昼のジャンプの調教時間に話を戻そう。シマーが助走で止まったときは壁のどちら側にも日陰はできていなかったし、イヌたちの姿は影も形もなかった。だが、イヌの匂いは残っていたのだ！　それに、シマーはイヌたちがいつも日陰のなかにいて、しかも目で確認するのが難しいこともわかっていた。もし私の考えが正しければ、シマーの視線が自身の鼻の前と下の盲点に入ったときに、イヌの匂いがもっとも濃く感じられたはずだ。その結果が、例の振る舞いにつながったのだ。シマーは耳を立てて滑らかで素早い助走を取っていたにもかかわらず、飛ぶ直前に止まった。これは気分を害してわざと止まったのではなく、何かに驚いたような急な止まり方だ。

では「安全な側」から壁に向かっているときは、イヌの残り香は感じられなかったのだろうか？　もしかしたら多少は匂ったかもしれないが、そちら側は風上だった。つまり、イヌがいた反対側よりも、匂いはかなり弱かったはずだ。しかも、そちら側には日陰はできなかったので、シマーはそこにイヌがいないこともわかっていたのだった。

取り残された知覚

嗅覚はウマの知覚でおそらく最も強いものであるにもかかわらず、ウマの嗅覚や味覚は科学者たちからはあまり注目されていない。観察や脳の解剖学的構造を踏まえると、ウマの視覚や聴覚は嗅覚に惨敗している。実のところ、人間の脳があまりにも視覚を優遇してきたため、私たちはほかの知覚を放ってでも視覚を優先して研究してきた。そのうえ、科学はあまりにも複雑なため、通常はひとつの種（たとえば人間）のひとつの領域（たとえば視覚）における研究計画を完璧に進め、それが終わって初めてほかの種や領域に範囲を広げることが多いのだ。

嗅覚や味覚の研究の進展を抑制するもうひとつの要因は、それらに対する刺激が化学的だということだ。視覚と聴覚は、光の粒子や音波が目や耳に当たるという機械的刺激に基づいている。一六六六年にアイザック・ニュートンが「白い色の光はすべての色の光を含んでいる」ことを、プリズムを使って示してから、科学者たちは三世紀半にもわたる精力的な研究によって、そうした機械的な刺激に詳しくなっていった。[1] 一方、化学の分子については、今日もなお多くが謎のままだ。たとえば、二〇一七年にようやく、分子構造から匂いを予測する研究成果が発表された。[2]

それゆえ、ウマを研究しているすべての科学者に告ぐ。私たちはウマの嗅覚についての情報をもっと手に入れるべきだ！　ウマのこの能力はほとんど無視され、ひどく過小評価されている。これまでわかっている事実は、人間の目が開いているときはそれが捉えた光景を脳が常に解読すると同じように、ウマの脳も複雑な匂いを常に分析して解釈しているという点だ。

ウマは嗅覚に頼っているのか？

もちろん頼っている。ウマは匂いに興味をかき立てられる。たいていの場合、私たちはそのことに気づかない。なぜなら、ウマに匂いを嗅がせないようにしたり、匂いを嗅ぐのはだめなことだと教えたりするからだ。おまけに、私たちは匂い自体が漂っていることすらわからない。だが機会があれば、まずウマに無口頭絡《むくちとうらく》をつけて草の誘惑から気をそらそう。次に、あなたはできるかぎりくつろいで気楽な様子を見せながら、一緒にゆっくりと歩きまわり、何もすることがないかのようにぶらぶらしながら、さまざまな物の周囲をふらふら通りすぎてみよう。すると、あなたの「巨大な猟犬」は鼻を使っても注意されないことに気づいて、おかしくなりそうなほど大喜びで匂いを嗅ぎまくるはずだ。

あなたのウマが草原にひとりでいるとしよう。そこで彼は、見たこともないウマの糞の匂いを嗅ぐ。そのひと嗅ぎから、あなたのウマは見知らぬウマの性別、健康状態、ウマ社会での地位を特定できる。[3] そのウマがどれくらい前にこの場を離れたかもわかるし、必要であれば地面に鼻を近づけて残された匂いを探して嗅ぎまわり、そのまま長い距離でも臭跡を辿ることができる。[4] 糞の落とし主が牝馬だった場合、あなたのウマはそのメスが発情期かどうかもわかる。土の上にぼとぼとと落ちている「路上のリンゴ」からだけで、これほどの情報がつかめるのだ。

では、この謎の糞の落とし主があなたのウマの仲間だったとしよう。その場合、糞をひと嗅ぎするだけでさらなる情報が得られることが、ウマの研究から判明している。あなたのウマは、糞がどのウマ仲間のものか、そのウマの自身に対する敵意の程度（地位とは無関係に）がわかる。さらに、この名刺代わりの落とし物をしたときに、そのウマがイライラしていたのか、怯えていたのか、あるいは平静だったのかもわかるのだ。

糞や尿を嗅いで得られる情報以外にも、ウマは空気の匂いを嗅ぐだけでも多くを知ることができる。風のない日に何度か息を吸いこむだけで、通常のウマは次のようなことができる。

- 水のある場所を見つける
- 捕食者を避ける
- ほかのウマがこの場所からどれくらい前に離れたかを知る
- それらのウマが仲間か見知らぬウマかどうかを判断する
- 仲間のウマであれば、どのウマか特定する
- 群れの仲間の感情を読み取る
- 以前から知っているウマや人間を認識する
- 見慣れた人間とよそ者を区別する
- 服、毛布、馬具についている新たな匂いに気づく
- 臭跡を辿る
- 厩舎の匂いや、道に残された体臭を嗅いで帰り道を見つける

私たちが握手をするのと同様に、ウマは鼻を使って初対面の挨拶をする。これは新たな群れに加わ

るときの重要な儀式だ。ウマは互いに鼻を近づけて、鼻孔から息を交わす。それがうまくいくと、次に互いの脇腹と尾を嗅ぎあう。私たちはこの一連の儀式がうまくいくように、群れの仲間として合いそうな二頭をまず反対側がよく見えるフェンスの両側に置いて、フェンス越しに匂いを嗅がせあう。無口頭絡をつけずに、邪魔をしないようにする。というのも、私たち人間の「手助け」はよく面倒を引き起こすからだ。二頭がフェンス越しに仲よくなれば、一緒にしたときにもうまくいく可能性がずっと高くなる。

鼻と鼻口部の長い髭を使いこなせるウマは、さまざまな草を種類別に分ける名人だ。なかには、穀類までも種類別に分けられるウマもいる。この様子を観察するのは、ウマがあまり空腹ではないときが一番うまくいく。もしあなたがウォームブラッドの持ち主だったら、そんなときがあるはずがないと思うかもしれないが、食べることにそこまで強く固執しない種類のウマもいるのだ。たとえば、通常サラブレッドはほかの行動にとらわれることも多い。走るとか。あるいは後ずさりするとか。遊んだり、後肢を蹴り上げたり、乗り手を試したり。それに、繰り返しになるが、走ることとか。彼らは嗅覚を使って、アルファルファのペレットを「イークワインシニア」や「ストラテジィ」といったブランドの飼料、あるいはビートパルプのなかから選り出す。まるで、食べ物を皿の上に種類ごとに並べたい子どものように。多くのウマはバケツ入りの加工飼料を食べている最中に、なかに混ざっている小さな薬のカプセルを選んでは脇へ除ける。どの粒が穀類でどれが薬なのかを判断するのに、鼻と髭が役に立っている。

鼻を駆使する

ウマは人間の恐怖を匂いで察することができるのだろうか？　その可能性に異議を唱える気はないが、確かな経験的証拠はまだない。それでも、不安を示唆するコルチゾールやアドレナリンといったストレスホルモンをウマが嗅ぎ分けられることはわかっている。

牡馬は発情期の牝馬がいる場所を約一・六キロ先から特定することができ、フェンスを壊したり飛び越えたりしてでも、その牝馬をものにしようとする。牝馬とその子どもは互いを匂いで認識する。これは子育て中の牝馬が自分の子ども用に乳を確保できるよう、ほかの牝馬の子どもを拒絶するためだ。牝馬の鼻孔に「ヴィックスヴェポラッブ」といった刺激臭の強い軟膏を塗りこんで、母親を失った子ウマの世話を拒まないようにすることもある。[5]また、運送会社は運送中の狭い空間内でのウマ同士の小競り合いを防ぐために、同様の方法を活用している。

私たち人間は嗅覚があまりに弱いので、ウマの安全対策として飼料部屋の鍵をかけることをよく忘れてしまう。私たちが鉄板でじゅうじゅう焼けているステーキの匂いにつられるように、ウマはたとえ閉じられた扉の奥にある穀類でも遠い場所から匂いを嗅ぐことができる。よだれが出そうなほどおいしいものを獲得するためなら、どんなウマも通常の扉なら壊して侵入できる。ウマを初めて扱う人に忠告するが、食べすぎによる蹄葉炎や疝痛《せんつう》を防ぐために、飼料部屋の扉には常にかんぬきをかけておかなければならない。どちらの病気も、命取りになる恐れがある。

鼻いっぱいの自信

ウマは自信をつけるために鼻を使うこともある。この振る舞いはとりわけ子ウマによく見られるものであり、自信を育むために何でも匂いを嗅がせるべきだ。しかも大人になっても、ウマは自身の視覚と聴覚で得た情報を嗅覚によって確認することでより安心できる。ウマは近くがよく見えないので、私は新しい用具を使うときはまずウマの鼻に近づけることを習慣にしている。それにはほんの二秒もかからない。すると、ウマはわずかに首を傾けて匂いを嗅ぐと、ずっと安心した表情で元の姿勢に戻るのだ。

多くのウマは自分と接する人の匂いを嗅ぐことで、安心して自信を持つようになる。[6] ウマはあなたが厩舎用の上着を最後にいつ洗ったのかわかっているし（オエッ、去年の冬から洗ってないだろう？）、あなたがその帽子を昨日友人に貸したか、それとも別のウマがそれに鼻をこすりつけたかも知っている。あなたがいつ馬勒の手入れをしたのか、いつ食事をしたのかもわかっている。あなたが歯磨き粉や制汗剤を変えたことも、先ほど初対面の人と握手したことも、イヌやネコをなでたことも匂いで察している。布は種類によって匂いが異なるので（そうだったのか！）、あなたのウマはあなたが普段とは違う服装をしていることにさえ気づく。私のウマを診てくれる獣医が、生まれる前に死んだウシの胎児の匂いを消すために、二回シャワーを浴びてから厩舎に来てくれたことがある。すると、私には何の匂いも感じられなかったが、ウマたちは唇をまくりあげたり、鼻口部をなめたり、舌をぶらぶらさせたりしながら、匂いを振りはらうかのように首を振っていた。

鼻ひとつでは不十分？

正常なウマの鼻は、匂いや香りの感知に極めて優れている。だが、さらに驚くことがある。何と、ウマには鼻が二つあるのだ！　ウマには鼻腔の上部で匂い分子を捉えて脳の嗅球に信号を送る受容細胞に加えて、鋤鼻器《じょびき》という別の嗅覚系がある。これは鼻腔内で縦に伸びると約一二から一五センチになる、一対の長い管だ。

近年まで、鋤鼻器の役割はフェロモンの受容に特化されていると考えられていた。[8]　フェロモンは同じ種の動物の行動に共通の影響を及ぼす、天然化学物質だ。たとえば、アリに行列をつくらせる「道しるべ」フェロモン、人間の性的な関心を誘発するアンドロステノール、新生児に母乳を求めさせる「おっぱい」フェロモンといったものがある。今日では、どちらの嗅覚系もフェロモンについての情報を脳に伝達することが判明している。鋤鼻器は、もともとは水中動物が水溶性化学物質を感知できるよう進化したもので、今日もなおその役割を担っている。また、とりわけ捕食者と被食者の匂いの感知に極めて優れている。

ウマがたまに首を伸ばして頭を上げ、上唇をまくりあげているところを、あなたも見たことがないだろうか？　フレーメン反応と呼ばれるこの現象は、この四本足の友人たちが珍しい物、あるいはとりわけ味わい深い物を食べたり、その匂いを嗅いだりしたときに起きる。ウマはより多くの情報を得るために、息を吸って匂い分子を集めたあとに鼻を上向きにして唇をまくりあげることで、それらの分子を鼻孔内に長く留めようとする。すると鋤鼻器が匂いの化学物質を神経信号にゆっくりと変換して、解釈のために脳に送る。

残念ながら、鋤鼻器が脳とどのようにやりとりしているのかは、まだはっきりとわかっていない。だが、今なお研究が進められているなかで私たちができることは、自身のウマの二重の嗅覚を尊重することだ。フレーメン反応は「意味のない行動」「楽しんでいる印」と長年言われ続けてきたが、決してそうではない。それはあなたのウマの脳が、周りにある特定の匂いや味についてのさらに詳しい情報や、ウマ自身の好き嫌いを探るための手がかりを欲しているということなのだ。

嗅がせてやろう

あなたの体や服の匂いを嗅がせてやることが、なぜウマのためになるのだろう? それは匂いを嗅ぐことによって、あなたが危害を加えないとウマが確信できるからだ。私たちが忘れてはならないのは、ウマは捕食者がいる恐れのある環境において安全を確認しなければならない被食動物だということだ。[7]ウマたちを落ち着かせて、うまく学んで実力を発揮できるようにしてやることは、私たち人間の役目だ。ウマは厩舎付近の捕食者の臭跡に気づいて、それに対する間接的な反応を示す。匂いを嗅ぎ回る、目で探す、食べるのを中断するといった行動がより頻繁に起こり、場合によっては心拍数が高くなるという間接的反応による変化は、警戒心をさらに強めたことを意味している。一方、捕食者の臭跡もわからなければ、自分自身や飼っているイヌやネコが「捕食者」であることも受け入れられない私たち人間は、なぜウマたちは不安がっているのだろうと不審に思う。そういったウマの警戒心にはイライラせずに、彼らを落ち着かせることで対処しよう。ウマの脳がそうした仕組みになっているのは、彼らのせいではないのだから。

自由に物を嗅ぐよう促されてきたウマは、いつでもどこでも何にでも鼻を近づける厄介者になってしまうのではないかと心配する人は多い。だが、きちんと調教すればそういったことは起こらない。ウマは「本拠地ではいいが、集団でのトレイルライドではだめ」「無口頭絡が使われているときはいいが、馬勒が使われているときはだめ」「引かれているときはいいが、騎乗中はだめ」というように、匂いを嗅ぎ回っていいときとだめなときを学習できる。一貫したルールに基づいていれば、ウマは把握できるようになる。ウマに周りの匂いを嗅がせないようにするのは、読むことを学びはじめた子どもに目隠しをするようなものだ。

イヌかウマか

イヌの嗅覚は想像を絶するほど鋭く、人間のおよそ一〇万倍と推定されている。イヌはマラリア、パーキンソン病、糖尿病、尿路感染症、さまざまな種類のがんを嗅ぎわけられるため、人間の病気の診断や重病の予防に一役買っている。[9] さらには、爆弾、ドラッグ、放火事件で使われた燃焼促進剤も鼻を活用して見つけることができる。こうしたイヌの働きは、すばらしいではないか。では、ウマはどうだろうか？ ミシェル・アントワーヌ・ルブランはウマの嗅覚の解説で、イヌ、ウマ、そして人間を解剖学的に比較している。[10] 色覚の改善と引き換えに嗅覚の大半を犠牲にするという進化を遂げた人間は、当然ながら嗅覚が非常に劣っている。一方、ウマはさまざまな匂いを区別する細胞をつくる

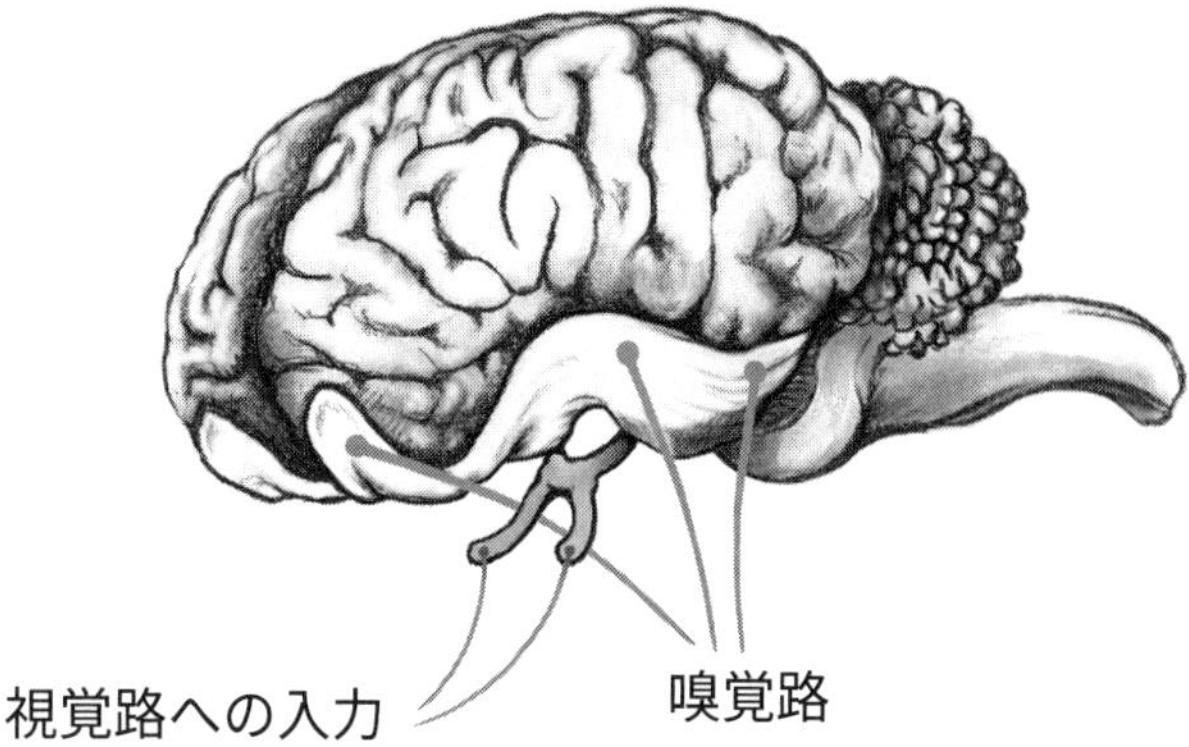

6-1　ウマの嗅覚路は、脳の全長のほぼ端から端まで到達している。それに比べて、ウマの視覚路は小さい。この対比によって、ウマの脳は視覚よりも嗅覚でより多くの情報を得ていることがわかる。

機能遺伝子、脳の嗅球内の神経細胞、そして匂いの情報を脳に伝える神経細胞の軸索を、どれもイヌと同じくらいの数を擁している（図6－1）。

　話はさらにすごくなる。人間は約六〇〇万個の嗅細胞で、一万種の匂いを捉えて区別できる。[11] 実に見事ではないか。だが、それはブラッドハウンドの三億個、つまり私たちの五〇倍もの嗅細胞数に比べれば微々たるものだ。[12] そして、ここからが本当に驚くべき点だ。ウマには大半の種類のイヌよりも、より多くの嗅細胞があるのだ！　生体構造がすべてではないが、ここまでの話をまとめると、ウマの嗅覚の鋭さはイヌと同じくらいすごいかもしれない。それはまさに快挙だ。

　私は、ウマは人間が思っているよりも嗅覚をずっと高い精度でより頻繁に活用しているのではないかと推測している。研究が進むにつれて、嗅覚は視覚や聴覚よりもウマの機能にずっと重要な役割を果たしていることが判明するはずだ。ウマの振る舞いや態度の多くは匂いで制御できることから、私たちはウマの脳の仕組みに沿った、ウマによりいっそう適した新たな調教方法を編み出せるようになるだろう。それに加えて、自己中心的な私たち人間は、またしても自身の能力の低さを思い知らされることになるはずだ。ウマが知覚したのに私たちが「何もない」と思いこんでいる場合の多くは、実際には私たちの大きな脳が貧弱すぎて識別できない極めて重要な知覚情報の例なのだから。

味覚

ウマでも人間でも、味覚の八割は嗅覚によるものだ。[13] 先ほど飼料部屋のそばでステーキを焼く話をしたが、その光景を再び想像してみてほしい。うーん、たまらない。私たちの鼻は、肉から漂ってくる匂い分子を嗅がずにはいられない。そして、ひとかじりの肉が舌に載せられると、味蕾《みらい》が働きだす。噛むことでさらに多くの匂い分子が放出され、その匂いはより詳しい分析のために喉から鼻腔へと上方に伝わっていく。要するに、私たちはステーキを「おいしい」と感じるが、実はその味の大半は嗅覚で感じているということだ。

私たち同様に、ウマの舌にも味蕾がある。ちなみに、ウマの舌は巨大だ！　平均的なウマの舌は重さ約一・一キロ、長さは四〇センチ近くもある。そこについている味蕾によって匂い分子は神経インパルスへと変換され、脳へ送られる。そうして脳に集められた甘い、しょっぱい、酸っぱい、苦いという味の情報は、そこで解釈される。さらに、舌には口に入ってくるあらゆる物の食感や温度を捉える受容細胞もある。

ウマの舌は塩味、または甘味を味わうと、脳に快感を送る。それらの味は栄養摂取において極めて重要だ。人間とウマの脳はグルコース、つまり糖を燃料としていて、不足すると体のほかの部位から奪ってくるほどだ。ナトリウムには脳や運動神経細胞の機能のバランスを保つ働きがあるため、ウマは塩味を摂取したがるようにできている。どんなウマも、飲み水のそばに塩ブロックを欲しがるのはそのためだ。ウマは人間よりも苦みに耐性があるため、「バナミン」（訳注：ウマ用の薬の名称）を憤慨することなく食べるウマもいる。そうでない場合、冷たくすると苦みを抑えられるので、苦い薬は冷蔵庫で冷やしておくと運がよければこっそり食べさせられるときもある（とはいえ、私の経験ではウマに何かを「こっそり」食べさせるのはかなり難しい挑戦だ）。

一般的な想像に反して、ウマはとりわけ非常に空腹なときや食べたい物の量がとても少ないときは、有毒植物や汚れた水を味覚だけで避けるのがあまり得意ではない。これはすなわち、私たち人間が責任を持って、毒のある植物の除去や水飲み場の掃除を行わなければならないということだ。ウマと旅をするときは、甘味料、あるいはペパーミントかリンゴのエッセンスで味つけした水や、ビートパルプを浸して絞ったあとの水を勧めて、水分を摂らせよう。短時間の外出の場合は、家から水を持っていこう。

私たちと同じく、ウマにもそれぞれ味の好みがあり、それはごく小さいときに形成されたものだ。自然の放牧地には一〇〇～一五〇種類の草が生えていて、あなたのウマを観察すれば、最もおいしいひと口のために草を選り分けていることがわかるはずだ。[14] ウマは甘味や塩味に加えて、自分が食べて育ってきた草の種類も好みであり、そのなかには直接食べてきた物と母乳に含まれていた物の両方が含まれている。

同じく、「おやつ」もそれぞれ好みが違う。現在私が関わっているウマの友人たちのおやつリストを簡単に紹介すると、〈アップル〉はその名のとおりリンゴは大好きだが、ニンジンは嫌いだ。さらに、「ヘルシー」と宣伝されている市販品のおやつは吐き出してしまう。〈カベルネ〉はニンジンを大喜びでムシャムシャ食べる。〈パンキン〉はどんな物をあげても、受け取る前にまず「あなたの狙いは何?」と尋ねてくる。〈コーリー〉はブドウなら大はしゃぎで食べるが、ピーマンを差しだすと「裏切られて本当に傷ついた」という目で見つめて断る。〈ケルーア〉がニンジンを受け取るか拒否するかどうかは、あなたの道徳性の高さに対する彼女の判断次第だ。〈エズラ〉は何でも食べる。あなたのウマを褒めるときに褒美として食べ物をあげる場合(非常に複雑な技能を完璧に習得したとき以外は、褒美として食べ物を与えるのは勧めないが)、彼がとても好きな物を与えるのが効果的だ。

ハミはウマの調教において最も重要な扶助のひとつだ。ウマと人間のチームは拳(手)と口でコミュニケーションを取るため、ウマはハミを受け入れ、長時間口に入れ、人間の指を噛んだりしないよう求められる。そのお返しとしての唯一の公正な方法は、私たちがハミの味や温度を考慮することではないだろうか。氷のように冷たい金属が舌に触れるのは不快なため(度胸があるなら、いつか試してみるといい)、寒い日はウマにつける前にハミを専用の電気ウォーマーか、あなたの上着のなかで温めるべきだ。ゴム製のハミ、粘着テープや革でくるまれたハミの味は、必ずしもすべてのウマに受け入れられるわけではない。金属製のハミにも、独自の味があるものもある。そういった種類を使いたければ、あなたのウマの好みを知るためにいくつか試してみよう。もちろん、ハミの大きさ、形、動きも重要だ。

ウマに合っていないハミを使うと、非常に多くの問題が起きる。たとえば、馬勒をつけることを拒む、頭を振る、歯ぎしりする、行動中に口を開ける、あなたの拳を引っ張る、首を後下方へすぼめる、背をまっすぐにする、首を曲げてハミから逃れようとする、あなたが進みたいのにウマは止まる、あなたが止まりたいのにウマは進む、といったことだ。あなたのウマにそうした問題が起きたら、プロの調教師にハミとあなたの拳を確認してもらおう。実は、ハミによる指示が通りづらいというウマの「硬い口」の原因の大半は、ハミの不具合ではなく、乗り手の「硬い拳」によるものだ。この問題については、次章で脳内における知覚情報の処理を解説するときにより詳しく取りあげる。

7 知覚を結合させる

左目のない〈パッチ〉は、アメリカにおける競馬の最高峰ケンタッキーダービーに出場し、対抗馬がまったく見えない出走枠からスタートした。[1] 耳が完全に聞こえない〈ガナー〉は、一九九六年から二〇〇二年にかけて世界レベルのレイニング選手権のタイトルを次々に獲得した。[2] 〈アディ〉は右目が見えなかったにもかかわらず、高さ約一・五メートルの障害物を飛ぶという高い技術と速いスピードが要求されるコースで有名なヒクステッドダービーで勝利した。[3] このように、知覚障害のあるウマも一流の争いに加われることは間違いないが、彼らの脳はこういった偉業をどのように達成したのだろう? また、脳によるこうした処理は、障害のないウマと人間のチームにはどういった影響をもたらしているのだろうか?

〈チックピー〉は長年拍車を脇腹に当てられる刺激に慣れきったのか、多少の刺激による指示ではまったく動かない。しかも、乗り手の厳しい拳による絶え間ない指示によって、すっかり「硬い口」になっていた。チックピーは決して自分の意思で動こうとはせず、速度も進路もすべて乗り手の指示をひたすら待つだけだった。一方、姉妹の〈マック〉は正反対だった。彼女はどんな扶助にも敏感に反応し、乗り手が過保護な親のごとく一挙一動を指示しなくても、自ら行動できた。いったい、脳のどんな仕組みによってこうした差が出るのだろうか？　また、それに対処するために、私たち乗り手は彼らの脳とどうつきあえばいいのだろうか？

〈コーリー〉を連れ出して騎乗していると、彼は厩舎のホースが昨夜右か左のどちらに巻かれていたのかを教えてくれる。これは本当の話だ！　ウマは小さな変化に敏感で、しかもあなたが耳を傾ければちゃんと教えてくれる。その理由のひとつは、ウマは私たち人間とは違って、似たような物をグループ化できないからだ。たとえば、馬場の整備に使われているトラクターは問題ないが、同じトラクターが厩舎の通路を通っていると、ウマたちにはダンテの『神曲』地獄篇の第七圏に出てくる火を吹く竜に見えるようだ。それはなぜだろう？　そして、こうした思考過程はウマの行動や、心身の健康にどんな影響を及ぼしているのだろうか？

次の三つの現象はどれも、ウマの非常に優れた触感も含むすべての感覚器からの知覚を結合させる、脳内の処理過程で起きるものだ。

①知覚の埋め合わせ……ある知覚を失ったときに脳がほかの知覚の利用を強化して克服すること
②神経系の疲労……神経が刺激に慣れてしまい、その行動を促すためには常に同じ刺激を与えるよりも大きな変化を必要とする状況
③カテゴリカル知覚……脳がひとつのまとまりとして扱えるよう、さまざまな異なる物をグループとみなす傾向

知覚の埋め合わせ

目が見えない、耳が聞こえないといった知覚障害を持つウマは、とりわけ視力や聴力を失う前に競技の技術を身につけていたら、障害を負ったあとでもうまくこなせることが多い。角膜潰瘍に感染したウマは視力が徐々に低下し、眼球の摘出が必要になる場合もある。アディとパッチは、まさにそうだった。片目が見えなくなってもそれまでと変わらぬ実力を発揮できるウマが多いため、私たちは障害の影響はさほど大きくないと思いがちだ。だが、あなたも左目を覆って、世界で最も速い牡馬二〇頭が襲歩しているなかに混ざって、左に顔を傾けながら全速力で走ってみればいい。見かけほど簡単ではないことがわかるはずだ！

耳が聞こえないウマはさほど多くないが、例外は顔が額のほうまで白いウマだ。色素の欠乏はウマの内耳の受容細胞を変化させ、先天性の「スプラッシュホワイト」聴覚障害を起こすことがある。[4] ウマでも人間でも、この受容細胞は音を神経インパルスに変換する。生まれつき耳が聞こえないウマは、グラウンドワークでは指示を目で確認し、人間が騎乗しているときは乗り手の体による主扶助に頼らなければならない。また、予期せぬ光景や匂い、突然触れられることに対して驚きやすい。高圧エアホースで塗料が吹きつけられる音がしても穏やかでいられるはずと思うが、実際には耳が聞こえないウマは近くにいる動物を注視しているため、音に対する仲間や自身に関わっている人間の反応を見て動揺する。とはいえ一般的には、耳が聞こえないウマは好成績を残している。たとえば聴覚障害を持つカリフォルニアの競走馬〈タフ・サンデー〉は、現在までに賞金三六万二〇〇〇ドルを獲得している。[5]

感染症によって器官が徐々にやられてしまったといった、後天的に目や耳が機能しなくなったウマが障害に対処する場合、あまり大きな問題はない。彼らの脳では、正常に感覚が入力される経路がすでに発達しているからだ。つまり、学習や経験の力によって、脳内には神経回路網がすでにつくられている。少なくともある程度まで発達済みの脳は、たとえかなりの部分が手術で除去されても、非常にうまく適応できる。人間の赤ちゃんは脳の半分（どちらかの大脳半球全体）を失っても、成長して読み書きも、話すことも、愛することも、遊びも、仕事も、そして生活も、ほかの人と同じようにできるようになる。頭蓋骨の半分にはパチャパチャと動きまわっている脳脊髄液以外には何もないことに、ほかの誰も決して気づかないはずだ。

人間でもウマでも、ある知覚から情報が得られなくなると、脳は別の知覚からの入力により注意を払うようになる。つまり、耳が聞こえないウマは目で見えるものに、目が見えないウマは音に、より注意を向ける。こうした埋め合わせはカレン・ロウのように目が見えない騎手でも行われていて、彼女は中級レベルのクロスカントリー競技や、競技場でのコースで飛ぶときには方向の指示や合図を耳で捉えている。[6]また、同じく盲目のクリステン・クノウスは、競技場の円周コースを走る蹄《ひづめ》の音の響きによってフラットクラス競技で進む方向を判断している。[7]埋め合わせに使われる感覚器自体は何も変わっていないが、通常なら無視される刺激まで脳が必死で捉えようとしているのだ。たとえば、劣った視覚が聴覚をさらに鋭くするというのは、聴覚野の神経細胞が視覚障害に対応して強化されるからだ。[8]

室内での調教

どんな室内馬場も外の視界がある程度遮られるが、なかには窓がないためにウマにはまったく外が見えない場合もある。しかも照明が乏しいと馬場全体が暗くなり、ウマの目が慣れるためには前述のとおり四五分程度かかる（75ページ参照）。そういった状況では聴覚、嗅覚、触覚が鋭くなると考えられるし、実際にそうなっている。

一八歳のコーリーは引退生活を送っている元競走馬の黒鹿毛のサラブレッドで、一七・一ハンド（約一七四センチ）の体高にしては非常に華奢な脚をしている。非常に知覚が鋭敏で、それは大きな利点ではあると同時に、とても怖がりな性格の原因でもある。コーリーはまさに、私が「繊細な乗り方をしなければならないウマ」と呼んでいるタイプだ。それはすなわち、どんな扶助も正確なタイミングで筋肉の繊維をわずか数本動かすだけでいいというような、かすかな変化で伝わるということだ。あまり厳しく指示を出しすぎると、ものすごい速さのウマにしがみつくことになるか、自分が顔から地面に突っこんでしまうことになる。もっと楽にして指示すれば、まるで宙に浮いているかのように完璧に乗りこなせる。

冬のある日、コーリーと私はほかには誰もいない、凍りつくような寒さの室内馬場でウォーミングアップをしていた。しんとしているなかで、彼の耳はレーザー光線のようにまっすぐ前を向いてピンと立っていて、体中の筋肉が緊張していた。まるでミサイルでも発射しそうな様子だった！　すると、突然長い壁の向こう側で銃声がした。コーリーは急に向きを変えて駆けだしたが、運よく私の想像どおりのタイミングと方向だったので、私は落ちずにすんだ。ここで止めると急に向きを変えたことが褒められる振る舞いだと誤解されるかもしれないので、絶対にそのようなことがないようペースが速めの速歩《はやあし》をさせた。調教が終わり、自分の心臓が再び動きだすと、私は何が起きたのかを調べに外に出た。

すると、二名の厩舎関係者がこの天気のいい日に一メートル近く積もった雪の上で日光浴を楽しもうとして、室内馬場の金属製の壁を背にして椅子を並べていた。コーリーと私を怯えさせた「銃声」は、折り畳み椅子の背が壁に当たった音だった。外にいると、その音はほとんど聞こえなかっただろう。だが、室内で騎乗していると視界が限られるため、ウマの脳（それにあなたの脳も）は音、匂い、感触によりいっそう注意を払う状態になっていたのだ。

感覚の遮断による影響は累積的だ。たとえば、室内馬場で外が見えないウマは、聴覚にさらに頼ろうとする。だが、もしこのウマが二〇歳近くだった場合、聴覚が衰えている可能性が高い。限られた視界と衰えた聴覚のダブルパンチによって、ウマの脳は匂いにさらに敏感になるというようなことが起こる。

ウマをさまざまな環境で調教する場合、彼らの理解に最も影響している知覚はどれなのかを把握しておこう。そうすれば、あなたはウマがどんな振る舞いをするか予測できる。そうした予測こそが、ウマの調教の要なのだ。ウマがどんな反応を示すのかとその理由が事前にわからなければ、そういった反応を防ぐことはできない。しかも最初からそうした反応を防いでおくほうが、それが出たあとに止めるよう調教するよりもずっと効果的だ。

原因を探す

原因を探そうとする脳の働きは、知覚の埋め合わせに関連する側面のひとつだ。若い哺乳類は発達の過程のなかで、行動によって結果が生じることを学習する。たとえば、「レバーを押すと水が出てくる」「いななくと仲間が自分を見る」「外れそうな掛け金をいじると門の扉が開く」といったことだ。また、耳を後ろに伏せるという最優位牝馬の怒りの印を見逃すと噛まれてしまう、というように、行動しないことでも結果が生じる。こうした経験を積むことによって、脳は原因と結果は日常生活の一部であることを発見する。そして、もとの原因を探して、この先起きる出来事の予測に役立てる。

室内馬場にはいくつもの普通ではない音の原因が潜んでいるため、今後の出来事が予測しづらい。外にいれば、嵐がやってくることを予測できる。風が強くなり、雲がこちらに向かってくる様子が見えるからだ。だが室内にいると、強風で突然壁がうなったり、激しい雨で金属製の屋根が耳をつんざくような音を立てたり、大きな引き扉が何の前触れもなくいきなり外から開けられたりするまで何もわからない。馬場の木の柱が目に見えない温度変化によって伸縮し、場内に「パキッ」という音が響く。屋根に積もった大量の雪が滑り落ち、大きな氷柱《つらら》がすぐ外で地面に落下し、雪解け水があふれんばかりに雨どいを流れ、壁を越えて雷が鳴り響く。ところで、あなたには興奮気味のウマを調教していたときに、雷が屋根に落ちたという経験があるだろうか？　あれはもう二度とごめんだ。

室内馬場で聞こえる怖い音は、ラジオをかけることで打ち消せるものもある。調教を始めたばかりの若いウマの多くは、ラジオの音がどこから聞こえてくるのかを探して、音源がわかると落ち着いた様子になる。誰かがラジオまで歩いていって音量を調整する様子を見たウマは、同程度の音量変化でもその原因がはっきりとわからない場合よりも怖がることが少ない。こうした観察結果は、「ウマなどの動物は、大元を探さない」という多くの科学者の説に異議を唱えるものだ。

「でも、私のウマは別に不安がっていない」

自分のウマは緊張したり不安がったりはしないと言う人は多い。もちろん、品種、経験、調教歴、年齢、気性といった要因がすべて影響しているため、緊張の度合いはウマそれぞれだ。とはいえ、トレーラーでの運搬時に関する研究[9]や毛刈りに関する研究[10]によると、それらの場合において多くのウマが見た目には出さないが、内面では不安を感じていることが明らかになっている。具体的には心拍数、血圧、目の温度、コルチゾール値で上昇が見られた。さらに、心拍間隔のばらつきが正常時より大きくなった。ウマが見た目には落ち着いた様子であっても、これらはみな緊張や不安を示す体内での兆候だ！

このように、あなたのウマはあなたが思っている以上に苦しんでいるかもしれない。ウマの感覚が遮断されているときは、優しく気長に対応しよう。たとえば、室内競技場に入ったら時間をかけてゆっくりとウマを慣らす、外から聞こえてくる思いがけない音を最小限にするようスタッフに頼む、ウマの緊張をほぐす、ウマが落ち着いたら褒める、といったことだ。無口頭絡と引き綱だけをつけて匂いを嗅ぎまわる探検をして、できるだけ不快な思いをさせないようにしながら、怖がりそうな場所を案内しよう。必要であれば、経験豊かな仲間のウマに一緒にいてもらおう。

また、外で調教をするときも、知覚の埋め合わせに考慮しよう。風はウマの強力な運動検出器細胞を興奮させて、異常な光景をつくりだす。そのなかには、あなたには見えないものさえある。それと同時に、風はその音によって聴覚で捉えられる情報を減らし、しかも匂いを運びさってしまう。こうしたトリプルパンチの状況においてあなたのウマが必要とするのは、あなたから安心感を与えてもらうことだ。

何も見えない状態で騎乗してみる

乗り手は脳の働きによる埋め合わせを利用して、技術を向上させられる。昔は、乗り手が目隠しをしてサドルなしで騎乗するという訓練を行ったものだ。その状態でバーを飛んだり調馬索運動をしているウマに乗ったりして、ウマの体が地面から離れるときの感触をつかもうとした。そうすることによって、目が見えている状態のときに自分の体がウマより先に飛ぼうとしたり、反対にあとに残されてしまったりするのを防ぐことができる。個人的には目隠しを使うことは勧めない。何か起きたときに、外すのに時間がかかってしまうからだ。だが、こうした訓練を希望する乗り手は、騎乗中に目をそっと閉じて行えばいつでもすぐに目を開けられる。

まずは資格を有する指導員が調馬索運動を行っているウマに乗るか、普段利用している馬場の長いコースを歩いてみよう。目を閉じた瞬間から、あなたのウマの動きがよりいっそう細かく感じられるはずだ。ウマの足がそれぞれ地面に着く瞬間の感触を捉え、肩や尻の前後の動きを感じてみよう。どの脚が何をしているかわかるだろうか。乗っているウマの背中が急に広く感じられるはずなので、もっともバランスがうまく取れる真ん中の位置を探りあてよう。

自身の脳の注意を、通常なら無視される情報に無理やり向けさせるこの訓練は、技術、バランス、強さ、自信を大幅に向上させる。とはいえ、いきなり取りかかってはならない。まずは、あなたの目を開けた状態での技術レベルをよくわかっている指導員に相談しよう。次に、レッスン用のなかでも穏やかで経験豊かなウマを選び、静かなパドックかラウンドペンのなかで、最初はゆっくりと数歩だけ歩かせてみる。そして、お願いだから乗馬用ヘルメットをかぶること。ウマに乗るときは、「必ず」ヘルメットを着けてほしい。五〇ドル出せばブリティッシュ式でもウエスタン式でも買えるし、しかもその値段で一生頭に障害を負う危険から身を守ってくれるのだ。

神経系の疲労

ここで取りあげる二つ目の脳内の処理過程での現象は、神経系の疲労だ。あなたは自分が人間の目のなかの受容細胞（桿体《かんたい》または錐体《すいたい》。66ページを参照）になったと想像してみよう（無茶を言っているのはわかっているが、私の話についていきてほしい）。そんなあなたの前には、美しいポニーがいる。あなたの近くには何百万もの受容細胞仲間がいて、目の前にある光景の小さな画素をひとつずつ受け持っている。あなたの担当分は、ポニーの肩で光る毛のかすかな一部だ。あなたたちはそれぞれの神経インパルスを脳の視覚野へ一斉に送る。すると脳はそれを解釈して、「ああ！　このきらきら光っているすてきなポニーを見て！」と言うのだ。

とても楽しいではないか。だが、ひとつ問題がある。あなたはあの光る毛のかすかな部分を、永久に脳に送り続けることはできない。ある時点で、あなたはそこにじっと立ったまま「光る毛のかすかな部分、光る毛のかすかな部分、光る……」と言い続けることに飽きてしまうからだ。受容細胞は疲労する。あっという間に。実のところ、人間の視覚に関する受容細胞は、ほんの数秒しか信号を送れない。通常、私たちの目は各受容細胞がコンマ一秒ごとに異なる光景を次々と捉えられるよう、体が勝手に震える振戦《しんせん》のようなかすかな不随意運動を常に行っている。それは、受容細胞が飽きることを防ぐためだ。画像を目の前でわざと動かないようにじっと掲げ続けると、それは消えてしまう![11]。これは、受容細胞が神経インパルスを脳へ発火させ続けられないために起きる現象だ。

運動錯視

動きをじっと見ることで、あなたも神経系の疲労を体験できる。流れが急な川や滝、あるいは大雨で勢いよく雨水が流れていく坂でもいい、その近くに立って水が一方向に動くのをじっと見つめる。その運動を二、三分眺めたあと、動いていない光景に目を向けてみよう。すると、水の流れは静止して、その一方で川岸や滝の両側が反対方向に動いているように見える。何が起きているのだろう？　これはあなたの目のなかの運動検出器細胞が脳に「下方向、下方向、下方向」信号を送りつづけたあと、疲労してしまったということだ。そして、極度の疲労によってこれらの細胞が活動を停止すると、近くにある反対方向への運動を検出する細胞が脳に「上方向、上方向、上方向」信号を立てつづけに送ったことによって、脳がそれを静止している物体の動きと一時的に解釈したのだ。この運動錯視は、ウマも経験する可能性がある。ただ「ねえ、地面が動いている！」と私たちに言葉で伝えられないだけで。

神経系の疲労の例で視覚を取りあげたのは、わかりやすいからだ。だが、視覚、聴覚、嗅覚、味覚、触覚のどんな感覚神経も疲労するし、回復するまで反応しなくなる。脳は常に同じ刺激には慣れる。指にずっとはめている指輪の感触や、ついてから数秒後の扇風機の音が気にならなくなるのは、そのせいだ。一方、脳は変化に気づいて反応する。なぜなら、変化は生存に最も重要な要因だからだ。草原で草を食んでいるウマにとって、草の葉が動かないことを認識する必要はない。把握しなければならないのは、それが動いたときだ。

乗り手の指導員の多くは神経系の疲労についての理解がないため、同じ扶助を保ち続けることを推奨する。そういった例はあらゆる乗馬の競技で見受けられる。

- 馬場馬術（ドレッサージュ）の指導員は、ウマを支えるために外方手綱を常にしっかり引いておくよう乗り手に指示する。
- 競馬の指導員は、走っているときにウマと騎手がハミでバランスを取るのに役立つよう、常に両手で力を加え続けるよう騎手に勧める。
- ハンター競技や障害飛越競技（ジャンピング）の指導員は、ウマを前進させ続けて乗り手が安定するために、下腿部に常に強い力を込め続けるよう乗り手に頻繁に指示する。

・ウエスタンプレジャー競技の指導員の多くは、ウマと口でのつながりを常になくしておくため、遅い速歩のペースがさらに落ちても手綱を緩めておくよう指導する。
・総合馬術競技の指導員には、乗り手の拳に込める力はウマが口に込める力と常に釣り合っていなければならないと教える人もいる。たとえば、ウマが口に約二キロの力を込めた場合、あなたも拳に二キロの力を込め続けて応えるということだ。

これらの指示はみな、常に同じ刺激が与えられ、変わることなく続けられるものだ。だが、それは神経系の疲労という事実をまったく考慮しておらず、そのため乗り手はウマの脳の働きに沿うどころか、働きに逆らって乗るよう指導されていることになる。ウマの口や脇腹の受容細胞はあっという間に疲労する。「圧迫されている」信号を、ウマの脳に送り続けることはできないのだ。同じ扶助を行い続けることが無意味になってしまうのは、そういうわけだ。ウマは決して反応することを拒んでいるわけではなく、反応するためには脳内の細胞の働きを考慮した方法を取らなければならないのだ。ウマの脳の働きに沿って騎乗するために、扶助は断続的に行う。ウマには、扶助が与えられていないときはウマ自身の意思で体を動かすよう教えよう。そのための方法のひとつである「セルフキャリッジ」はウマの脳の仕組みに沿っているため、ウマが学習しやすい。

セルフキャリッジ

サドルをつけて人を乗せる練習を始めたばかりの未熟な若いウマは、乗り手の体重のバランスを取る、一定のペースを保つ、まっすぐ進む、カーブを曲がるときは体を内側に傾けるなど、乗り手が出す扶助に注意を払うことを学習しなければならない。調教師は最初の数カ月間は長い時間をかけて、こうした基本をウマに教える。だが、いったん身についてしまえば、ウマはそれらの行動を自分で取ることができる。乗り手はウマの歩様《ほよう》を一歩ずつ指示したり、常に背を丸めさせたり、カーブを曲がるたびにウマのバランスを取ってやったりする必要はない。ウマと人間のチームがもっと複雑な技に取り組みだしたら、そうした基本事項に注意を払う余裕はなくなる。

ウマに自身の体の動かし方を教える基本は「扶助と解放」という言葉に集約されていると言ってもいいだろう。たとえば、あなたがウマに一定のペースでの速歩を教えているとする。あなたの指示でウマは速歩に入り、リズム、体重の配分、それにあなたの上半身の姿勢は正しかったが、ペースが遅すぎた。そこで、あなたは自分の脚に力を込めて、ウマの動きを修正した。もし彼がスピードを上げたら、褒めてやろう！　もし上げなければ、もう一度やってみよう。とはいえ、どちらの場合も、扶助を試みたあとは圧迫を弱めて「解放」してやろう。ウマは自動車ではない。同じペースで前に進み続けるためにアクセルを常に踏んでおく必要はないのだ。彼らは思考し感じる動物であり、あなたが教えるどんなペースも保つことを学習できる。

参考までに、いくつか注意点を述べる。「扶助」とは罰を与えることでも延々と強制することでもない。それはあなたがしてほしいことをウマに伝える、または思い出させるための情報を与えることにすぎない。そして、「解放」とはやめるという意味ではない。それは扶助を解放して「ニュートラル」に戻すということであって、「ゼロの状態にする」わけではない。たとえば、乗り手は通常はウマが必要とする量に合わせたニュートラルな強さの力を脚に込めて、その状態を維持する。その力を一瞬強めることが「扶助」であり、その強めた力をニュートラルな強さに戻すことが「解放」なのだ。「ゼロの状態にする」というのは、ウマから降りてちょっとハンバーガーをつまんでくるといったことだ。

通常、この初期段階での「扶助と解放」は、一連の軽く触れる動作になる場合が多い。もしウマの速歩があまりに速かったら、拳を使って「扶助と解放」を行うこともある。この場合も速度を下げるよう注意するが、その後必ず解放する。ウマの速度を落とすために、手綱を引き続けることはしない。なぜなら、神経系の疲労によって、ウマの脳はその力を感じられなくなるからだ。この場合、ウマが学ぶのは引っ張ることだけだ。強めた力を解放することによって、ウマはあなたが次に速度の変化を求めるまでの間、一定のペースで速歩することを学習する。そして、そうするのが自分の責任だということも学ぶ。ウマの任務は新たな刺激に反応することであって、あなたにすべての仕事をさせることではない。

非常によくある間違いは、ウマの速度を上げようとして乗り手がひっきりなしに舌を鳴らすことだ。この音は、聞こえる範囲にいるほかのウマと人間のチームにまで悪影響を与えてしまう。ウマたちが舌を鳴らす音に慣れて、無視するようになるからだ。不安が残るジャンプの助走で踏み切らせようとする、あるいはレイニング競技のスピンで軸足の角度を大きくするといったときは、月に一度くらいは舌を鳴らす必要があるかもしれない。ただし、鳴らすのは一度だけだ。ニワトリを小屋に呼び戻すときのように何度も舌を鳴らすのは、積み上げてきたものを台無しにする行為だ。

感覚順応への理解が欠けているために、拍車や鞭も大幅に乱用されている。非協力的なウマには、拍車での指示が必要なときもある。だが、それを常にウマの脇腹に当てておくのは、大きな間違いだ。手首の皮膚の受容細胞が腕時計の感触に慣れるように、ウマも拍車に慣れて、それをまったく感じなくなる。そのため乗り手は拍車をよりいっそう強く押し当てるようになるか、さらに鋭い拍車を使うはめになるが、結局すべて無駄に終わってしまう。ウマにとって本当に必要なのは、注意喚起としての拍車や鞭による指示をごくたまに、しかし確実にしっかりと受け、その後すぐに解放されることだ。拍車、鞭、舌を鳴らすことの目的は、ウマをより速く走らせるためではない。あなたの脚による指示を尊重することを学習させるためのものだ。

カテゴリカル知覚

厩舎のホースは毎日同じ場所を彩っている。置かれた場所が数センチずれていても誰も気づかないが、ウマたちにはわかる。一部のウマは変化に対して片耳をピンと上げるだけだが、ほかのウマたちはキリンみたいに首を伸ばして目を大きく見開くと、ホースを除けるように腹部を弓のように横に反らせながら慌てて横を通りすぎていく。どうやら、ものすごく気になるようだ。あのホースのそばを、毎日通りすぎているはずなのに。だが、私たちが見過ごすような細かい違いにウマたちが気づくことには、もっともな理由がある。それはカテゴリカル知覚と呼ばれているものだ。

人間の脳は、目にした物、音、匂い、味、感触を意味のあるグループにまとめようとする生来の行動傾向である、カテゴリカル知覚に基づいて機能している。たとえば、私たちは同じ言葉をたくさんの人が話すのを耳にする。その響きは男性または女性の声、しわがれているまたは滑らかな声、高いまたは低い声、子どもまたは大人の声、外国語訛りまたは母語の発音と、実にさまざまなだ。どんな話し方も異なる音の種類を耳に届けるが、脳のカテゴリカル知覚はそれらがみな同じ言葉だと私たちに訴える。私たちはチェダー、ジャック、ブリー、リンバーガー、シェーブル、モッツァレラの味が違うことをわかっているが、それでもこれらを「チーズ」というカテゴリーにまとめている。私たちはいつもドアをさまざまな角度から見ているが、それでもそれらすべてを「ドア」というひとつのグループとみなしている。それどころか、私たちは脳が異なる物体を無意識にまとめることにあまりに慣れてしまっているため、そのことにめったに気づかない（図7－1A）。

人間のカテゴリカル知覚のマイナス面は、既成概念を生みだしてしまうことだ。私たちの脳は見た目の特徴に従って急速に分類するようできている。たとえば、脳は「どんなラテン系の女性も髪や目が黒くて肌がオリーブ色」「『ヘイ』と言う人はアメリカ南部出身の人」「サドルブレッド種はみな神経質」と決めてかかっている。人間の脳はそうしたバイアスをつくりだすのがあまりにも得意なため、私たちはそれらにとらわれないよう努めなければならない。カテゴリカル知覚のプラス面はスピードの速さで、私たちは無意識に異なる物体を即時にグループ化できる。大半の人間は、自身の脳が無意識にカテゴリー化を行っていることに気づいていない。しかも、もし脳がこうした働きをしていなかったら、私たちの日々の暮らしがどんなふうになるのか誰も想像がつかない。

私たちは努力することによって、脳の特徴であるカテゴリカル知覚が一時的に起こらないようにできる。だが、決して簡単ではない。たとえば、あなたが知っているウマの姿を思い浮かべてみる。さ

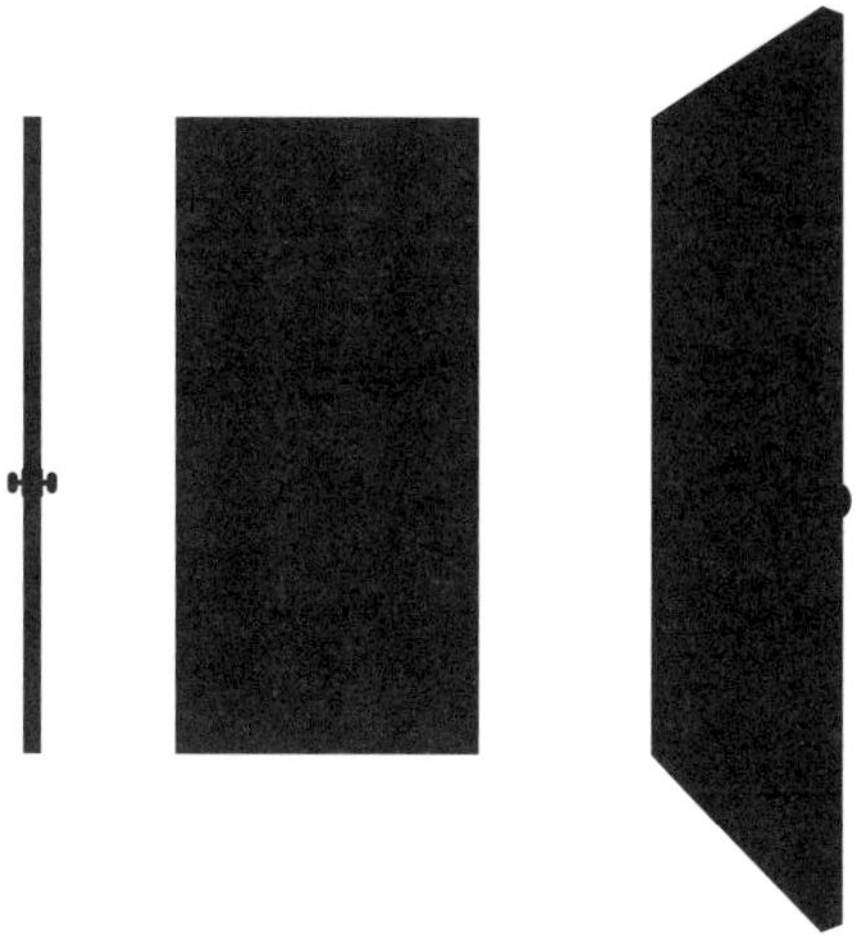

7-1A 人間の脳は、見た目が異なる物を「ドア」というグループに自動的にカテゴリー化する。

まざまな角度から見た姿を、次々に思い出してみよう。正面から見る〈キューティー〉は、後方や側面から見る姿とはまったく違う。彼女の毛の色は薄い灰色だが、地面を何度も転がってついた泥が乾いてこびりついている体は灰黄色だ。だが、たとえキューティーがいきなり後肢を持ち上げて耳を掻いている姿を目にしても、私たちは彼女がイヌだと思いこまされることはない。カテゴリカル知覚の影響力はあまりにも大きいため、私たち人類が同じウマのさまざまな姿を見て、それぞれがまったく別の動物のものであると想像しようとすることさえ難しいのだ（図7－1B）。

ウマの脳は、カテゴリカル知覚をほとんど有していない。私たちが同じグループに属しているとみなしている物の間のわずかな違いに、ウマが気づくのはそういうわけだ。ウマにとって、見慣れた物体を別の角度から見たものは新しい

7-1B 人間の脳はカテゴリカル知覚を用いて、概念類似性に基づいたグループ化を無意識に行っている。ウマの脳はそれぞれの物体を個別に処理する傾向がある。

物体に相当する。私たちが厩舎のホースを目にすると、神経回路網はただ「ホース」という情報を伝える。そして、ホースを見た私たちは、たしかに「ホースだ」と認識する。人間の脳はそれ以上細かく伝える必要はない。一方、ウマの神経回路網は「新しいホース」「色あせたホース」「泥だらけのホース」「緑色のホース」「黒いホース」「直径が六〇センチの円状に巻かれたホース」「直径が三五センチの円状に巻かれたホース」「まっすぐに伸びているホース」「ずさんな人間が片づけたホース」「とても神経質な人間が片づけたホース」といった、細かい情報を伝達する。ウマにとって見た目が異なる物は、別の物なのだ。

ウマの脳内ではあらゆる知覚が別のものとみなされるため、目に入る物と同様に音、感触、匂い、味もグループ化されることはない。私たちは「ウマはあのホースを数えきれないほど見ている」と言う。だが、実際にはそうではなく、少しずつ異なるホースの姿を数多く見ているということなのだ。そうした異なる姿がすべて同じホースを表しているとみなしているのは、あくまで私たちの脳だ。このカテゴリカル知覚の欠如は、ウマが鋭い視力や優れた音源定位を必要としない理由のひとつである。そういったものの代わりに、ウマの脳はかすかな違いを把握するという能力で生き残れるのだ。

いろいろな物が乱雑に置かれている光景を毎日に目にしているウマは、それに慣れていく。だが、私たちの脳はカテゴリカル知覚によって、このごちゃごちゃした光景が実際には変化していても、ずっと同じままだと思いこんでしまう。私はある牧場で、大型機材の保管場所の隣にあるラウンドペンをウマ用に使っていた。そこではこのラウンドペンを何年も使っていたウマさえも、さまざまな物が置かれている保管場所のそばを避けるように振る舞い続けた。なぜなら、ほぼ毎日機材の置き場所が変わっていたり、前にあった物がなくなっていたり、新たな機材が追加されたりしていたからだ。私は何が変わったのかを把握するには保管場所をじっと観察するか、「昨日誰かが干し草を集めるヘイレーキを使ったあとに、おそらく別の場所に置いたのだろう」と筋道を追って推測しなければならなかった。だが、ウマは一瞥するだけで、そうした変化を瞬時に察知する。

人間が既成概念にとらわれない方法を学ぶように、ウマがカテゴリカル知覚の欠如によって認識する細かい違いを無視するよう学ぶには、調教と信頼関係の構築が役に立つ。だが、人間もウマもそのように学んで身につけた状態は、それぞれの脳の本来の仕組みに反しているものだということを、私たちは忘れてはならない。人間が疲れているときやストレスをためているとき、あるいはアドレナリンの放出が高まっているときは、脳に再び既成概念に基づいた振る舞いをさせられる。また、ウマは不快な状態に追いやられたとき、自分の扱い方をわかってくれない人間に我慢できなくなったときに、慣れ親しんだ物に背を向けて急いで逃げるよう脳に指示されるはずだ。それがこの二つの動物の、それぞれの本能だからだ。

知覚の埋め合わせ、神経系の疲労、カテゴリカル知覚。脳内での知覚の処理でのこの三つの現象を、自分と自分のウマのプラスになるよう利用しよう。ウマの脳を通じてこの世界を経験できるよう頑張ってみよう。それがいかに自分のものと違うかに気づき、あなたのウマはあなたとは違う方法で周りを知覚しているのだと肝に銘じよう。たとえほんのつかの間でも、被食動物の脳に入りこめるのは極めて誇らしいことだ。

8 感触による双方向のコミュニケーション

ウマの脳は今現在の外部環境に集中していて、頭のなかで計画を立てたり、目的を持ったり、思考したりはしていない。ウマの目、耳、鼻、皮膚は、人間の知覚では感知できない情報も捉えられるが、反対に人間が感知できる刺激で捉えられないものもある。こうした違いを見ると、ウマと脳と脳で直接やりとりするという発想を実現するのは無理ではないかとあきらめそうになる。

だが、知覚によって、つまり言葉、記号、身振り、あるいは道具を介さずに直接やりとりする方法がひとつある。それは固有受容覚という体を認識する感覚で、自分の体が空間のどこにあるか、騎乗しているウマの体がどこにあるかを教えてくれるものだ。訓練すれば、人間は乗っているウマの脚がどこにあってどのように動いているか、背中がゆったりしているのか緊張しているのか、人間のほんのわずかな動きに反応してウマの体や精神がどのように変化しているのかを、固有受容覚によって感じられるようになる。同様に、ウマは自身の固有受容覚によって、自身と乗り手の体の力が込められている箇所、位置、緊張を感じることができる。固有受容覚が鋭いウマは、人間が乗った瞬間に自分自身の脚の位置のみならず、乗り手の脚の位置やそれが何をしているのかを常に察知できる。

騎乗中のあなたが片方の膝を少し曲げて同じ側のふくらはぎをウマの脇腹に押し当てると、ウマが駈歩《かけあし》で前進するとしよう。このとき、あなたもウマも固有受容覚を利用した。あなたの脳は必要とされるふくらはぎの収縮量を指示し、ウマの脳があなたの合図を受け取るやいなや、収縮を円滑に解除した。あなたの脚に込められた力を感知したウマは、歩法を変えた。ウマの脳は自身の脇腹に込められた力の量と速さに応じて、今の歩法へと速度を修正した。このようにあなたとウマが両者の脳を通じ、筋肉の動きを協調させてひとつになるのは、体を密着させたとても複雑なダンスを踊っているようなものだ。あなたのある神経細胞が信号を送るとウマのある神経細胞がそれを受け取り、その逆も行われる。そうしたやりとりが、二つの種の間で行われているのだ。

作家のマーク・ヘルプリンは、ウマとダンスの関わりについて次のように言及している。「そのウマの動きはダンサーのようだったが、何も驚くべきことではない。ウマは美しい動物だが、なかでも最もすばらしい点は、まるで常に音楽を聞いているかのような動きをすることだからだ」[1]。私たち人間は、そのウマのダンスに最高のパートナーとして参加する術を学ぶことができる。

ウマが関わるスポーツでは、人間の固有受容覚系が非常に重視されている。どんなスポーツでも選手は筋収縮を制御しなければならないが、私たちウマの乗り手は筋肉を収縮させると同時にほぐれている状態を保ち続けるという、完璧な矛盾に近い状態を求められる。筋肉を自然なグループ内で区分けして、いくつかを収縮させながら別のものを弛緩させるかニュートラルな状態にしなければならないのだ。騎乗者はウマという被食動物に円滑な方法で優しく合図するために、正確な技能で筋肉をほんの少しずつ緊張させなければならない。私たちの脳は自身の体の関節の角度、筋肉の長さ、腱の張力、姿勢のバランスのみならず、乗っているウマの関節、筋肉、腱、バランスまで知覚する必要がある。どんなスポーツ選手の固有受容神経もフルに働いているが、とりわけ騎乗者のそれはもう息をハーハー切らすほど必死だ。

脳の固有受容力の質を向上させることで、乗馬の技術を向上できる。しかも、その嬉しい副産物としてウマの固有受容覚も鋭くなり、チーム内の双方向コミュニケーションが大幅に高まる。こうした改善にはある程度の取り組みが必要だが、努力は次のような形で大きく報われる。

- より的確な扶助を編み出せる
- ウマと乗り手との間に身体的なバランスを確立できる
- ウマに求められるまっすぐな姿勢、屈撓《くっとう》、筋骨連動機構、敏捷性を実現する
- 人間とウマ両者の負傷の危険性を減らす

さらに重要な点として、ウマが優れた固有受容覚を身につけることは、調教における最大の障害である「あなたがしてほしいことをウマが理解する」ためにも役立つ。私たち人間は往々にして「やってほしいと思っていることを、ウマに拒否されてしまう」と思いこむが、実際の問題は「私たちに何を求められているかを、ウマが理解していない」ことなのだ。鋭い固有受容覚を身につけたウマは、私たちの要求をはっきり理解できるようになる。

固有受容覚がないとどうなるか

固有受容覚は、その重要性が認識されづらい。というのも、うまく働かなかったときは、たいていは視覚が埋め合わせてくれるからだ。たとえば、次のことをやってみてほしい。まずは目を開けたまま、片足で立ってみよう。すこしふらつくかもしれないが、できるはずだ。では、今度は目を閉じてやってみよう。ずっと難しいのではないだろうか？　それは目を閉じると、あなたの脳は視覚の手助けなしに、固有受容覚だけに頼らなければならなくなるからだ。

固有受容覚やその欠落を補う視覚がないと、人はまったく動けなくなる。これは実際にあったことだ。イアン・ウォーターマンは、固有受容神経を攻撃する非常に珍しいウイルスによる感染症にかかった。[2] この病によって損傷した固有受容神経は、体から脳へ情報を送れなくなってしまった。その他の知覚、それに運動機能は無事だった。だが、固有受容覚を失ったイアンは、座ることも、立つことも、話すことも、飲むことも、食べることもできなくなった。彼の体はどさりと投げ出されたままで、脳は自分の手足や胴体がどこにあるのか把握できなかった。自身の脳が口の位置をわかっていない状態で、自分が何かを食べようとする状況をあなたは想像できるだろうか。あるいは、自分の足の感覚を失った状態で、ウマに乗ろうとするのを。

ほかでもない視覚による手助けと断固たる決意によって、イアンは座ること、さらには立つ方法を身につけた。まず自分の両足を見つめて、立ち上がるときの位置に持っていく術を覚えた。次に両脚を見て正しい位置に揃え、体のほかの部位も同様にした。ただじっと立つだけのために、イアンはひとつひとつの関節と筋肉の位置を目で覚えなければならなかった。すべての部位を意識して所定の位置に揃えられたら、体を見つめている間は立っていることができた。だが、もしよそ見したり、目を閉じたり、集中力を欠いてしまったりしたら、イアンは茹でたスパゲティの麺のようにくったりと倒れこんでしまうのだった。

固有受容神経

正常な人間やウマの脳は、筋紡錘、ゴルジ腱器官、関節受容器を通じて体から信号を受け取る。筋紡錘は、筋肉を強化する繊維内に存在している。私たちが運動すると、脳は筋肉の長さの変化や収縮する過程の速度変化を、筋紡錘を通じて観察している。この専門器官は、筋肉の全長のわずか〇・〇〇二パーセントにあたる長さの変化も察知できるほどの超高感度を誇る。[3] そういった極めて小さい変化を検知して脳にインパルスを送ることで、脳は何が起きているのかを把握できる。インパルスは視覚情報よりもずっと速く脳に到達するため、脳は視覚におけるエラー修正に必要な時間の半分以下で、筋肉の緊張でのエラーを修正できる。[4] こうした素早さは、あなたがウマに反応するときに非常に役立つものだ！

筋紡錘が起こす運動錯覚

筋紡錘は錯覚をつくりだせるほど、影響力の強いものだ。[5] 科学者が適切な筋紡錘に電気刺激を与えると、脳は「腕が肘のところで後方に曲がっている」「膝が前方に曲がっている」などと認識する。ある実験結果によると、「足が股関節の前側に触れられるほど、下腿部が前上方向に曲がっている」と被験者が感じるほど強い錯覚を起こすこともできる！　脳は本物の刺激から発生する神経信号と偽の刺激から発生するものとの区別がつけられないため、人工的な信号を本物のときと同じように解釈する。その解釈によって、私たちは実際には動いていない手足が、実現不可能な位置に本当にあるように感じてしまうのだ。

腱と筋肉の移行部にあるゴルジ腱器官は、筋肉の緊張を感知する感覚器だ。筋肉への負荷をその曲がり具合から感知して、脳に伝える。ウマが口であなたの手綱を引っ張ったとき、あなたの手、腕、肩、背中のゴルジ腱器官は、あなたに加えられた力とともにあなたが引き戻そうとしている力の量を伝える。もし、あなたがこの情報に耳を傾けたら、自分は引くのをやめるべきだと気づいて込めた力を弱め、それに応じてウマの緊張が解ける。

筋紡錘とゴルジ腱器官はあなたの脳に情報を瞬時に伝え、その間にあなたのウマの固有受容器も同様の情報を彼の脳に送る。たとえば、ウマが誤った振る舞いをした直後に、あなたが自身のふくらはぎに素早く強い力を込めたり、かかとを当てたりして扶助を行ったとしよう。すると、ウマの固有受容覚は、この非常に強い瞬時の刺激は乗り手の脚が徐々に力が込めていくものとはまったく違うことを自身の脳に知らせる。脳は送られてきたさまざまな信号を、それぞれ異なる意味に訳す。たとえば、鋭い当たりは「おい、おまえは何をやっているんだ？」と叱られている。力が徐々に込められていくのは、「よし、じゃあ今から駈歩《かけあし》に入ろう」ということだ。

関節受容器は、関節を伸ばしたり曲げたりするときに作用する。障害を飛び越えるとき、乗り手はウマの重心を調節するために空中で股関節を曲げる。この通常より深い屈曲は、股関節の関節包内にある神経を通じて脳に伝えられる（股関節内の関節受容器はほかの大半の関節のものより感度が高く、わずか〇・二度の変化も感知できる。一方、つま先は六・一度の変化を脳に伝えるのがやっとだ）[6]。関節受容器のなかには、関節の屈曲に素早く順応して、変化が起きたことしか伝えないものもある。それに対して、ゆっくりと順応しながら、この新しい関節の位置がしっかりと固定されていることを脳に伝えるものもある。

どんな種類の固有受容神経も、脳とは特別な「追い越し車線」で通じている。それは脊髄の非常に絶縁性の高い部分で、感触、温度、痛みのものよりもずっと速く信号が伝わるようになっている[7]。固有受容覚情報の急速な伝達は、筋肉や関節を動かす神経への効果的なフィードバックに欠かせない。驚いて走り出したウマの背中の上で屈んで低い枝をかわしながら、脳からの指示をただじっと待つわけにはいかないのだ。

実は複雑

固有受容覚は各段階を個別に分析すると、単純なものに思えてしまう。だが、たとえば片脚で圧迫するといった乗馬の最も基本的な動きでさえ、異なる多くの神経を活性化させる。人間の片脚の股関節から足首までには、四三もの主要な筋肉がある。片脚でウマの中躯の腹部を圧迫するためには、それぞれの筋肉が適切な位置でさまざまな角度で収縮しているか弛緩していなければならない。あなたが片脚でウマの脇腹を押すと、何千もの固有受容神経が両方の脳に同時に情報を伝える。しかも、この「単純な」行為には、このほかにも多くの腱、靭帯、関節が関わっているのだ。

固有受容覚テスト

固有受容覚を研ぎ澄ませる前に、あなたの脳が体の位置を感知する方法に誤りがないかどうかを調べなければならない。脳が素早く順応するのも良し悪しだ。というのも、脳を鍛え直して体の位置や姿勢を正すこともできる一方で、一時的なずれがすっかり根づいてしまう恐れもあるからだ。怪我、怪我を克服するための身体的な埋め合わせ、反復的に行われた不自然な動き、だらけた姿勢というように、一時的なずれが起きる事情は数多くある。時間とともに脳はそういった変更に慣れて、それを新しい日常として受け入れてしまう。

固有受容覚の訓練によって、ずれた体の位置や姿勢を受け入れるよりもバランスの取れたものを求めるよう脳に教えることができる。だが、なぜそこまでする必要があるのだろう？　それはあなたのウマがあなたの体のバランスの悪さを感知して、それに合わせるよう自身の体を修正し、その変化を受け入れるよう今度は自身の脳を修正しようとするからだ。ほどなくして、あなたとウマの体が横に傾いていたり、ウマのどれかひとつの肢の一歩が短かったりしているにもかかわらず、どちらの脳も「すべてが順調」とみなす状況に陥るだろう。乗馬の指導者なら、そういった瞬間をうまく捉えたビ

耐久時間	あなたの固有受容覚
10秒未満	劣っている
10～24秒	まずまず
25～39秒	平均
40～50秒	優れている
51秒以上	非常に優れている

8-1 「コウノトリのつま先上げ」で、あなたの固有受容覚の鋭さを調べてみよう（やり方は本文を参照のこと）。

デオを見せたときに「私はこんなに前屈みになっているんですか？ 全然そんなふうに感じていなかったんですが」などと、相談に来た依頼者に驚かれる経験を一度ならずしている。

全般的なテスト

　固有受容覚の鋭さを全般的に調べる簡単なテストとして、次の「コウノトリのつま先上げ」（図8－1）をやってみてほしい。[8] 結果を標準と比べて、自分のレベルを確認しよう。たとえ悪かったとしても、歯ぎしりして悔しがることはない。固有受容覚は、訓練によって素早く向上するからだ。まず立って両手を腰に当て、右脚の膝を突き出すように曲げて、右足の裏を左脚ふくらはぎの内側に当てる。
　片手に小さなタイマーを持って、左足の母指球だけで立った瞬間から測定を始める。この姿勢が保てなくなったら、タイマーを止める。次に右足でも行い、両方の結果を表で確認しよう。

自身の固有受容覚について専門的に調べてもらいたい場合は、理学療法士や上級の資格を持つアスレティックトレーナーが行ってくれる。だが、彼らの多くは乗馬に携わっていないため、私たちがウマとのコミュニケーションで両者の身体意識をいかに大切に活用しているかについて、あまりわかってくれない。同様のテストは、友人にあなたの姿勢を前方、側面、後方から見てもらい、体の位置や向きのずれ、ずれの程度、さらには協調運動（このあと紹介するテストを参照のこと）に問題がないかをメモしてもらうという方法で、自宅でも行える。この一連のテストでは視覚の手助けがない状態での固有受容覚を調べるので、目を閉じて行うこと。実際の場面でも、ウマに乗るのと自分の体を眺めるのは同時にできないのだから。なお、すべてのテストをこなすには時間がかかるので、数日間に分けて行うのがいいだろう。

立っているときの関節の状態

体にぴったりした服を着て、まずは友人に関節の状態を確認してもらおう。足を腰幅に広げて楽な状態で立つ。腕は両脇につけて、目は閉じる。何も海兵隊の新兵訓練プログラムで求められる完璧な立ち姿を目指す必要はない。いつも通りに立っていればいいのだ。あなたの両肩は横方向の架空の同じ直線上にあるだろうか？　左右の肘、手首、腰骨、膝、足首はどうだろう？　横から見て、あなたの耳、腰、膝、足首は縦方向の同一直線上にあるだろうか？　背骨はまっすぐで、体重は足のかかとから母指球にそって均等に配分されているだろうか？

運動時の固有受容覚

この二つ目のテストは、もう少し楽しめるはずだ。目を閉じたまま、両腕を真横にまっすぐ伸ばそう。両手の位置は同じ高さだろうか？　両手の人差し指を突き出した状態で、両腕を正面に動かしてこよう。人差し指同士が触れるだろうか？　それとも、左右のどちらかの指が明らかにもう一方より高い位置にあるだろうか？　では、腕を真横に戻して、今度は両手の人差し指で順番に反対側の足の親指に触れてみよう。さあ、急いで！　意識しながら計画をいくつも立てたあとではなく、ウマに乗っている今この瞬間に、あなたの固有受容覚を働かせなければならないのだから。あなたの両手の人差し指は、それぞれ足の親指にきちんと触れることができただろうか？

左右の肘を順に横から下に弧を描くようにして、同じ側の股関節に触れてみる。腕を再度真横に突き出し、片肘を曲げて人差し指で同じ側の耳を触ってみる。両足の裏を順に反対の脚の膝頭につける。確認するが、両目はまだきちんと閉じたままだろうか？　友人がクスクス笑いながらあなたの体のずれをさまざまな角度から調べてくれているなか、テストを続けよう。

距離感覚

三つ目のテストでは、まず壁に背中をつけた状態で立つ。望ましい姿勢は、後頭部、左右の肩甲骨、仙骨、左右のかかとがすべて壁に触れている状態だ。背中のくぼみと壁の間に、隙間があるだろうか？その隙間に、友人の手が入るだろうか？　腰背部を両肩と臀部と一直線にするためにどれくらいお腹を引き締めればいいのか、いろいろ試してみよう。騎乗中、反り腰よりも背筋がまっすぐ伸びているほうが、よりいっそうウマを圧迫しやすくなる。さらに、腹部を正しい位置に引っこめることであなたの重心がウマに垂直にかかるため、ウマはじゃがいもが入った麻袋のような、くったりした体を乗せずにすむようになる。

今度は少し前に出て、壁から三センチほど離れる。左肩を壁につくよう後ろに動かして、次に右肩も同様にする。尻、かかと、肘も片方ずつ順に壁につけてみる。両肩を順にそれぞれ同じ側の耳の方向に三センチほど持ち上げる。両方の股関節を順に肩の方向に三センチほど持ち上げてみる。今度は壁を向いて、肩、股関節、膝をそれぞれ左右順番に三センチほど壁に近づける。あなたがそういったさまざまな動きを行っているところを友人に見てもらい、あなたの体内の距離感覚が正しいかどうかを確認してもらおう。たとえば、他人から見れば片方の肩が八センチ近く上がり、もう片方はまったく上がっていないにもかかわらず、本人は両肩とも同じ高さだけ上げたと主張するのは珍しいことではない。

体のバランス

人間とは重心が異なる巨大な動物の上で、急いで向きを変えながら樽（バレル）の周りを回るといった競技をしている私たち乗り手にとって、バランス感覚は極めて重要だ。壁から腕一本分離れ、目を閉じて両腕を真横にまっすぐ伸ばそう。バランスがうまく取れていると感じたら片方の足で三〇秒間立ち、次にもう片方で繰り返す。どちらの足のほうが、安定していただろうか？　今度は、両腕をまっすぐ下ろした状態で試してみよう。もしそれが簡単すぎたら、片足ずつつま先立ちに挑戦してみよう。動かない丈夫な物に触れながら、両足のかかとで立ってみるのはどうだろう。これは、かなり難しいのではないだろうか？　思わずこみあげてくる笑いを我慢できるなら、今度は片足ずつかかとで立ってみて、どちらがより安定感があるか調べてみよう。

体重の配分

あなたのウマは乗っているあなたの体重配分を感知していて、配分がうまく行われていないときは、ウマは前屈みになったり緊張したりする。体重配分を確認するためには、まず二台の体重計を腰の幅ほど離して床に置く。次に、同じ物を測ったときに同じ値が表示されるよう、それぞれの目盛りを調節する。準備ができたら、あなたは目を閉じて二台の体重計に片足ずつ載せる。両脚に均等に体重が配分されていたら、たとえ膝が曲がっていても二つの体重計は同じ値を示すはずだ。大半の人は、力が強い脚のほうにより多くの体重をかけて立っている。

筋肉の緊張

固有受容覚テストの六つ目は、筋肉の緊張に対する脳の認識度を調べるテストだ。まずは、両手で持てる四・五～九キロ程度の重さの物を用意する。あればダンベル、なければ本や小物入れといった手持ちの物で十分だ（二〇キロの飼料の大袋は、今回はやめておこう。また、膝が悪い人はこの項目は飛ばすこと）。このテストでは、平均的な女性は約四・五キロ、男性は約九キロの重さの物が必要だ。

あとはあなたの体格や力に合わせて調整しよう。

では、片足で立って、余分な体重をすべてそちらの脚にかけよう。ゆっくり膝を曲げて臀部を床に近づけ、その後、徐々に膝を伸ばしながら最後はつま先立ちする。今度は反対の脚でやってみよう。強さ、柔軟性、可動域、バランスは、左右の脚で同じくらいだろうか？　片方の脚のほうがよりぐらついただろうか？　バランスを取り戻そうとするとき、同じ方向にばかり体が傾いてしまうことはないだろうか？

対称な柔軟性

最後に、体の両側の同じ筋肉を順に伸ばして、柔軟性に違いがあるかどうかを調べよう。両方の脚を同時に伸ばしたら、片方の脚の柔らかさでもう片方の硬さが相殺されてしまう場合が多い。そのため、片方ずつテストして、それぞれの脚を制御する固有受容器や神経細胞を調べておきたい。腕、首、上背部、中背部、腰背部、腰、腹筋、臀部、大腿部、ふくらはぎ、アキレス腱の柔軟性を確認したら、次は左の股関節、右の股関節、左の肩、右の肩といった主要な関節を順に回してみよう。それぞれの筋肉群の柔軟性や、関節の可動域に左右で差がないか、友人に見てもらおう。

これですべて終了！　こうしたずれは、多かれ少なかれ、ほぼ誰にでもある。たとえば、左右の股関節が横一直線に並んでいるとあなたの脳が言っているにもかかわらず、実際には左側が二・五センチ高かったというように。バランスの悪い姿勢に慣れてしまったあなたの脳は、誤った固有受容覚の解釈を教えてくれているのだ。自分の体の動きに何らかのずれを感じたら、修正しようとせずにその動きを繰り返してみよう。そうすることで、自身の固有受容覚系のバランスがずっとおかしくなっているのか、あるいは単にちょっとした不具合だったのかがわかる。ずれやバランスの悪さの修正方法については、第九章で説明する（165ページ参照）。

脳の障害が固有受容覚に与える影響

ここで紹介したテストは、神経、筋肉、腱、関節の機能を調べるものだ。だが、非常に珍しい固有受容覚障害の事例では、それらの部位には何の問題もない場合もある。原因は脳だった。脳の損傷によって、一定の方向へ寄りかかったり、傾いたり、腰が曲がったり、倒れたり、あるいは体の部位の感覚を失ったり、顔の片側が麻痺したりしてしまう恐れがある。

神経科医のオリバー・サックスは、ある患者が脳腫瘍のせいで自身の脚を捨て去ろうとした事例を取りあげている。[9] この若い男性は左脚が「だるい」と感じて、検査に訪れた。その夜は入院した。目が覚めたとき、男性は切断されて動かなくなった脚をベッドのなかで見つけた。脚をベッドから放り出そうとしたら、体も引っ張られた。恐怖のなか、男性は切断されたはずの脚が体についたままになっていることに気づいた。脳は不可解な出来事を、おとぎ話のような理由を思いつくことによって正当化するものだ。そして、男性の脳は「これはジョークなんだ」と彼に伝えた。男性が寝ている間に看護師たちが切断された脚を運んできて、こっそりベッドのなかに入れたんだ。ただのジョークさ。だが、男性にとってはまったく笑えない事態だった。

その後、男性をさらに検査した医師たちは、脳の右半球の運動野付近に腫瘍があることを発見した。あの夜、腫瘍から急に起きた出血で、周辺の神経細胞が損なわれた。脚からの神経信号が途絶えたため、この若い男性患者の脳は脚を体の一部とみなさなくなった。たとえ脚を目にしても、その判断は変わらなかったのだ。

運動野は、私たちウマの乗り手にとって興味深いものだ。なぜなら、それはウマと乗り手の体を使った、異種間の直接的なコミュニケーションを可能にしてくれるからだ。運動野は帯状の脳組織で、運動するための信号を体のさまざまな部位に送っている。あなたの左半球の運動野のある箇所には、あなたの右脚を動かす役割を担っている神経細胞網がつくられている。運動野の隣には体性感覚野と呼ばれている、似たような帯状の脳組織がある（なお、体性感覚野を表す英語somatosensory cortexは、「体」を意味するギリシャ語「soma」に由来している）。体性感覚野は体のさまざまな部位から信号を受け取っている。つまり、あなたが乗っているウマの脇腹を右脚で圧迫しているときは、あなたの運動野の特定の神経細胞が発火していて、その力をウマが感知すると、彼の体性感覚野の特定の神経細胞が発火する（図8－2A・2B）。

人間の体性感覚野と運動野についてはすでに脳地図がつくられていて、脳組織のどの部分が体のどの部位に対応しているのか判明している。[10] 一方、ウマの体性感覚野については、体の部位との対応づけはまだなされていない。[11] 鎮静剤を与えていないウマを固定して、脳に電極を刺し、与える刺激によって体のどの部位がピクピク動くかを観察するのは難しいのだ。ただ、ウマの運動野の神経の大半が首と肩に対応づけられていることは、すでにわかっている。これは首と肩が、敏感さで一、二を争う

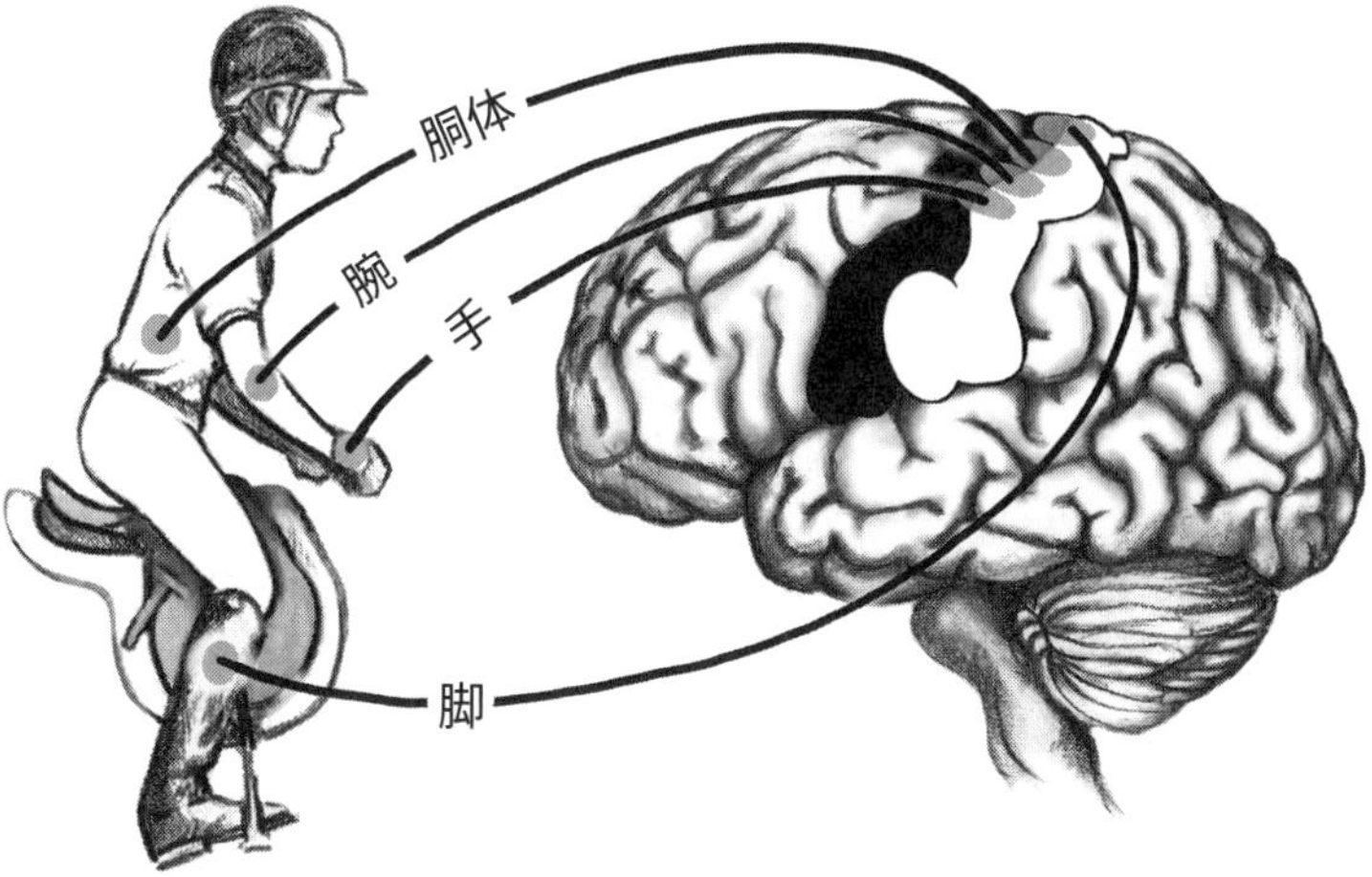

8-2A　人間の脳では、どの特定の神経領域が体のどの部位に対応しているかが判明している。この図の黒い部分は運動野、白い部分は体性感覚野を示している。淡い灰色の楕円形の部分は、人間の体のさまざまな部位に対応している人間の脳の領域を示している。

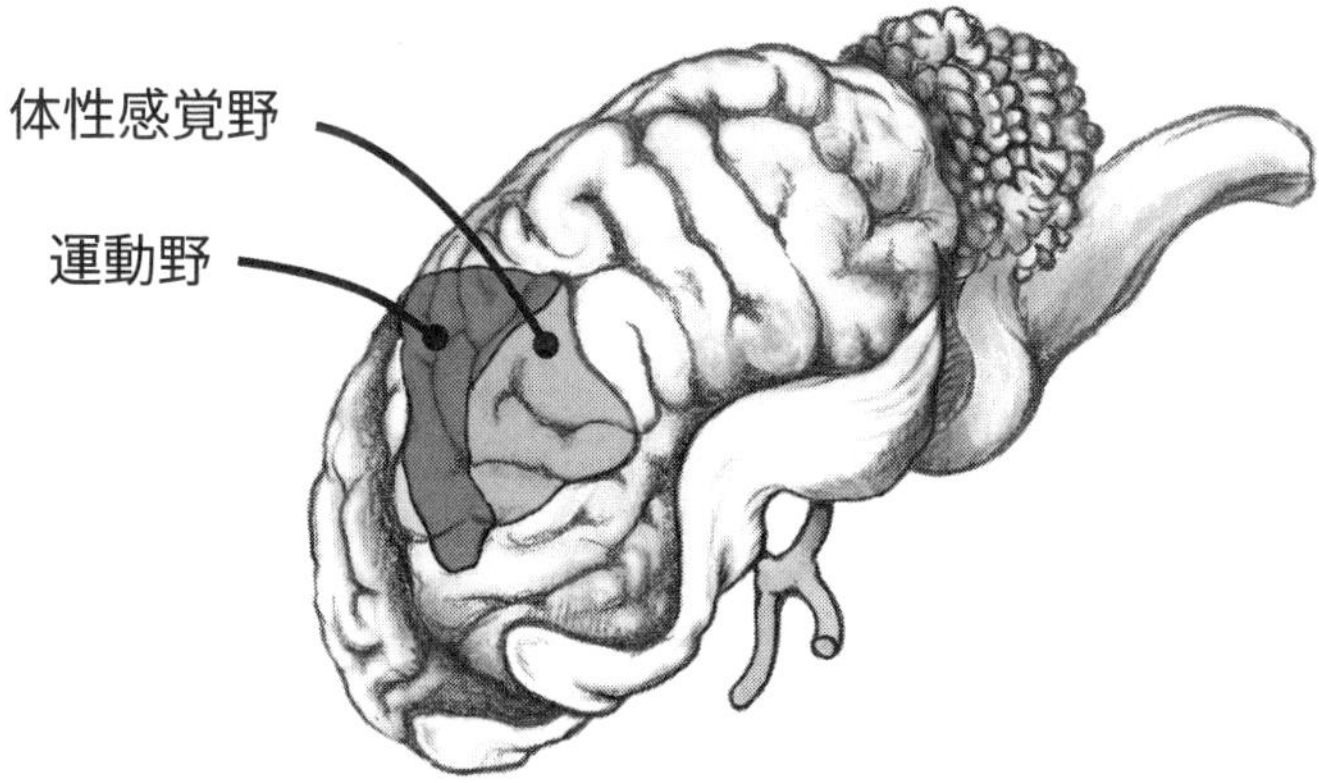

8-2B　このウマの脳の図では、運動野は濃い灰色で示されている。淡い灰色の部分は、ウマの体性感覚野のおおまかな位置だ。

部位であることを示している。

ウマの大脳皮質を調べることは難しいため、ウマの体性感覚の領域に関する現在の知識はヒツジの研究に基づいている。ある獣医神経科医の話では、ヒツジとウマの脳はよく似ていて、片方の知識から片方について推測できるそうだ。[12] ヒツジの脳が研究されている理由は、ウマよりも扱いやすくて費用も安くすむからで、しかも結果が人間の医学に応用できる場合が多いからだ。

体性感覚野の位置を確認するには、紙のように薄いグリッド電極をヒツジの脳に差しこむ。[13] ヒツジの特定の部位に触れると、電極が音響信号を伝える。研究者たちは、その信号によって脳内の領域と体の部位を対応づける。図8－2Bは、彼らの研究結果に基づいて私が推測した、ウマの体性感覚野のおおよその位置だ。現在も引き続き行われているウマの獣医神経科学研究によって、今後さらに詳しいことがわかるはずだ。

固有受容細胞は、脳の中心部に埋めこまれている大脳基底核と呼ばれる神経細胞の集合体にも信号を送っている。この大脳基底核は、学習、動機づけ、随意運動で重要な役割を果たしている。パーキンソン病患者が滑らかに動けないのは、この一連の構造が損なわれているためだ。ウマの場合、毒草の摂取によって大脳基底核が損傷を受けると、その結果、噛むことができなくなって死に至る。[14]

固有受容細胞が体性感覚野、運動野の領域内や大脳基底核の神経細胞とつながると、信号は小脳と呼ばれる小さな丸いカリフラワー状の部位へと到達する。ウマ、人間のどちらの小脳も、一連の運動の時間を調整し、動きを連携させて記憶する。ウマの小脳は高度に発達していて、学習に極めて重要なものだ。人間の脳では、大脳皮質のさまざまな領域が小脳の機能の大半を引き継いだ。こうした領域で問題が起きると、固有受容覚が影響を受ける恐れがある。

固有受容覚の消失

「脚がついているのに、その感覚がない」「気が散ると、茹でたスパゲティの麺のようにくったりと倒れこむ」といった話をさんざん取りあげたが、実際に固有受容覚が失われるのは極めてまれなことだ。あなたもそれを知って、さぞかしほっとしたことだろう。ウマも人間も末梢神経が高度に発達していて、全身のあらゆる範囲に分布している。何か異常が起きたとき、通常影響を受けるのは主要な神経のなかのひとつだけで、しかも一時的だ。乗り手が技術の向上のために必要な固有受容覚に関する取り組みの大半は、体のある部分を微調整して、ずれや感覚を元に戻すことだ。

人間の体の一部が損傷して、動かなくなることがある。こうした不動状態は、神経系の疲労によって起きる感覚順応に似た、一時的な感覚の喪失をもたらす。自分の体の損傷を受けた箇所がそこにあるのがわかるのに、まるでないかのように一部がつながっていないように感じたり、あるいは鈍い反応しか得られなかったりする。痛めた部位がいろいろな方向に動かせるくらい回復すると、固有受容覚は徐々に戻ってくる。すぐに戻らないのは、脳が損傷した箇所の感覚を取り戻して動かすための神経細胞を一新しなければならないからだ。

同様に、ウマも怪我をしたときに、固有受容覚を一時的に失ってしまう恐れがある。だが実際には、そういったことはほとんど起こらない。なぜなら、ウマが不動状態に陥ることはほぼないからだ。しかも、もしあったとしても、ウマがそうした精神的な経験を獣医に説明しようとするのは困難を極めるはずだ！

乗馬について数えきれないほどあるすてきなことのひとつは、固有受容覚を毎日さっと確認できるということだ。乗っているウマを滑らかに常歩《なみあし》、速歩、駈歩させられれば、あなたの固有受容覚はかなりいい状態だ。だが自身の体を使ってウマと脳と脳でコミュニケーションを取るためには、固有受容覚をさらに研ぎ澄ませなければならない。次の章では、固有受容覚のずれや誤認識が理想的な騎乗のいかに大きな妨げになるかを説明し、その修正方法を伝授する。それまで私は逆立ちをして、その状態で足の小指の先で首の後ろを（素早く）触れられるよう頑張ってみることにする。

9　乗馬脳をつくる

なぜ、ウマの乗り手は、固有受容覚の小さなずれに対処しなければならないのだろう？　あなたの左肩が右肩と同じように二・五センチほど後ろに下がったと脳が思っているにもかかわらず、実際には五センチ下がっていたとして、何の問題があるのだろうか？　対処しなければならない理由は、自身のウマとの脳と脳のコミュニケーションを実現したければ、ウマの固有受容覚の鋭さに合わせなければならないからだ。身体の感覚についていえば、ウマは極めて敏感な動物だ。

ホルシュタイン種の〈フライガール〉は戦車のようにがっしりした体格で、黒い毛で足が白く、顔には灰色の毛が混じっている。アメリカとヨーロッパにおいて障害飛越競技（ジャンピング）のグランプリで長年競ったのち、現在二〇代後半になった彼女はレッスン用のウマとして、ハントシート種目の初級と中級の生徒たちにエクィテーション競技を「教えて」いる。ある日の午後、フライガールと踏歩《とうほ》変換に取り組んでいた私は、彼女が私の扶助にいかに敏感であるかに気づいた。直線のコースで手前の変換を求めるには、新たな手前に対応する側に私の頭をわずかに傾けるだけでよかった。すると、彼女は瞬時に変更した。障害物を飛び越えるときも同様だった。空中で左に曲がるとき、私は左方向をチラリと見るだけでよかった。

乗り手は左を向くと拳、肩、臀部、脚を無意識に左へ傾ける、というのが大半の指導員の感想だ。つまり、ウマは乗り手の頭の位置以外にも、多くの身体的な合図を感知している可能性が高い。それに何より、乗り手の頭がわずか一〇度傾いたことにウマが気づくなど信じがたい。乗り手の姿さえ、見えないというのに！　そこで、フライガールに乗って実験を行ってみた。自分の体のあらゆる部位を真北に向けて、頭だけを北西方向へほんのわずかに傾けた。私は一カ月かけて、あらゆる方向、さまざまな場所、障害物を飛ぶときや平らなコースを走るとき、すべての歩法、思いがけないときといった状況で試してみた。どんな場合も、彼女は方向を変えた。しかも、体の向きを変える角度は、私が頭を傾ける角度と一致していたのだ。たとえ私が無意識に出していた体による何らかの方向転換の指示をフライガールが感知していたとしても、彼女の知覚による識別能力の高さは尋常ではないくらいヤバい。もちろん、最高という意味で。

巨大な動物が敏感なんてことはあるのだろうか？　だが、ウマは平均体重がハエの五〇〇〇万倍であるにもかかわらず、ハエが体に止まったことを瞬時に察知するそうだ。[1]仮に人間の感度が同等レベルだとすると、タンポポの種五粒の重さを視覚の補助なしに感じられるはずだが、実際には無理な話だ。[2]訓練されたウマは、わずか〇・二ミリ程度しか頭を動かしていない人間のうなずきを、約一・八メートル先から感知できる。[3]それは、私たち人間が視覚的変位を感知できる能力よりも二・五倍優れている。[4]同じ条件で同じようにうなずかれても、それを見た私たちは相手がうなずいたことすらわからないはずだ。もうひとつデータを紹介しよう。ウマはき甲にナイロン繊維一本で加えられた〇・〇

○八五グラムの力も感知できる。[5] この重さは、砂粒およそ三つ分に等しい。[6] 指先に同じ繊維を当てられても、私たちはそこに繊維があることさえ気づかないだろう。[7]

これほど感覚が鋭ければ、ウマは乗り手の肩の二・五センチの動きと五センチの動きを別物とみなす。そして、その差が何を意味しているのかを探り当てようとする。私たち乗り手が自身の脳を固有受容覚の観点からうまく鍛えられなければ、ウマは矛盾した指示によって混乱させられるはめになる。

さらに、ここでの問題はもうひとつある。それは日常生活においてとてつもなく頼りになる視覚が、それゆえに固有受容覚に干渉してくることだ。たとえば、いつものペースで歩いて両つま先が架空の線に触れたら止まるよう指示されたら、大半の人はそれをこなすために足元を見ながら歩くはずだ。あなたも遊び気分でちょっと試してみて、そのあと足元を見ずにできるよう何度か練習してみよう。すると、目で見えなくともこれほど線に近づけることに、あなたは驚くかもしれない。私たちが意識すれば、脳は視覚に頼らなくても体を思うように動かせる。視覚は固有受容覚系が自身の役割を果たそうとする機会を奪ってしまうのだ。

つまり、ウマの乗り手が固有受容覚を研ぎ澄ませなければならないのは、ウマの極めて高度な敏感さゆえのみならず、騎乗中に自身やウマの体をじっと見ていられないからだ。私たちには、感覚に頼って乗るしか手はないのだ。固有受容覚を鍛える訓練は、関節のずれを修正し、バランスを保ち、それぞれを単独で動かせるよう筋肉を分離し、さらにはウマと乗り手との直接のコミュニケーションを推進するために筋肉の柔軟性と強さを制御することを脳に教えるためのものだ。

暇な細胞を探せ

体の各部位から送られてきた固有受容覚信号を、特定の神経細胞が受け取って解釈する。ほとんどの部位で、この仕組みが問題なく稼働している。とはいえ、ほとんど役に立っていない筋肉や関節が、誰にだって一つや二つあるものだ。時間が経つにつれて、そういった怠け者たちを制御する脳内の細胞もやる気を失ってくる。そうした神経細胞たちは失望のあまり細い突起状の両腕を挙げ、視覚を担当する大物の神経細胞どもは我々をないがしろにしている、などとぶつぶつ言いながら、大股で職場を去っていく。あるいは、柔らかいソファに崩れるように倒れこむと、帽子を目深にかぶってひと眠りするのだった。

固有受容覚を強化する訓練は脳組織に二つの効果がある。怠けている神経細胞に受け持っている体の部位の制御を再び行うよう仕向けることと、そうした制御を助けるための新たな神経細胞を採用することだ。神経細胞に新たな役割が与えられるというこの現象は、たとえば目の不自由な人が目の見える人よりも発話を三倍速く理解できることに一役買っている。[8]つまり、脳が使われていない視覚野から余っている神経細胞を集めて、聴覚用にしているということだ。同様に、ウマの乗り手の目標は、騎乗時に重点的に使われる体の部位を担当する脳細胞を増やすことだ。脳がそういった採用を行うのは、一〇代の若者たちが制裁を与えると言いわたされたときだけ部屋を掃除するのと同じく、やらなければならない状況に追いこまれたときだけだ。私たちが脳内のほかの細胞の働きを抑えて、与えられた仕事をこなすべきだと固有受容覚を担当する神経細胞に訴えれば、彼らは熱心に仕事に取りかかるだろう。

固有受容覚は体の動きを通じて向上されるため、固有受容覚の訓練とは筋肉を強化して体のバランスを養うことだと思われがちだ。だが、それらは副産物にすぎない。たしかに健康な体は優れたホースマンシップにとって極めて重要だが、ここで鍛えようとしているのは神経と神経細胞だ。この二つを鍛えるためにはまずさまざまな姿勢を取り、次に精神を集中させて、自身の脳に力仕事をさせなければならない。準備はいいだろうか？　では早速取りかかろう。

脳を鍛えよう

ギター奏者やタクシー運転手の頭部をスキャンしたところ、日々の訓練が脳組織の強化につながっていることが判明した。たとえば、左手の指先を制御する脳内の神経領域は、ギターを弾いている人のもののほうが、弾かない人のものよりずっと大きい[9]。つまり、ギタリストのキース・リチャーズの脳のこの領域は突出していて、私の脳はしぼんでいるということだ。市内を縦横無尽に走る二万五〇〇〇以上の通りを記憶しているロンドンのタクシー運転手たちの場合、大脳皮質の空間記憶領域のなかの灰白質の容量は平均よりも多い[10]。こうした特徴をもたらしているのは、生まれ持った才能でもなければ先天的な生体構造でもなく、訓練だ[11]。ギター奏者が音楽脳、タクシードライバーが空間脳を築いたように、私たち乗り手も乗馬脳をつくりだせる。

関節を調整する

関節の調整は、次の共通の手順に沿って行う。

- 体の各部位が正しい位置にあると自分が思う姿勢を取ってみる
- 目で見て確認する
- 必要に応じて修正する
- あなたの脳が正しい姿勢を学習するまで、この手順を繰り返す

この一連の手順はどんなレベルの調整にも効果があるので、あなたも創造性を駆使してあちこちの関節のいろいろな動かし方を考えてみてほしい。第八章（145ページ）で紹介した方法で関節のずれが判明している場合、その箇所をとりわけ念入りに確認、調整すること。

- 鏡の前に立って目を閉じる。肩と耳の距離が左右同じに感じられるよう、両肩を揃える。「きちんと揃った」とあなたの脳が伝えてきたら、目を開けて確認してみよう。本当に揃っているだろうか？　もしわずかにずれていたら再び目を閉じて、両肩が一直線に揃うまで再調整する。調整後の姿勢を頭に刻みこもう。肘、股関節、膝、足首、足も、同じ方法で進める。この「調整→確認→修正」を毎日数分ほど続ければ、一週間以内に成果を目の当たりにするはずだ。じっと立った状態で頭のなかでの調整が正確にできるようになったら、今度は歩いているときや体を曲げて

いるときの姿勢で確認しよう。動作をしている最中に正しい姿勢を保つのは、脳の訓練にとりわけ効果的だ。

・この調整方法は立った状態、座った状態、膝を曲げて横になった状態、まっすぐ横たわった状態、あるいはサドルをつけたウマに乗っている状態でも行える。壁の近くで行うのも手だ。関節をひとつひとつ動かして、壁への触れ方を確認しよう。目を閉じて、脳に壁への距離を判断させ、両側の関節（たとえば両肩、両股関節、両膝）が協調して同じように楽に動かせるまで練習を繰り返す。さらに、あなたがウマに乗っている最中に友人にさまざまな角度から写真を撮ってもらい、姿勢がずれていないか確認しよう。まっすぐに揃っているとあなたの脳が告げている姿勢が、実際には傾いているかもしれない！

バランス

ウマの上ではバランスは重要だ。たとえば、障害飛越競技において騎手の上半身がいきなり前や後ろに揺れると、ウマは綺麗に飛ぶどころか急停止してしまう恐れがある。あなたは飛び越しを激しく拒否して止まったウマから、勢い余って投げ出された経験はないだろうか？　自分の頭が標的に向かって飛んでいくミサイルの先端になったような状態で。これはかなりの痛みをともなう。しかも、自身の神経細胞にとっても決して喜ばしい状況ではない。

・こうした弾道ミサイルの発射を避けるためには、まず両腕をまっすぐに真横に伸ばして、片足で立つ。鏡には向かわずに、視線をまっすぐにして遠くの一点に集中する。それぞれの足で三〇秒ずつ立ち続けられるようになったら、両腕を脇につけた状態で試し、その次は目を閉じてやってみよう。うまくいったら、今度は分厚いマットやバランスクッション（見た目は大皿サイズの膨らんだ円盤に、ゴム製のぶつぶつがついている）といった、床よりも柔らかい物の上で行ってみる。完璧にできるようになったら、次は半球型のバランスボール「ボス」の丸いほうを上にしてやってみよう。ゆくゆくは、同じバランスボールの平らな面を上にして、さらにはバランスボード（底に硬いボールがひとつついている小さな台）の上でもできるようになろう。どんな物の上に乗るときでも、初めて挑戦するときはくれぐれも慎重に行うこと。あなたの目的は固有受容器を強化することであって、あざをつくることではないのだから。

- 体を曲げるのも、固有受容覚を研ぎ澄ませることに効果がある。まず、壁から六〇センチ程度離れた場所で、足を肩幅に開いて立つ。支えが必要になった場合に備えて、両手の位置は腰のあたりに。目を閉じて、前屈み（壁に向かって）になる。バランスを崩しそうな位置まで体を曲げて、その後、体を元の位置に戻す。壁につかまりやすいよう毎回体の向きを変えながら、左横、右横、前後左右の斜め方向、後ろへと順に体を傾ける。その後、あなたの脳が予備として追加の神経細胞を集められるよう、体をさらに深く曲げよう。
- 騎乗時のバランス感覚を養うためには、またがったときに足が床につかない大きさのバランスボールに座る。足が床につかないよう気をつけながら、上半身をさまざまな方向にわずかに傾ける。足を使う代わりに脳を使って、その都度、重心の位置を整えていく。だが、あまり無理はしないこと。大きなバランスボールは安定しているように見えるが、出走ゲートの競走馬ように、あなたの下から勢いよく飛び出て転がっていく恐れがある。

騎乗時のバランス

静止状態でバランスを取るのと、運動しているウマの上でバランスを取るのはまったく別物だ。騎乗時のバランスを改善するためには、安定したツーポイント姿勢を身につけよう。尻をサドルからわずかに浮かせて、両肩が同じ側の膝と一直線上になるようにする。この姿勢はウエスタンサドル、ブリティッシュサドルのどちらでも取れる（図9－1A・1B）。ここであなたとウマが身につけようとしているのは、間にある革製品の種類に左右されずに協力してバランスを取りあうことだ。あなたが乗りこなそうとしていいのは、ウマであってサドルではない。

この訓練では、正しい姿勢を保つことが重要だ。なぜなら、固有受容覚がまだうまく働かずにバランスがくずれると、それに合わせて体が間違った姿勢を取ろうとするからだ。その事実を、あなたも次の実験で確かめてみよう。

- ウマが止まっている状態で、ツーポイント姿勢を取る。両足をわずかに前に動かすと瞬時に尻が下がって、あなたの体重が一気にサドルに再びかかる。反対に両足を後ろに動かした場合、今度はあなたの上半身がウマの首のほうまで傾くはずだ。たとえウマが止まっているときでさえも、自分の足をほんのわずか動かしただけで上半身のバランスが大きく変わることに注目してほしい。

9-1A ブリティッシュサドルでのツーポイント姿勢。

9-1B ウエスタンサドルでのツーポイント姿勢。

おまけに背が高い乗り手は膝関節を支点とすると上方が長いために、バランスの取り方を身につけるのがさらに大変だ。

不安定な姿勢を保つためにあなたの固有受容器を鍛えても意味がないため、ツーポイント姿勢を身につけるためのレッスンに参加するか、この姿勢を保っている姿を友人に側面から写真を撮っておいてもらおう。理想的な姿を撮ったこの写真を、姿勢の確認用に使おう。常歩《なみあし》でのツーポイント姿勢が安定したと思ったら、今度は速歩や駈歩でもこの姿勢を取れるよう練習する。ゆくゆくは曲がるとき、歩法を変換するとき、あるいは二蹄跡運動のときもこの姿勢を保てるよう訓練を重ねよう。

乗り手の多くがツーポイント姿勢はハーフシートと同じだと思っているが、USEF（米国馬術連盟）はこの二つは別物とみなしている。ツーポイント姿勢は、訓練のためのものだ。この姿勢では、乗り手はハーフシートのときよりも尻をサドルから高く上げて、固定気味にしなければならない。ハーフシートは競技会で取ることを認められている姿勢で、ハンター競技の騎手たちは障害物を飛び越えるときにこの姿勢を取る。一方、ツーポイント姿勢は、ブリティッシュ、ウエスタン、馬場馬術（ドレッサージュ）、トレイル、ロデオといったどんな馬術の競技者も、バランスと強さを獲得するために身につけて活用できるものだ。

ベアバック・ライディング

サドルをつけない乗馬法「ベアバック・ライディング」は、初心者向けではない。もし、あなたがサドルをつけたウマに乗って、常歩、速歩、駈歩、襲歩の一連の歩法を一時間、自信を持って安定して行えないのであれば、ベアバック・ライディングに挑戦するのはまだ早すぎる。サドルなしで乗れる段階に来たら指導員や上級者の指導のもと、レッスン用の穏やかなウマで、しかも柔らかい地面で行うこと。とにかく、安全第一だ。

細かい動きを感知する

穏やかなウマを乗りこなせる中級や上級レベルの乗り手にとって、ベアバックライディングは脳が自身の重心とウマの重心を合わせるために役立つ。しかも、ウマが送っている固有受容覚信号を捉えることもできる。こういった信号は、間にサドルをはさまないほうが感知しやすいのだ。ウマの動きを細かく感じることは、人間とウマの固有受容覚系同士の効果的な双方向コミュニケーションを実現するための第一歩だ。囲われていない広い場所ではウマが望ましくない行動を取る恐れがあるので、まずは囲いがあるところで練習を積もう。

あなたのウマの毛並みがつやつやしているなら、滑り止めに軽量のベアバック用パッドを使おう。また、き甲が高ければサドルパッドを間に入れておく。まずは常歩から始めるが、長期的な目標として常歩、速歩、駈歩、襲歩、反対駈歩、移行、飛越、競走、減却、旋回といったサドルつきで行えることを、すべてサドルなしでも行えるようにしよう。また、この取り組みの精神面、つまりバランスと調整を重視すること。ウマの体の動きに注意しながら自分が正しい姿勢を取れるように、あなたの脳を働かせよう。

上級者はレッスン用の穏やかなウマに手綱とサドルなしで乗って、指導員に調馬索運動をしてもらっている状態で常歩、速歩、駈歩を行えば、バランスが鍛えられる。やがて、固有受容神経細胞を駆使して、こうした訓練を、目を閉じて行えるようになるだろう。優れた固有受容覚を保つには、乗馬脳をさびつかせないよう、この訓練を定期的に行わなければならない。

トップレベルの騎手たちは、ベアバック・ライディングでツーポイント姿勢を保つことで、体のほかの部分にまったく影響を与えずに各扶助を行える「独立したシート」を身につけたり、手綱とサドルなしで騎乗して、設置されたコースで目を閉じたまま飛越したりする。これらは超人並みの固有受容覚と強さが必要とされる。もしあなたも挑戦したいのなら、上級の乗馬技術を身につけていて、なおかつ体調面が万全でなければならない。この訓練につきものの危険をできるかぎり低減するために、経験豊かな指導員のもとで時間をかけて目標達成に励むこと。

筋肉の分離

筋肉の大半は大きなまとまりとして協調しているため、脳がある筋肉を分離してそれだけを独立して使おうとすることはまずない。だが、スポーツ選手になると話は変わってくる。ウマの乗り手は、特定の筋肉を制御しなければならず、しかも同じ機能を持つまとまりのなかのひとつの筋肉を収縮させてほかのひとつは緩めるということをよく求められる。私たちの脳は、それが制御できるように鍛えられなければならない。最初はきちんと分離されていないように思えるが、脳がほかの神経細胞に助けを求めて呼び集めると急速に作業が進んでいく。

筋肉の分離がどんなものかを感じてみよう。まず、あおむけに横たわる。次に太腿全体を収縮して緩める。脚全体でも尻でもなく、太腿だけだ。その調子。ここからは固有受容覚が重要になる。太腿の内側だけを収縮して緩めてみよう。これは先ほどより難しいが、たとえ脳がかすかな収縮と弛緩しか起こせなくてもあきらめずに続けること。この段階では、脳が太腿の内側だけで繊維を少しでも動かしてくれればよいとしよう。次に太腿の前、外側、後ろも順に同じようにやってみる。それぞれの箇所を精神的に「つかめる」よう努力してみよう。それに繊細さも忘れずに。私たちは鉄を押しつぶそうとしているのではなく、神経細胞を調整しようとしているのだから。

筋肉が分離する感覚をつかむために、体じゅうの筋肉でいろいろ試してみよう。ふくらはぎのように、やりやすい箇所から始めることをお勧めする。すると、筋肉の状態によって分離しやすいかどうかが変わってくることに気づくはずだ。たとえば、膝がまっすぐなときよりも曲がっているときのほうが、ふくらはぎの筋肉を分離しやすい。その都度、筋肉図で試したい筋肉を探し、その筋肉のさまざまな状態でほんのわずか収縮させたり緩めたりを脳に繰り返させよう。収縮させたい筋肉を脳が見つけられなくて連動できないなら、まず筋肉が痛くなるまで動かそう。ほら、そこにあるのがわかる！

固有受容覚が向上してきたら、緊張と弛緩をリズムよく行って筋肉を小刻みに動かそう。さらに、筋肉の分離をよりいっそう進めていく。再びふくらはぎを例にすると、それは実際には個別に制御できる三つの筋肉でできている。頭のなかでたくさんの「ふくらはぎ」神経細胞をただ漠然と飼育するのではなく、ふくらはぎの「内側」「外側」「真ん中」の神経細胞をそれぞれ発達させよう。

全般的な方法がつかめたら、今度は乗馬にとりわけ重要だが今はまだ「怠け者」の筋肉を、脳に分離させる訓練を行おう。乗馬の初心者は脚の付け根から膝までの太腿の内側を制御している神経細胞の感度を高めなければならない。この段階の乗り手にとって、腹部、腰背部、上背部の筋肉も極めて重要だが、この範囲の固有受容器の制御を向上するには、まず腕と脚の筋肉の分離ができなければ難しいだろう。

上級者なら乗馬で必要な筋肉をより細かく分けて、それらの強化に取り組めるはずだ。「大円筋」を例にしよう。それは両肩の裏側、脇のすぐ下にある小さな筋肉の名前にしては大げさに聞こえるかもしれない。大円筋は乗馬中に肩と上背部を開いて安定させる。この周辺を安定させるには、肩と上背部全体を収縮させるというやり方も、もちろんある。だが、初心者がそうすると、速歩時に体が固いマネキン人形のように勢いよく上下に揺れてしまう。広い範囲を収縮させるとそうしたことが起きる部位が体にはいくつもあり、この肩と上背部全体もそのひとつなのだ。また、その間レッスン用のウマは痛みを避けようとして、体を平らにしようとする。あなたはウマとともに動くのであって、ウマの動きの妨げになってはならない。しかも、あなたはウマを縛りつけたくないはずなのに、あなたの体が固かったらウマはそうなってしまう。大円筋を分離することで、あなたは力を抜いたまま上背部を持ち上げて安定させられる。しかも、それによってウマの速さを判定して、エネルギーに満ちあふれているウマの口を引っ張らなくても速度を緩めさせることができる（図9－2）。

ほかに眠っている筋肉のひとつは「ヒラメ筋」で、この筋肉をふくらはぎとは別に制御できればウマの腹部に吸いついて、それを引っ張り上げられるようになる。すると、ウマの前進気勢が上昇し、

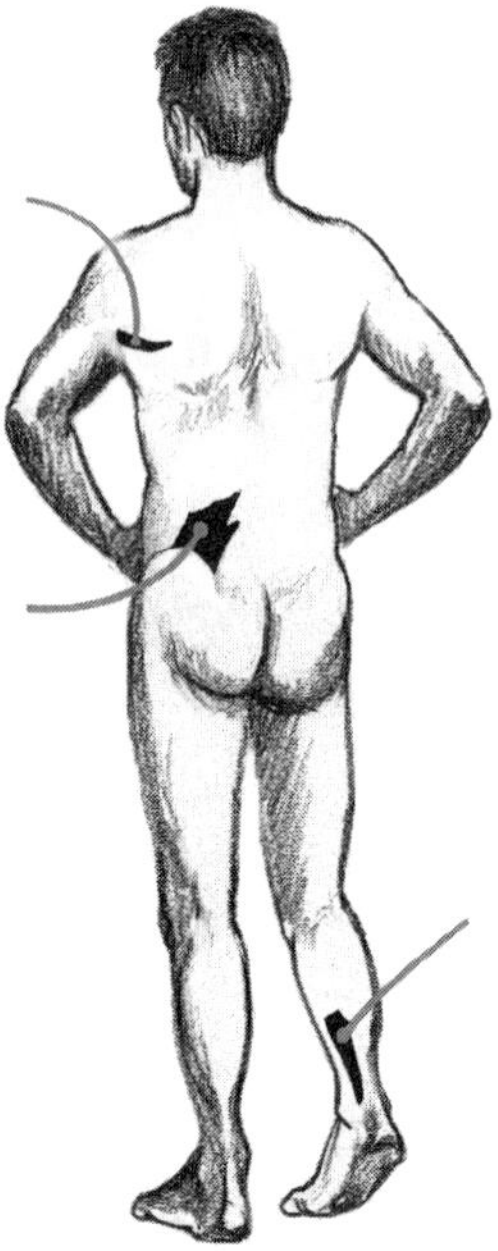

9-2 太腿の内側、ふくらはぎ、上背部といった標準的な「乗馬筋」を分離できるようになったら、次にこうしたあまり一般的でない筋肉の分離に取り組もう。これらの筋肉はウマに特定の動作をさせるのに役立つ。

取り組みへの意欲が強化される。また、「腰方形筋」を臀部の上方から分離できれば、駈歩時にサドルに深く腰かけて、ウマの動きに合わせて前後に自由に動けるようになる（図9－2）。最上級者たちは太腿の外側の筋肉を臀筋から分離して、脚から独立した「乗馬シート」をつくることができる。この分離によって、女性の座骨をウマの長い背筋に載せられるようになる。これはウマの背中を柔らかくして力を強化するための、またとない体重のかけ方ができる姿勢だ。

徐々に圧迫する

筋肉が分離できるようになった

ら、次にそれを絶妙な力の込め具合で徐々に収縮させることを神経細胞に教えよう。たとえば、あなたは太腿の内側だけを収縮、弛緩させることを脳に学習させたとしよう。今度は太腿の内側を、徐々にごくゆっくり緊張させてみよう。収縮を制御する「蛇口」を一気に最大限まで開くのではなく、水が一滴ずつ流れ出るくらいにする。最初は排水管から空気が吐き出されるときのように、力の込め方は散発的でぎこちないものになるだろう。だが、訓練を重ねれば、力の込め方を細かく滑らかに変化させられるようになる。仕上げとして騎乗時でもこの技を駆使できるようになれば、ウマの筋紡錘やゴルジ腱器官が「うーん」と唸るのが聞きとれるようになるだろう。

力を徐々に込める技を使えば、ウマに新たな動作をさせるときにガタガタと音を立てるようにあちこち動かそうとしなくても、絹のように滑らかに移行させることができる。「まったく力を込めない」から「最大限に筋肉を収縮させる」へ、そしてその逆にいたるあらゆる度合いの力の込め方を練習しよう。乗馬脳にとっては「まったく力を込めない」から中間までの力の込め方において、よりいっそうの取り組みが必要となるようだ。

固有受容神経細胞は、緻密さを求められなければ細かい働きをしない。そういった場合は、「オン」と「オフ」の二通りの選択肢しかないスイッチを入れるかのように、幅広い範囲の緊張の度合いに反応して発火する。緻密な反応を求めるには、筋肉に込められる緩やかな力をこれらの神経細胞に経験させなければならない。すると、この細胞たちはあなたが求める感度に応じて、筋肉の収縮と弛緩の度合いに緻密な反応ができるよう調整を行う。そして、乗馬に特化した神経細胞となって、乗馬で重要な筋肉や腱を制御する脳の領域を拡大する。そして、嬉しいことに、日々の訓練によって数週間後には目に見える成果が表れる。脳の改善能力には限りがないため、それ以降もあなたの好きなだけ訓練を続ければいい。

固有受容覚の転移

よく訓練されたウマと人間のチームは脳と脳でコミュニケーションするため、それぞれの種の固有受容覚の強みが他方へ転移する。だが、その一方で弱みも転移してしまう。もし、左肩が右肩より下がった姿勢であなたがウマに乗っていたら、あなたのウマもそれに合わせて左肩を右肩より下げるだろう。あなたが前屈みになったらウマは後躯を肩より高くして、坂を下るときのような姿勢になるはずだ。そうやって、体の部位の状態が次から次へと似通ってくる。

先ほど紹介したホルシュタイン種のフライガールは、固有受容覚の転移のまたとない例だ。フライガールの持ち主は長年の乗馬経験がある優れた乗り手で、四〇代のときの自動車事故で片方の脚に一生治らない怪我を負った。この怪我のため、現在の彼女はウマに乗ったときに体の片側のあちこちにバランスの悪さや問題点を抱えるようになった。フライガールは、そんな彼女の状態に合わせている。彼女とフライガールがチームとして活動すると、バランスが取れている。だが、体の真ん中に重心があるある騎乗者がフライガールに乗ると、自分が傾いているように感じてしまうのだった。

私はフライガールに乗ると彼女の体をまっすぐにしてバランスを修正しようとしていたため、自分の体の片側をもう片方より駆使することになった。するとそちら側の筋肉が痛くなり、同じ側の膝が悲鳴を上げるようになった。持ち主に合わせていたフライガールの固有受容覚が、私に転移していたのだ。それによって、私の体にずれが出てしまった。三段階の転移とは！　しかも、私はフライガールから転移されたもつれを解き放ってもらうためにマッサージ療法士を訪れたので、四段階になった。マッサージ療法士が対処してくれた私の体のずれは、フライガールの体に合わせたものであり、フライガールの体のずれは持ち主の体に合わせたものであり、持ち主の体のずれは怪我によるものだ。これはまるで「いいことも悪いことも巡り巡る」という古いことわざを体現しているようなものだ[12]。

時間をかけて調整しよう

固有受容覚が向上すると反応時間が速くなり、協調性が深まり、体のバランスが非常によくなる。これはウマに乗っているときも、そうでないときもだ。自分の体が空間内のどこにあるのかを感知する能力は、年齢とともに衰える。一部の研究によると、三〇歳から六〇歳までの間に五割低下するという[13]。乗馬のために固有受容覚を完璧にする必要まではないが、それでもできるかぎり研ぎ澄ませ続ければ、バランスのよさを維持でき、落馬を防げるようになる。それによって生じる数々の利点について、あなたのウマからも感謝されるはずだ。

さらに、ウマの体を感じられるようにもなるはずだ。たとえば、自身の臀部の筋紡錘やゴルジ腱器官によって、ウマの背中の力の入り具合の強弱に気づくだろう。ウマの肢がどのあたりにあって、あなたの下でどのように動いているかがわかるはずだ。乗っているウマの肢、背中、脇腹の動きを感じることは、とりわけ複雑な技を展開するときに、そうした部位を制御するための前段階である。

こうした向上によって、ウマの固有受容覚も研ぎ澄まされる。あなたのウマの脳は、あなたの扶助により敏感になる。なぜなら、前に比べて認識しやすくなったからだ。そのため前より速く反応するが、あなたの扶助が徐々に圧迫するものになったので、落ち着きを失うこともない。また、とりわけすばらしいのは、あなたとウマはそれぞれの体を通じてコミュニケーションを取れるようになることだ。あなたの動きはウマの脳に直接働きかけるし、ウマの動きもあなたの脳に同じようにする。

異種間の直接的なコミュニケーション

捕食者と被食動物のそれぞれの脳を通じたコミュニケーションは、極めてまれなものだと言っても過言ではないだろう。これほどまでの深いレベルのコミュニケーションは、人間同士でも人間とイヌまたはネコとの間でも見られない。しかも、言葉、記号、身振り、あるいは道具を介さない直接的なやりとりで、ここまで深いものもほかに見当たらない。

脳同士でコミュニケーションしようとするのは、私たち同じ人間の間でさえ非常に難しい。技術サポート、自動音声システム、休暇中の夕食で親戚たちが口にする政治の話題といったものと格闘した経験は誰でもあるはずだ。私たちは問題を自分の言葉で説明したり、訛りを理解したり、背景雑音のなかから相手の声を聞き取ったり、ほかの人の望みを理解したり、結局相手が問題にまったく対処していないか、あるいはこちらの考えを理解していないことがわかったりする。ましてや異なる種、と

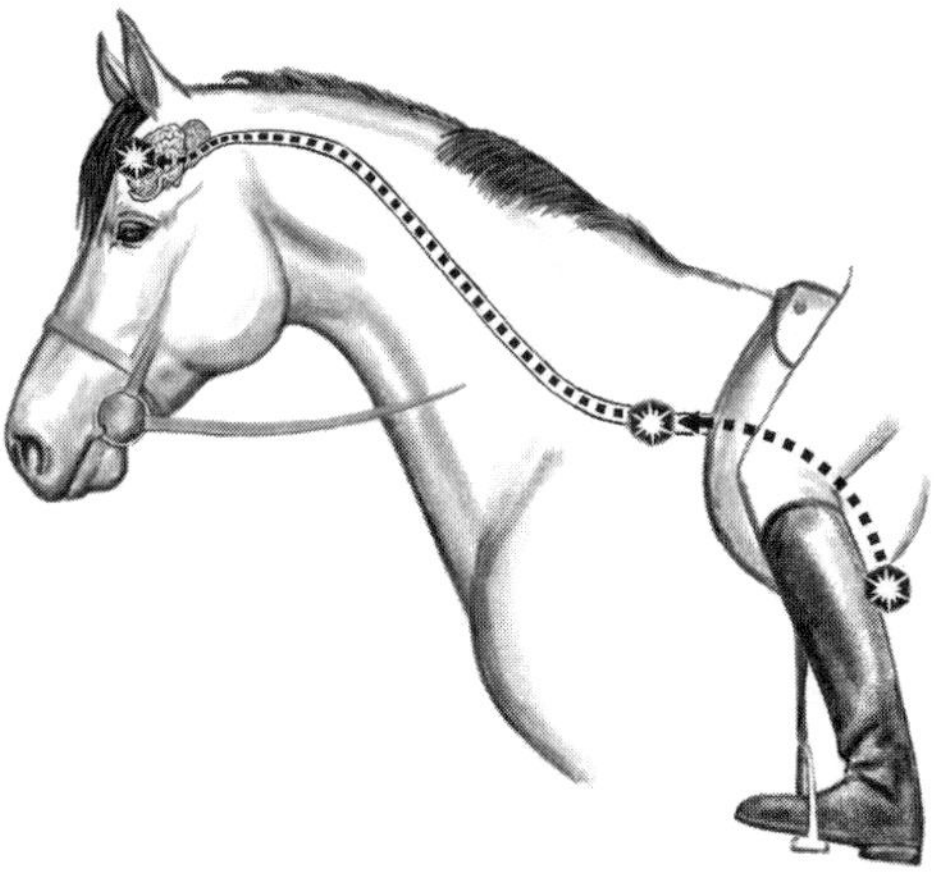

9-3A 脳同士のコミュニケーションは言葉、記号、身振り、あるいは道具を介さない。この例では乗り手は脚に力を込めることで、ウマに前進するよう促している。光っている印は、ウマ側の神経細胞の活性化を示していて、体から脊髄へ、さらにそこからウマの脳の体性感覚野へと情報が伝わっていく。

りわけ私たち人間の捕食本能から逃れようとして進化を遂げてきた被食動物の種と直接つながろうとすることは、はるかに大きな挑戦だ。

脳同士のコミュニケーションの仕組みをよく理解するために、図による具体例を見ていこう。図９－３Ａでは優れた乗り手が自身の下腿で内側へ力を込めると、その力がウマの脇腹に伝わる。その刺激は、ウマの皮膚と筋肉の感覚器で捉えられる。次にその領域の固有受容器がその刺激を電気信号に変換する。そこから送られたインパルスは脊髄を伝わってウマの脳の体性感覚野に到達する。すると、ウマは乗り手が込めた力を認識する。

図９－３Ｂではウマの脳が乗り手の脚に込められた力を分析し、それが前進の指示だと解釈する。体性感覚野から送られた神経信号は、動きが計画されて引き起こされる大脳基底核や運動野に伝わる。ウマの脳は神経インパルスを自

身の小脳と脊髄に送ることで、その動きを実行する。

図9－3Cでは、電気信号がウマの脊髄を通って末梢神経に到達すると、それによって関節や筋肉が自身の肢を動かす。乗り手が何も口にせずに指示したとおり、ウマは前進する。

最後の図9－3Dでは、乗り手はウマのこの動きを自身の下腿、太腿、臀部の固有受容器で感知する。さらに、乗り手は当然ながらウマの動きを体全体、とりわけ流れが若干活発になった空気が顔にかかることでも感じている。乗り手の脊髄に到達したこうしたあらゆる信号は、そこから自身の体性感覚野に伝えられる。乗り手はその時点で初めて、ウマが取った行動を認識するのだ。

神経による二つの種同士のコミュニケーションループは、これで完了だ。経験を積んだチームなら、このやりとりは二秒程度で行われる。こうした神経によるやりとりが一度行われただけでも、コミュニケーション上の奇跡が起きたようなものだ。被食動物と捕食者の神経細胞が、何も介さずに会話しているのだから！　だが、これはたった一度だけ起こるものではない。熟練したチームでは、乗馬の最中に互いの体の大半の領域を使って数えきれないほどのやりとりが行われる。こうしたチームの二つの脳は、神経によるコミュニケーションを絶え間なく続けることができる。高度な訓練をこなしたウマと乗り手は一体になるとよく言われるが、実際には彼らの脳の働きが合わさってひとつになっているのだ。

ウマと人間が互いの脳を通じてコミュニケーションできること、そして訓練によってその直接的なコミュニケーションを強化できることは、実に驚くべき技だ。この先、動物行動学者、神経科学者、

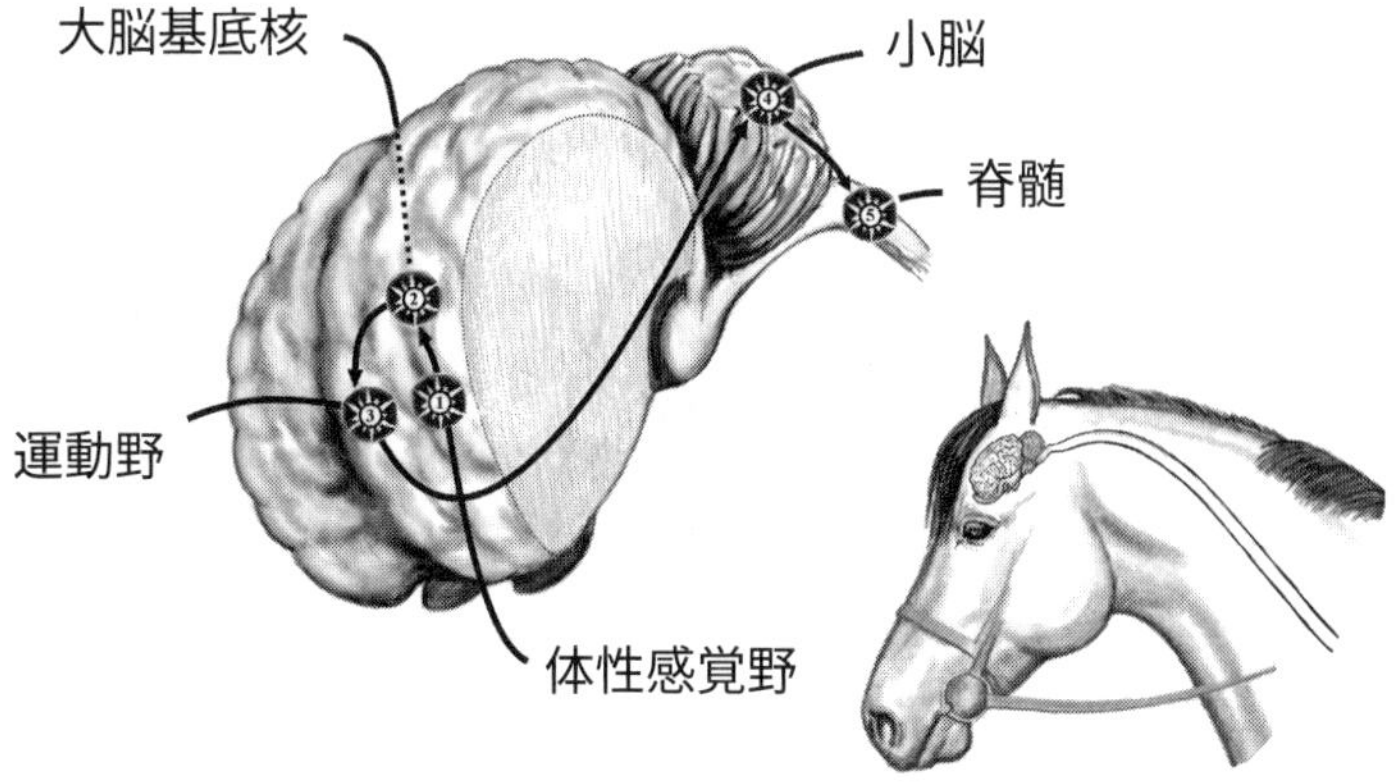

9-3B この簡略図では、乗り手が出した信号に応じた神経細胞の活性化が①体性感覚野から②大脳基底核、③運動野、④小脳へと順に行われていき、⑤脊髄に戻る。つまり、ウマの脳は乗り手の信号を処理して、それに反応しているのだ。

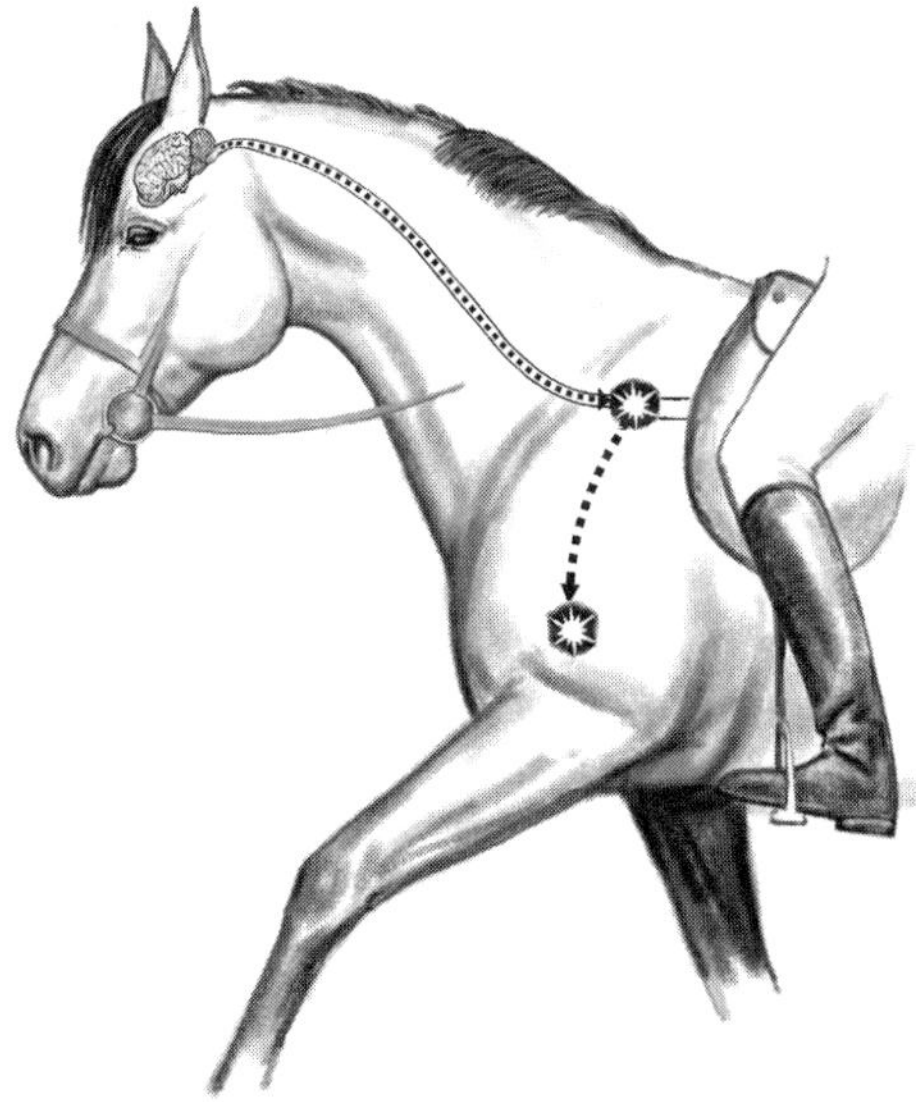

9-3C 活性化がウマの脊髄で順に行われていって前肢の末梢神経に到達すると、前肢は前方に動く。

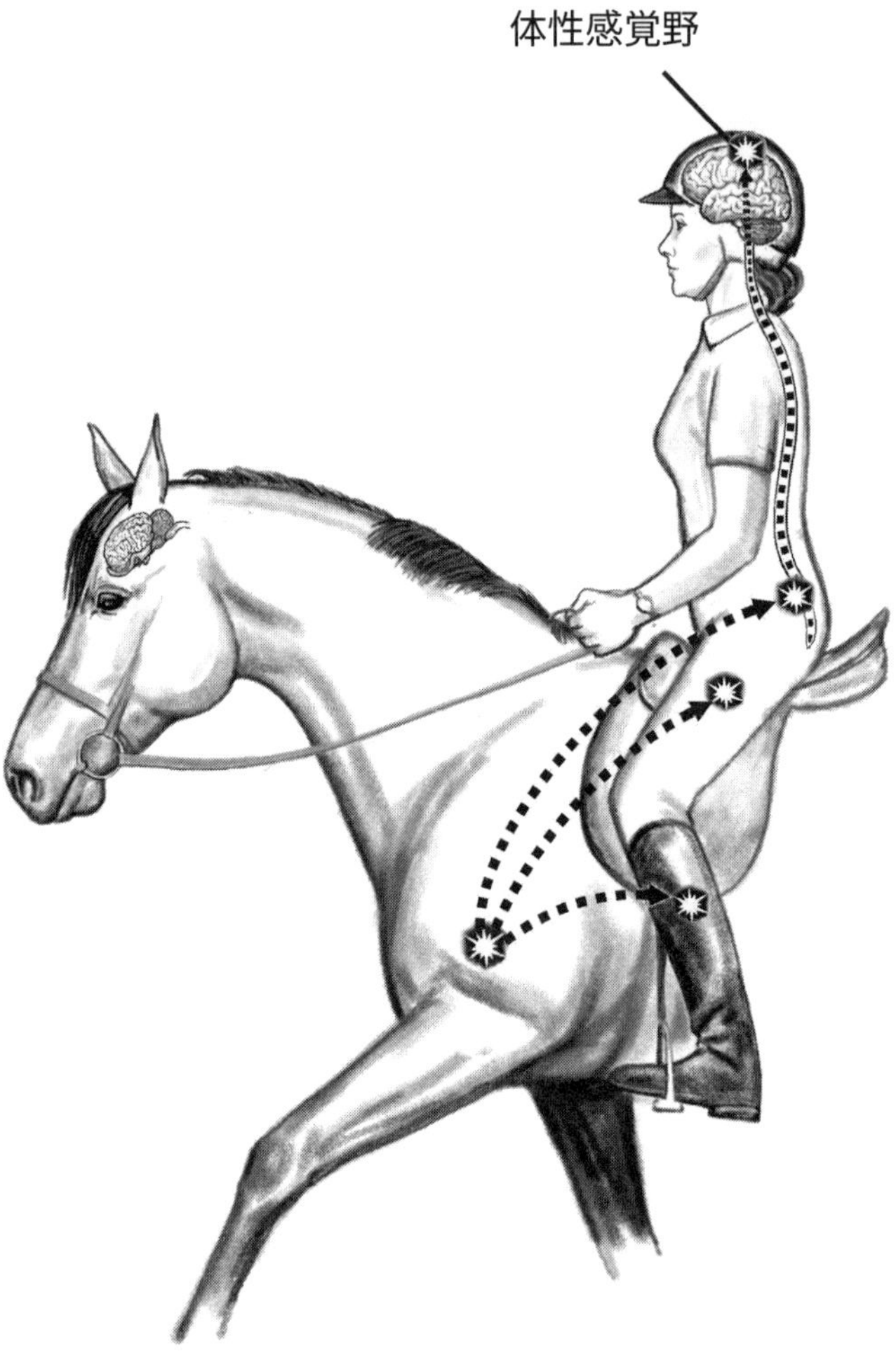

9-3D 乗り手は自身の下腿、太腿、臀部の神経を通じて、ウマが前進する動きを感知する。乗り手の脊髄はその情報を自身の体性感覚野に送り、それによって乗り手は自身が求めたことにウマが応えたことを認識する。

比較心理学者たちはウマと人間の固有受容覚によるやりとりを、別の形の異種間コミュニケーションを比較評価するための基準とみなすようになるだろう。

III

人間のための
ウマになるよう
学習する

Learning to Be a Human's Horse

10　ウマはどのようにして学ぶのか

体高一五ハンド（約一五二・四センチ）の月毛の牝馬〈プリンセス〉は、私が担当していたレッスン用のウマのなかで、さまざまな生徒への対応力が最も優れていた。プリンセスはハントシートエクイテーション競技、ウエスタンプレジャー競技、初心者レベルの障害飛越競技（ジャンピング）を教えるのに最適だった。乗馬学校で「教える」ウマたちの大半は、初心者の乗り手が自分たちに何をしてほしいと思っているのかを予想するか、あるいはいつもと同じ無難なやり方で進めていく。プリンセスは、指示されたことしかやらなかった。乗り手がうっかり左に傾いてしまったときでも、彼女は左に曲がった。サドルの前方に重心をかけてしまったら、彼女は速度を上げた。乗り手は左に曲がりたくなかった、あるいは速度を上げたくなかったのだったら、そもそもそういった「指示」を出してはならなかったのだ。人間の指示に頼るという彼女のこうした特性は、乗り手が自身の扶助を改善してリーダーシップを取ることを学ぶのに役立つため、レッスン用のウマにおいて高く評価できる能力である。

大半の人は、プリンセスは長年レッスン用のウマとして活躍してきたのだと思いこむ。だが実際には、私がプリンセスに初めて会ったのは彼女が一四歳のときで、しかも太りすぎていて不健康だった。常歩《なみあし》のときでさえ息を切らして、筋肉をゼリーのようにぶるぶると震わせた。誰かが騎乗しているときに彼女がこなせた技は「外乗で別のウマのあとをついていく」「直線コースを全速力で走る」「強いしっかりした押し手綱によってなら、固定された物の周囲を急速で回る」のわずか三つだった。乗り手が脚で両脇腹をしっかりと圧迫して常歩させても、プリンセスは酔っ払いがバーを出ていくときのように前後にふらふらとよろめいた。速歩《はやあし》や駈歩《かけあし》をさせているときは、千鳥足でバランスが危なかった。遅い速歩や遅い駈歩のやり方など聞いたこともないようだったし、どんなに幅の広いカーブでも曲がるときは内側に倒れこんだ。近くの野原を歩かせるとき、私たちしかいないとプリンセスは怯えて身をすくめた。そして、厩舎の扉まであと五〇メートル近くまで戻ってくると、彼女は、しばらくは気づかないふりをするが、最後の最後に我慢しきれなくなるのか、フェンスや車といった自分の行く手を阻むものすべてに私の体をこすりつけながら、すごい勢いで走って厩舎のなかに飛びこんでいくのだった。そんなことが多すぎたため、私からまだ車のサイドミラーの借りを返してもらっていない友人がいるかもしれない。

普通なら誰だって、こんな厄介者をレッスン用のウマとして引き取りたくないはずだ。だが、たとえそう言われても、私はプリンセスには可能性があると信じた。彼女の体のつくり自体はクォーターホース種として理想的だったし、贅肉に埋もれてはいるが、その奥に潜む性格もよさそうだった。誰かがきちんと指導してやるべきだと思ったのだ。以前はバレル競技に出ていたプリンセスが起こす問題の原因の大半は、悪意ではなく無知によるものだった。とすれば、一から教えるにはうってつけの素材ではないか。恵まれなかった子どもたちと同様に、この牝馬も知らなければならないことを教えてもらう機会を与えられなかっただけなのだ。

ウマが学ぶ方法はたくさんあり、プリンセスはそのすべてを駆使した。彼女がどのようにして学んでいるかを理解できるようになると、彼女が必要としていることに合わせた調教メニューが組みやすくなった。二カ月もすると、プリンセスは直線上で常歩、遅い速歩、速歩、遅い駈歩、駈歩ができるようになり、ペースを崩さずにバランスよくカーブを曲がれるようになった。開き手綱で屈曲することを学んだ。一五分間のレッスンで一度教えただけで、プリンセスはもう二度と厩舎に駆けこまないと承知してくれた。クリーム色の可愛いプリンセスは贅肉を落として筋肉をつけ、肺を強化し、私が知っているなかで最も優れたレッスン用のウマの一頭へと成長した。

「私に教えて」

ウマは賢いだけではない。彼らはまさに「学習マシン」だ。手がかりを求めてあちこち探しまわり、知識を吸収する。いったん身についた知識は強力瞬間接着剤で貼りつけたように、ウマの脳から絶対に離れない。ウマの学習能力に難があるとしたら、人間が間違って教えたことまであまりに素早く学習してしまって、しかもなかなか忘れられないという点だろう。

ウマの社会では、ウマたちは新鮮な水と草の場所、一年のなかでそういった水や食べ物が手に入る時期、一番安全な避難場所とそれを探し当てる方法を覚えている。また、群れのなかのすべてのウマの地位を把握して、群れ全体内の複雑な血縁関係や、行動ルールを学ぶ。彼らは暮らしている領域内の各動物の匂いを嗅ぎ分けることができる。それは単に種ごとではなく、それぞれの種の各個体まで嗅ぎ分けられるのだ。さらに、どんな状況を避けなければならないかを覚えているし、恐怖を覚えた出来事は絶対に忘れない。

人間の社会では、ウマはさまざまな車のエンジンやウマを運搬するトレーラー式馬運車の音や姿を学ぶ。周りにいる誰にでも、自分が車両積載用スロープやステップ式の入り口に慣れていることを見せつけようとする。私たちを顔、声、服で認識し、口頭での指示を特定の行動を取ることと結びつけることを学び、どれが自分の馬具かわかり、騎乗者の体によるほとんど感知できないほどかすかな扶助の意味を一万以上覚えている。一〇年ぶりに会ったウマに挨拶してみよう。彼はあなたを覚えているはずだ。こういった特技の多くは、何の教えも受けずにウマが自力で身につけたものだ。私たちはウマの脳がまるでハエ取り紙のように、接触してきたもののすべてを捉えてしまう光景をただ一歩下がって眺めていればいい。

とはいえ、ウマと人間のチームとして協力しあって実力を発揮しようとする場合、この動物は助けを必要とする。ウマたちはみな、「お願い、私が知らなければならないことを教えて。あなたが私に何を求めているのかを示して」と声を立てずに言っているのだ。もともと、ウマたちはほんの小さな合図さえ見逃さないよう、ボディランゲージに対してよりいっそう高められた知覚を活用している。それぞれの暗号を解読できさえすれば、そのひとつひとつに意味があると思っている。もし、ウマに携わる人間がウマに求めるある反応を得るために常に同じ指示を出せるのなら、ウマはクマが蜂蜜を探し当てるのと同じ勢いで人間の期待を察するはずだ。

問題は、私たち人間はウマが求めているほど正確な指示を出せなかったり、こちらの希望を明確にできなかったりするという点だ。私たちは、ウマを混乱させるような矛盾した指示を出してしまうことがある。あるいは、望ましくない振る舞いをしたウマにうっかり褒美をあげてしまったりもする。その行為が、たとえば「後肢で立てば休憩できる」というように、ウマに「後肢で立つ」と「休憩」を永久に結びつけさせてしまったことに気づきもしないで。

私たちは「どの指示を出せばいいか」や「どんなふうに指示すればいいのか」であれこれ悩んでしまうことが多い。しかも、どの指示がウマのどんな振る舞いをもたらすのかもはっきり覚えていない。人間はウマよりも物事を一般化するため、だいたい合っている指示で十分理解できるのだ。だが、前に取りあげたとおり、ウマのカテゴリカル知覚は人間並みではない。彼らは出された指示とそれに対する反応がほかとほんの少しでも異なれば、まったく別のものとして学習する。ウマにとって、小さな違いは大きな意味があるのだ。

一度目の合図にウマが反応しなかったら、別のやり方にしなければならないと考える人は多い。だが、さらなる指示、前とは異なる指示を出すことは、問題を悪化させるだけだ。そうするのではなく、先ほどと同じ方法でもう一度呼びかけてみよう。最もわかりやすくて最も一貫して出される指示が、最も効果がある。ウマがあなたに注意を払っていて、その合図が何を意味するかをわかっていて、しかも求められた振る舞いができるのであれば、その行動を取るはずだ。そうしないのであれば、ひとつ前の段階に戻って、あなたが何を求めているかをウマにもっと明確に教えなければならない。その過程を何度繰り返しても理解しないようであれば、何かがおかしい。たいていの場合、その原因は教え方、タイミング、教える人、あるいは求めている振る舞い自体にある。

やらせたいことを吟味する

大事なのは、あなたが求めている振る舞いが本当にウマにできるものであることだ。これは当たり前に聞こえるかもしれないが、実は非常によくある問題なのだ。わかりやすい例は、地上横木通過をやらせる場合だ。あなたも見たことがあると思うが、これは通常四本のバーを地面に並べたもので、バーとバーの間隔はウマが滑らかな速歩で足を一本ずつ間に入れられるようにする。この地上横木通過は常歩や駈歩でも行えるが、極めて重要なのはバーを並べる間隔だ。最適な間隔はウマの大きさや歩法にもよるため、一メートル弱から四メートルほどの差がある。しかも、わずか八センチ弱の間隔の違いが、成功と失敗を大きく分けることになる。

乗り手の多くは、間隔が狭すぎるバーの間をウマに速歩で通過させようとする。それではウマが失敗したり、尻込みしたりするのは当然だ！　不可能なことをさせられようとしたのだから、そうなってしまうのが当たり前ではないだろうか？　だが、そんな問題点に気づかない乗り手は、ウマにもっと肢を上げさせようとしてバーの高さを上げるか、太いバーを使おうとする。なかには、速度を上げればいいのではないと考えて鞭や拍車を使い、並べ方が悪いバーへより速く向かわせようとする者もいる。そんなことをしても、役に立たないのに。

ウマについて何か問題が起きたら、なぜそうなったのか自分に問いかけてみよう。もしかしたら、ウマはあなたの指示に気づかなかったか、指示を理解できなかったか、あるいは、あなたが求めた振る舞いは彼には無理なことだったのかもしれない。クロスバー障害を飛ぼうとしないウマは、着地するときに蹄《ひづめ》の裏が痛むのかもしれない。約三・六メートルの標準的な歩幅で駈歩できないウマは、体が小さすぎるのかもしれない。体の大きい温和なウマが駈歩で地上横木通過をうまくできないのは、バーの並べ方が小さなシェトランドポニー用だからかもしれない。そういったウマたちの事情を汲み取ってあげよう。

学習の基本的な条件

効果的に学習するためには、ウマは次の条件を満たしていなければならない。

- 落ち着いていて、安心感を抱いていること
- あなたに注意を払えること
- 指示がはっきりと認識できること
- 指示の意味を考えられること
- 与えられた指示を実際にこなせる身体能力があること

ウマの学習方法の種類

私たちの多くは、「学習する」ことについて深く考えない。私たちは学ぶ、以上。では、どのようにして？　大半は、その質問に答えられない。あるいは「両耳の間に詰まっている物のおかげ」といったところだろうか。だが、気まぐれな動物に振る舞い方や技を教えようとするときは、彼の脳がどのように学習しているのかを理解することが役に立つ。それによって、働いている脳の仕組みに最も合う方法で教えられるようになるからだ。

一般的に、あらゆる学習の基礎は神経の接続である。これを非常におおまかに説明してみよう。水に対応する神経細胞の集まりが、レバーを押すことに対応する神経細胞の集まりと同時に活性化したとする。すると、この二つの集まりの間で弱い接続がつくられ、それは使用のたびに強化される。ほどなくして、ウマは「自動給水器のレバーを押すと水が出てくる」ことがわかるようになる。脳科学では、これを「同時に発火する細胞は、くっつけられる」と言う。[1] やがて接続が十分強くなると、学習した行動が自動的に行われるようになる（図10－1）。

ウマは神経の接続を生理学的基礎にして、次の方法で知識を身につける。

- 関連づけ
- 得られた結果
- 観察
- 感情
- 問題解決

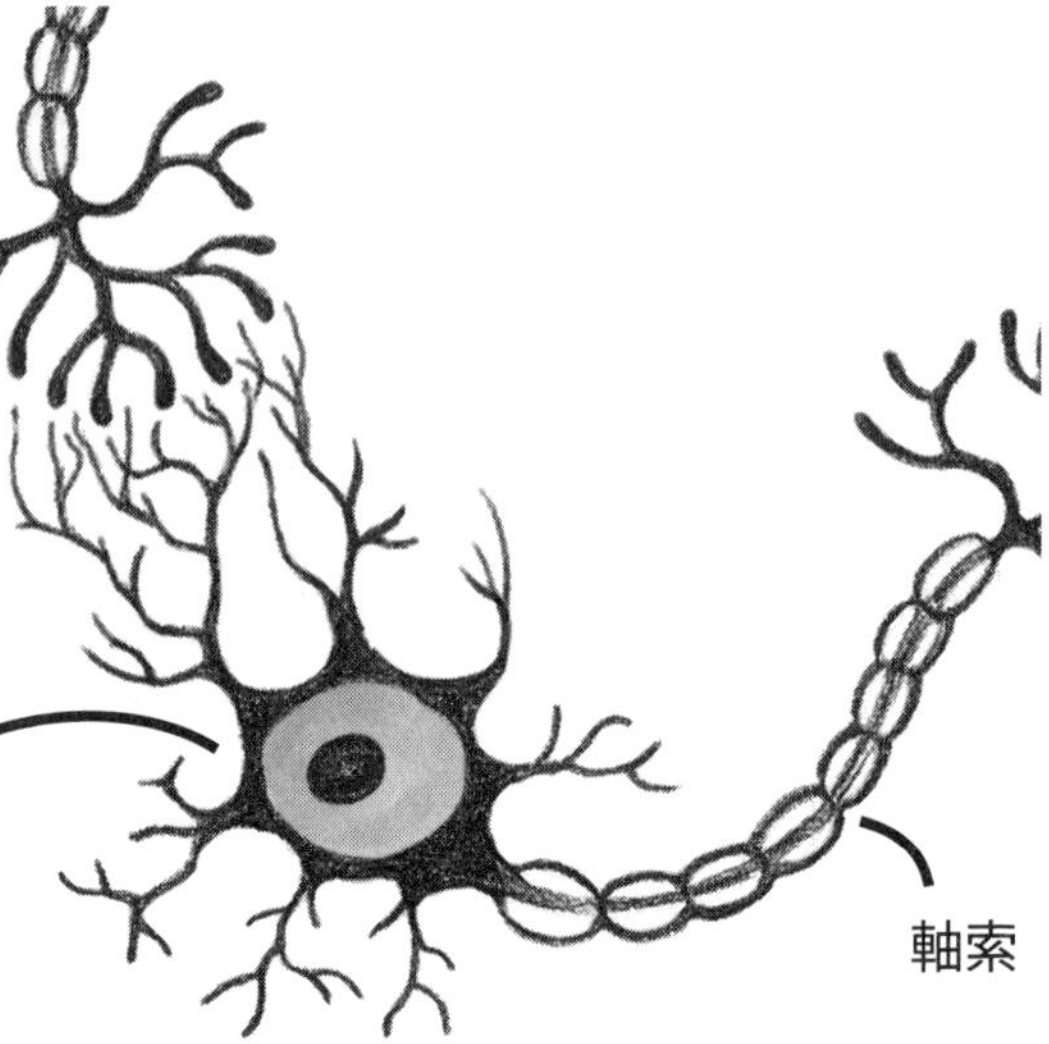

10-1 神経細胞は軸索末端と樹状突起の間で電気的な接続を行う。こうした接続は使用されるたびに強化され、すべてのウマや人間が学習するための土台を築く。

・試す

人間もこうした学習方法を用いるが、それに認識力、計画力、推理力、先見性、判断力が加わって、おまけに疑念、虚勢、傲慢さ、恥に対する恐怖もついてくる。つまり、余分な荷物がたくさんあるのだ。

ウマの飲みこみが早い理由のひとつは、こうした荷物を抱えていないからだ。それに、ウマは根っからの学習者でもある。ウマの振る舞いは、過去を映す鏡だ。しかも、それは両親の期待、上司の命令、子どもたちが必要としていることといったものによって、過去の影響が弱まることもない。ウマとともに生きる主な喜びは、彼らが自分自身について決して嘘をつかないことだ。優れた調教師は新たなウマを一週間も調教すれば、そのウマがそれまでどんなふうに扱われてきたか正確にわかる。持ち主が見境なくこっそりあげてきたニンジンのことや、毎週行ってきたと言い張っていたグラウンドワークのことも。

どんな学習方法も、よい結果も悪い結果も生じさせる可能性がある。ウマも人間も、自身のためになる知識を身につける一方で、弊害をもたらす知識も同じくらい順調に習得してしまう。そのため、体重が五五〇キロ近いウマに何を教えるか、慎重に決めなければならない。なぜなら、ウマの記憶力は極めて優れているために、いったん教えたことを忘れさせるには非常に時間がかかる恐れがあるからだ。あなたが乗っている最中に、喜んで飛び跳ねる若く陽気なウマは可愛い。だが、彼が大きくなって飛び跳ねる力ももっと強くなると、その振る舞いはあまり可愛いとは言えなくなってくる。

関連づけによる学習

関連づけによる学習は、二つの出来事や発想を場所や時間によって結びつけることによって起こる。[2] 雷は稲妻の直後に鳴る。そのため、私たちの思考は、雷と稲妻を結びつける。干し草運搬車に続いて干し草がやってくるため、ウマは運搬車と干し草にはつながりがあると考える。こうした単純な関連づけから、古典的条件づけが行われる。たとえば、もともとイヌは餌が与えられる直前に唾液を分泌する。そこでパブロフが餌を与えるときにベルを鳴らすようにすると、イヌはベルの音だけで唾液を分泌するよう学習した。「いい子ね」といった言葉でウマを褒めてその直後に首をなでてやると、ウマは言われた言葉と「なでてもらって気持ちよかった」ことを結びつけるよう学習する。

得られた結果からの学習

結果からの学習は、古典的条件づけを一歩進めたものだ。これは「オペラント条件づけ」や「道具的条件づけ」とも呼ばれるが、こうした難しい用語に怯える必要はない。[3] 心理学入門講座で学んだことを思い出してみよう。B・F・スキナーを覚えているだろうか？ 強化の科学的手法を調べるために、ネズミやハトで実験を行った人物だ。ある音がしたときにレバーを押したネズミに報酬を与えると、ネズミはその音が聞こえたらすぐレバーを押すことを学習する。あるいは、干し草運搬車が到着したときにたまたま前足で地面を引っ掻いていたウマが直後に干し草を与えられると、「前足で地面をひっかく」ことと報酬を結びつけるよう学習してしまう。そう、それはまさに「問題発生」の瞬間だ。「いい子だ」という声かけと「立ち止まって一休みする」ことを結びつけるよう学習したウマは、その言葉を聞いた途端に急ブレーキをかけるようになる。あるいは似たような「さよなら！」といった声かけでも、同様の困った関連づけが行われてしまう。

観察による学習

観察はとても有効な手段であるため、ウマの調教にもっと取り入れられるべきだ。人間は日々観察しては、それに倣っている。たとえば、子どもたちが両親、仲間、テレビ番組やテレビゲームの好きなキャラクターを真似ることを示した研究は、数多くある。ボボ人形実験は、そういった研究の初期に行われたもののひとつだ。この実験ではまず、空気で膨らませる約一五〇センチのビニール人形を、怒った大人が殴ったり、蹴ったり、押したり、叩いたりするのを子どもたちに見せた。次に、似たような人形と子どもたちだけが残されると、彼らも大人と同じような行動を取ったのだった。[4]

大人も観察しては模倣する。誰かが無作法な行動を取ると、それを言い訳にするかのように残りの者たちも好き勝手に振る舞おうとする。同様に、対立でうまく折り合いをつけた友人の手法を学ぶと、次に苦境に立たされたときは自分でその技を使ってみようとする。

家で飼うペットも真似をする。新たにやってきた子イヌに対して、「おいで」や「待て」の合図、車への飛び乗り方、階段の下り方を先輩のイヌに教えさせる飼い主も多い。[5]仕事をするイヌは後輩のイヌに、ヒツジの集め方、そりで長距離を移動するときの食べ物の探し方、ウシの番の仕方を教える。セントバーナード犬は三頭一組のチームとなって、遭難者を救助する方法を教えあう。まず、二頭が遭難者の両脇に寄り添って温め、その間に三頭目が助けを求めにいく。人間による訓練は必要ない。野生動物も観察して学習する。オーストラリアの事例だが、治療で訓練センターに保護されていた野生のイルカが、自分と同じ動物がショー用の不自然な動きを練習する様子を眺めるようになった。その後、野生の住処に戻ったこのイルカは、仲間たちに尾で歩く方法を教えたという。[6]

ウマは観察による学習に非常に長けていて、とりわけ自分より年齢か地位が上のウマ仲間を観察して真似るのが得意だ。[7]母馬が手入れをされたり蹄鉄をつけられたりするところを見てきた子ウマには、のちにそういったことがとてもやりやすい。[8]あなたが牝馬をなでていると、その子ウマがすぐに寄ってきて同じことをしてほしいとねだるはずだ。母親が怖い物を受け入れている姿を見ていた子ウマは、そういった物に対して自分を落ち着かせようとする傾向が強い。[9]若くても年老いていても、ウマは仲間がそうしているのを見て、門扉や馬房の扉の開け方を学習できる。[10]

10-2 ウマは観察による学習に非常に長けていて、とりわけ自分より年上のウマ、よく知っているウマ、あるいは地位が上のウマ仲間を観察して真似るのが得意だ。

ウマは自分の仲間が人間に近づいて後をついていく様子を見て「ジョインアップ」行動を真似るし、ほかのウマが駄々もこねずに悠々とトレーラー式馬運車に入っていく姿を見ることによって、乗り方をずっと楽に学習できる。[11] あなたのウマがトレーラー式馬運車のスロープを上がるのを怖がるときは、彼の仲間のリーダー格のウマが易々とトレーラー式馬運車に乗って、褒められ、なでられ、ご褒美においしそうなおやつをもらって、トレーラーから出てくる様子を眺めさせてみよう。強制などせず、ウマが楽な気持ちで観察できるよう心がけよう（ほかのウマが乗ることを嫌がったりしているところは見せないこと。先ほど説明したとおり、ウマは最終的な結果が望ましいものでもそうでなくても、そのまま学習してしまう）。円滑な乗りこみを観察させることで、あなたのウマは今後のトレーラー式馬運車のレッスンでもっと冷静になって興味を示してくるはずだ（図10－2）。

ウマが屋内または屋外の馬房やパドックで飼育されている場合、私がよくやるのは外で排尿させてそれを褒めることで、その行為を習慣づけようとする訓練だ。そのほうが馬房を清潔に保てるし、根気よく学ばせることで厩舎の通路や競技場でも排尿しなくなる。私が担当していたウマの一頭がこの訓練に取り組んでいたパドックと放牧地には、〈ゼブ〉というハンター競技用の鹿毛のサラブレッドも入れられていた。何日かにわたって、決まった場所で排尿した自分のウマに私が褒美を与えているのを、ゼブはじっと眺めていた。

そして、ゼブはどうしただろうか？　そう、あなたが思ったとおりだ。ゼブは私の姿を見るたびに意気揚々とやってきて、私の目や顔を注意深く覗きこみながらおしっこした。ゼブは「いつ、どこで排尿するか」といったレッスンの詳細はつかめていないようだったが「よし、ここにいる友人はおしっこしたらおいしそうなおやつをもらっている。じゃあ、俺もおしっこしたらおやつをもらえるよな?!」という大まかな流れはわかっていたようだ。まさにこれは、観察と模倣による学習だ！

若いウマに初めて人を乗せるとき、調教師の多くは先輩ウマも参加させる。経験豊かな賢い先輩ウマは「いいか？　人が上に乗ったら、お前はこんなふうにすればいいんだ」と言うかのように、どうすればいいかを若い牡馬に示してやる。新米ウマにとっては仲間が近くにいるだけで落ち着くものだが、それどころか、「何が起きるのか」「どう対処すればいいのか」「うまくやれば、どんな待遇を期待できるか」まで見せてもらえるのだ。誰にだって、友人がそばにいてほしいときがあるではないか。

放牧中でも、ウマたちは何かに取り組んでいる仲間を観察していた。私が前に使っていた馬場は、両方の長辺が放牧地と接していた。放牧中のウマたちはしょっちゅう馬場との境目のフェンスまでやってきては、テニスの試合をスローモーションで見ているかのように首をゆっくり前後に振りながら、練習しているウマの動きを眺めていた。馬場のなかで騎乗者を乗せたウマが八個か一〇個の障害物があるコースで飛越の練習をしていると、「観客席」のウマたちは、練習中のウマが曲線を描いたり、円を描いたり、方向転換したりしているのを目で追い、彼が障害物をひとつひとつ飛び越えていく様子に見入っていた。それは面白くてたまらない光景だった。放牧地のウマたちと馬場の調教師たちの頭が、まるでつながっているかのように同じ動きをしていたのだから。だがこれは、ほかのウマを観察して学習したいというウマの意欲を表した、またとない例だ。

ウマの脳は、人間を観察することによっても学習する。[12] ある研究ではウマたちを二つのグループに分け、そのどちらにもスイッチが押されたらふたが開く給餌器が自由に触れられるようにした。「観察グループ」は、人間がスイッチを押して給餌器のふたを開ける様子を眺めることができた。「非観察グループ」には人間による手本は示されず、自分たちだけで給餌器を調べて開け方を考えるしかなかった。その結果、開け方を学習したウマは観察グループのウマたちのほうが非観察グループよりも四倍多く、しかも覚えるスピードも速かった。とりわけ若いウマは、人間を観察することによって学習する能力に非常に長けていた。興味深いことに、どちらのグループにいたかは関係なく、開け方を学習できなかったウマは、まるで助けを求めるかのように人間の実験者に近寄っていくことが多かったという。

ウマは私たちが認めている以上に、観察による学習能力がはるかに高い。私たちがなぜそれに気づかないかというと、一歩下がって「ウマたちに観察させてやりましょう。何かのためになるかもしれませんし」と言うことがあまりないからだ。だが、そうしてやれば、ウマのためになる。若いウマに

「綱でつながれる」「毛を刈られる」「肢を上げさせられる」「長い二本の引き綱での調教」「手入れのためにじっと立つ」といった状況に対処する方法を教えたいときは、先輩ウマたちがそれらをやっている姿を眺めさせてみよう。遅い駈歩のスピードが速すぎるウマには、理想的なペースで遅い駈歩をしているウマの姿を見せてあげよう。あなたのウマが「ごく低いバーを飛び越える」「丸太を引く」あるいは「門扉を開ける」でもいい、とにかく何かに挑戦する準備ができたら、群れの仲間のリーダー格が手本を見せる様子を観察させよう。その後、やってみるよう促してあげる。この「見せて挑戦させる」作戦は何度か繰り返さなければならないかもしれないが、脳科学的にはこの手法は学習を速めるのに役に立つはずだ。

一九九八年まで、脳科学者たちは観察学習の仕組みを解明できなかった。そして「ミラーニューロン（鏡のような働きをする神経細胞）」と呼ばれる脳細胞が発見されると、見つけた科学者たちも驚きを隠せなかった。ここからしばらく神経学の話になるが、ちょっとだけつきあってほしい。ミラーニューロンは行動を符号化する脳細胞だ。だが、筋肉に実際の行動を起こさせるものではない。それは運動野の神経細胞の役目だ。代わりに、ミラーニューロンはある特定の行動をこなすよう、運動神経細胞に備えさせる。それは交響曲を指揮する指揮者が、演奏が始まる前に指揮棒を振り上げるようなものだ。たとえば、私がカップを持ち上げるとき、私のミラーニューロンは私の運動神経細胞に「この行動を実行するよう筋肉に知らせる準備をしておくように」と告げるのだ。まあ、それは理解できる。

だが、驚くのはこれからだ。私がカップを持ち上げるのをあなたが見ていたら、あなたの脳のミラーニューロンも私の脳のものと同じ強さで同じように発火するのだ。つまり、この極小のミラー細胞は私とあなたの行動を区別しないのだ。考えてみれば、すごいことではないだろうか。私の行動に、「あなたの」神経細胞が対応するなんて！

ミラーニューロンは、騎乗者にとっても同じくらい役に立つ。乗馬技術の向上とは、脳に大量に存在する運動神経細胞の活性化パターンをより細かく増やせるかどうかにかかっている。ミラーニューロンは、私たちがほかの誰かが乗馬しているところを見るだけで、それらの細胞による情報の符号化を作動してくれる。それはつまり、もしあなたが練習に参加できないのなら少なくとも馬場のそばまで足を運んで、あの放牧地のウマたちと一緒に観覧するべきだということだ。

ミラーニューロンで乗りこむ

ウマがトレーラーにおとなしく乗りこむ仲間のウマを見ているとき、彼自身のミラーニューロンも発火している。[13] 友人、そして観察者である彼も落ち着いているため、どちらのウマの神経細胞の発火にも不安な感情は含まれていない。観察者のほうのウマがこの穏やかな活動を何度も見ているうちに、彼の「トレーラーに乗りこむ-怖くない」という神経細胞の接続は強くなる。のちに、観察者だったこのウマ自身がトレーラーに乗りこもうとしたとき、彼の脳は落ち着いてできるよう支援する。神経の諸要素から、恐怖は取り除かれたのだ。

感情による学習

脳内の化学物質には、感情の記憶をとりわけ強く植えつけるものがある。[14] たとえば、恐怖をもたらす出来事が起きると、脳はコルチコステロン、バソプレッシン、エピネフリン（アドレナリン）というストレスホルモンを分泌する。これらの化学物質は「戦うか逃げるか」反応に体を備えさせ、その出来事の記憶を神経系にしっかりと刻みつける。なぜそうするのだろうか？　その理由は、私たちは生き延びるために恐怖の体験を覚えておかなければならないからだ。そういった出来事は危険を意味し、今後は避けなければならないものだ。

恐怖は記憶を確固たるものにするが、それでも学習で使いたい手法では決してない。強力すぎるからだ。恐怖は結果の良し悪しに関わらず、それをもたらした出来事を脳組織に刻みつけてしまうのだ。つまり、ある出来事を通じて、ウマは役立つ教えとためにならないものの両方を身につけてしまう。では、強い感情をもたらさない体験はどうだろうか。その記憶の役立つ点は恐怖ほど瞬時には植えつけられないが、有害な点もそう簡単には刻みこまれない。人間にもウマに対しても、よい振る舞いを教えるのは悪い振る舞いを忘れさせるよりずっと簡単なのだ。

学習で最適の効果を挙げるには、あなたのウマのなかで穏やかさ、好奇心、信頼といった感情を育てよう。あなたに安心感やリーダーシップを求めてもいいのだと伝えて、ウマを勇気づけよう。こうした感情は人間とウマの脳を最もいい形で機能させ、それによって私たちはウマの学習環境をよりよく管理できるようになる。もしそれらの感情に恐怖が混ざってしまったら、プロの調教師に依頼してあなたのチームを正しい軌道に戻してもらおう。

問題解決のための学習

コロラド州南西部には、古代プエブロ遺跡を保存している約二万ヘクタールの国立公園がある。そこはいつの間にか、およそ一〇〇頭の捨てられたウマたちの住処にもなってしまっていて、彼らは食べ物、水、寝床を求めて自由にうろつきまわっている。この土地はもともとウマたちが生きていくための草木は十分あったが、水は限られていた。そんななか、二〇一四年の日照り続きの状況によって、ウマたちは自身の問題解決能力を向上させなければならない事態に追いこまれた。

いら立つ公園管理官たちに「不法侵入動物」と呼ばれているこのウマたちは、暑い季節にわずかな泥水を求めて険しい岩の峡谷を苦労して歩きまわらなくてもいいことを学んでいた。[15] だって、公園内のトイレやレストランには水があるじゃないか！ そこに行けばいい。その言葉どおり、ウマたちは売店や博物館の外にある蛇口や水で濡れているあたりをうろうろしながら、水が出てくるのを待った。もちろん、公園管理官はこのウマたちのために観光客が蛇口を開いてやることなどまず許可しなかったが、それでもウマたちはあきらめなかった。彼らはとうとう地面を掘って水道管をむき出しにしてから、それを壊して水を出すことを学んだ。さらには、売店近くの製氷機を開けて、中身を頂戴することも学習したのだった。暑い日の冷たい氷って最高！

さて、私たちは、このウマたちは会議室のテーブルを囲んで座り、水を手に入れるためのさまざまな戦略について議論したのだという結論に飛びつく前に、頭を使って筋道を立てて考えてみるべきだ。すると、さまざまなことが行われているとわかる。ウマは嗅覚がとびきり優れているので、最も水がふんだんにある場所を嗅ぎ取れたのだろう。そして、楽な道を進みたいという本能によって、人間がつくった施設がある場所へ辿りついた。のんびり歩いていける道路があるのに、なぜわざわざ大きな岩を駆け上らなければならないんだ？　ごくまれだったかもしれないが、ホースがついた蛇口を開いてもらうという報酬を人間から与えてもらっただろうし、そのとき人が水を出すやり方を観察していたはずだ。さらに、ウマたちは観光客が製氷機のふたを開けるところを見ていたのだろう。日常ではよく行われているように、この事例はいくつかの学習手法が組みあわさったものだ。

とはいえ、ウマが水道の蛇口を開こうとするなんて、本当にありうるのだろうか？　だが、ジャーナリストのウェンディー・ウィリアムズは、以前家の近所にあった屋外の蛇口で彼女がバケツに水をくんでいる様子を、飼っていたウマがじっと眺めていたときの話を著書で紹介している。[16]ある冬の朝、そのウマの馬房の飲み水が凍ってしまっていた。これは、ウマを飼育している者にとっての悪夢だ。だが、台所から様子を見ていたウィリアムズは、ウマが自力で問題を解決する姿を目の当たりにした。彼は放牧地のフェンスを飛び越えると、軽い足取りで例の蛇口まで一直線に向かった。そして、ハンドルを蹄で何度か叩いて開くと、ウマ独特の大きな唇をコップのように丸くすぼめて長々と水を飲んだ。やがて満足した彼は、ぶらぶら歩いて厩舎へと戻っていったという。

試して学習

騎乗してすぐに、トレイル競技用のウマがいきなり草を食んだり、総合馬術競技用の優秀なウマにコースで近道をされたり、フィールドハンターのウマに速歩を拒まれたりしても、驚くことはない。こういったウマはあなたを試しているのであって、経験豊かな乗り手の場合はウマの姿勢を正すことで応じてやる。初心者は自分が試されていることさえ気づかないため、ウマはますます調子に乗る。あっという間に、例の鼻持ちならないトレイル競技用のウマは一面のクローバーに腹を深々と沈めて草を食み、その間、期待の新人騎手は手綱を引き続けるがどうにもならない。言うことを聞かないあの総合馬術競技用のウマは、大きな丸太の障害物に迫っているというのに、脚扶助に遅れ続けて四拍子で駈歩している始末だ。

　このような試す行為は、悪い振る舞いであると思われがちだ。だが、脳科学の観点からすれば、そうとも言えない。あらゆる哺乳類にとって、試すことは最も効果の高い学習方法のひとつなのだ。人は記憶を向上させるために、自分で問いかけたことに既知の情報を取り出して答えるという作業を学ぶ過程で何度も繰り返して自分を試す。そうして、情報を取り出す期間を徐々に長くしていき、最終的には一週間後でも一年後でも答えを忘れないようにする。[17] この一連の作業は学問だけではなく、手続き記憶でも行われている。たとえば、乗り手はウマに軽速歩をさせようとするたびに、その動作に自分の体をどう合わせるかについての情報を取り出している。

　私たちが脳から知識を取り出すたびに、ある神経細胞のサブセットが活性化する。この神経細胞のサブセットは、「はい／いいえ」の単純な答えから高度な動きの複雑な組み合わせにいたる、あらゆるものにそれぞれ対応できる。さらに、それが活性化するたびにその神経細胞の接続は強化されていき、やがて長く残れるほど強くなる。何らかの試験によって確実に反応する神経回路網が自身の脳内にできたとき、私たちはその反応を「学習した」とされる。

　ウマは一生学び続けるため、一生試し続ける。あなたのウマによる試す行為に、もっと注意を払ってみよう。望ましい振る舞いをしたときや、ウマによく見られる悪い振る舞いをしなかったときは褒美を与えよう。悪いいたずらをしても許されるかどうかをあなたのウマが試してきたら、あなたが彼にどんなことを求めているのか思い出させよう。最後に、ウマがあなたを試してきたら、そのことに感謝しよう。それはあなたが何を望んでいるのかを見つけようとする、彼なりの方法なのだから。

11　負の強化

たいていの場合、「負の強化」という言葉を聞いた人は額にしわを寄せて、遠い目をする。「ああ、その言葉は知っているけど、詳しい意味は聞かないでくれ」と言わんばかりに。それは「罰」や「報酬」だと答える人も多いが、みな確かめるかのように語尾を上げる。というわけで、まずは明確な定義から始めよう。負の強化とは、ウマが私たちの望む反応を示すまで、痛みをともなわない程度にウマの体を圧迫する方法を用いた調教である。この込める力の強さは「ほとんど感じられない」から「ほどほど」まで、状況によってさまざまだが、通常は促すという範囲のものだ。ウマが反応を示したら、すぐにやめる。負の強化は、決して罰ではない。

ウマとは無関係の簡単な例は、車が私たちにシートベルトをするよう教えてくることだ。シートベルト警告音は私たちの耳に圧迫《プレッシャー》を与え、ベルトを締めるとようやく鳴り止む。ウマの調教での一例は、常歩《なみあし》しているウマの両脇腹を乗り手が脚で圧迫して、速歩《はやあし》に変わりはじめたら脚の力を抜くことだ。この得られた結果による学習によって、ウマは乗り手の脚が両脇腹に同じくらいの強さで込めてきた力と、速歩へと速度を上げることを結びつける。

込めた力を抜くことで行動を方向づけるのは、私たちが何を求めているかをウマに教えるための最善策ではないことのほうが多い。だが、これは最も一般的な方法であり、あなたも乗馬を始めたときにおそらく教わったやり方ではないだろうか。この方法は長年使われてきてごく当たり前のものになっているため、私たちは何の疑問も抱かずに使っている。ここでは、この方法の長所と短所を詳しく調べ、これがウマの脳にどんな変化を与えているのかを見ていこう。

威嚇・逃避行動

負の強化は、ウマの本能に即した形で行われると最も効果がある。リーダー格の牝馬が片耳を伏せて反抗的な下位のウマを食べ物から遠ざけるといった威嚇・逃避行動を、ウマは日常的に行っている。[1]もし耳だけで足りなければ牝馬は噛んだり蹴ったりという行動に出て、ほかのウマたちは彼女に近寄らないようにする。ウマは頭や後躯をこちらに向けて振る、向かってくる、押してくる、噛む、蹴るといった行動で、人間を威嚇する。これは、ほかのウマをどかそうとするやり方と同じだ。さほど本気ではないときもあるし、そうでない場合もある。だがいずれにせよ、私たちがそれを許せば、ウマが自分の意のままに人間を動かすやり方を学ぶことは間違いない。この威嚇・逃避行動はウマの本能的な手段であるため、うまく活用すれば学習の効果を高められる。

ウマが本能的に威嚇・逃避行動を取ることを考慮に入れて、それに合わせた方法で圧迫する。そのひとつは、脚での圧迫だ。ウマのスピードを速めたいとき、なぜ私たちはまばたきや、拳を上げる、「のろまさん、急げ！」などの声かけといったことをしないのだろうか？　それは脚による圧迫は、誰によるものであろうと圧迫されたら逃れようとする、というウマの本能的な威嚇・逃避行動が働く圧迫とよく似ているからだ。左脇腹を圧迫すればウマは右へ動くし、逆も同じだ。両脇腹を同じ力で圧迫すると、ウマは前進する。理論上は、ウマは後退することも選べるのだが（しかも手綱は緩めた状態だ）、後ろへ下がる動作は前進するよりもはるかに不自然なため、若い未熟なウマがそうすることはまれだ。

常歩から速歩へ変更するといった乗り手の要望にウマが本能的な方法で応えたら、乗り手はすぐに込めていた力を抜く。うーん……それはウマにとって気持ちがいいものだ。ウマは圧迫されるのが苦手なため、それを避けようと努力する。もしあなたがすぐに力を抜けば、ウマの脳は取った行動とあなたの反応を結びつける。次回あなたが両脚で圧迫したら、ウマは前と同じように力を抜いてもらえることを期待して速度を上げるはずだ。

新米ウマに基本を教える

圧迫と解放の関連づけは、二つの神経回路網が同時に活性化することによって結びつくと起こる。ウマの脳のある神経細胞の集まりが、あなたの脚による圧覚に反応する。つまり、あなたが力を込めると脳細胞が発火してウマが感知する。別の神経細胞の集まりは、前進運動に反応する。前進運動と圧覚のこの二つの回路網が同時またはほぼ同時に発火すると、それらは長期増強と呼ばれる化学的な現象を通じて結びつく。

脳に求められるタイミング

長期増強はある種の起爆剤のようなものだ。活性神経細胞は最初の発火からしばらくの間は能力を最大限に発揮しつづけていて、どんな刺激を受けてもより速くかつ強く発火する。こうした長期増強の最初の数秒間に圧迫を解放することで、二つの回路網はウマの脳内で結びつく。圧迫からの解放が早すぎると、最初のネットワークが活性化されない。遅すぎると、今度は起爆力に欠ける。ウマの脳機能はあなたによる圧迫とウマの反応の結びつきをつくるために、慎重なタイミングを求めてくる。

調教師たちは、人間が行うあらゆる種類の圧迫に反応することを若い未熟なウマに教えるときに、負の強化を利用する。若いウマは、たとえグラウンドワークで声での指示によって駈歩《かけあし》することには慣れていても、人を乗せた状態で初めて駈歩するときはたいてい混乱するものだ。このウマは乗り手がいる状態での常歩と速歩はできるし、止まる、進む、曲がる、円を描く、ループを描くといった基本も学んだ。だが、騎乗者とともに駈歩するのは、それらとは違う新しい経験だ。調教師がいきなり片脚だけ使って力を込めてきたが、彼女の上半身の姿勢や手綱を緩めていることから察するに、どうやら速度を上げたいようだ。もしウマが意識的な思考を行っているなら、「うーん、これはいつもの速歩の指示とは違うな。いったい何の意味だろう?」と考えるはずだ。

乗り手が片方の脚で安定して力を込め続けると、しばらくの間は激しい振動とともに高速の速歩が続いてぎくしゃくするかもしれないが、やがてこの新米ウマは駈歩しようとするだろう。彼はこんなふうに考えているかもしれない。「よし、彼女の脚がまだ僕の右脇腹を押してくるから、求められているのは高速の速歩じゃないんだ。じゃあ、首をのけぞらせてみようか……いや、そうじゃない。止まってみるのはどうだろう？　でも、そうすると彼女は両脚で力を込めてくる。じゃあ、駈歩でもやってみるか……」。この若いウマが駈歩に入ると調教師は脚による圧迫を解放して、ウマとともに心地よさそうに進んでいく。そこでウマは「そうか！　あの脚はそういう意味だったのか」と理解するのだ。彼の脳は長期増強によって、二つの回路網を結びつけて学習した。もちろん、今後私たちはさまざまな方法を使って、こちらの指示に対するウマの知覚を研ぎ澄ませていく。だが、非常に初期の段階では（ただし十分なグラウンドワークをこなしてから）、片方の脚、緩めた手綱、そしていくらかの根気だけで、あなたが乗った状態での駈歩を指示できる。

調教が進んだ段階での利用

負の強化はウマの調教の初期段階での利用が最も効果的だが、調教が進んだ段階でもよく使われている。代表例は、遅い歩法へ変換するために半減却させる場合だ。たとえば、あなたは速歩中に常歩に変更したいと思ったとする。その場合、あなたはウマの背中の動きに抵抗して自身の動きを抑えるような調子で、自分の臀部に力を込め続ける。ウマは圧迫されていることを感じて、あなたの調子に合わせるために減速する。ウマが常歩に入ると、あなたは臀部に込めていた抵抗の力を解放して、再び動きをウマと合わせる。ウマはこの方法で半減却を学習し、さらに練習によって二つの神経回路網がつながっていくと、回を増すごとにより迅速に反応するようになるだろう。

「乗馬シート」は、圧迫を調教するときに極めて重要な手段だ。優れた乗り手は自身の臀部の部位を細かく分けて、上、下、左、右、前、後ろ、斜め、円を描くといったあらゆる方向にさまざまな形で圧迫できる（実際、研究者たちはこうした圧力を、サドルに圧力感知パッドをつけて測っている）[2]。やがて、高度に調教されたウマは、乗り手の臀部による三六〇度あらゆる方向のどんな強さの力にもよる圧迫にも反応できるようになる。これが実現すると、有能な乗り手は常歩、速歩、あるいは駈歩時でも、ウマの肩、尻、足のどんな場所も自身の臀部によってすぐに圧迫できる。片方の臀筋の外側の端で力を込めると、ウマは手前を変換する。丸い臀筋の四分の一を内転筋で持ち上げると、ウマはいつもより三センチ近く高くジャンプできて、コースで最も難しい障害物を飛び越える。四分の一を下げると、ウマはより速く回転する。

負の強化を利用して振る舞いを修正

何かに取り組ませることはウマに対する別の形の圧迫《プレッシャー》であり、それは休息によって解放される。取り組みと休息を交互に行うのは、問題を解決するために負の強化を穏やかに使う方法だ。たとえば、騎乗時にあなたのウマが時々ウサギのように両後肢で飛び跳ねたり、四肢で跳ねたりしてしまうとしよう。もしあなたがロデオ競技のブロンクライディングが得意分野でなければ、この振る舞いの修正は調教師に依頼するほうがいい。だが、もし対処する技能があるのなら、この癖が出たらウマを止めたり減速させたりしてはならない。その代わりに、あなたの「わんぱく小僧」に次のことに取り組ませよう。

ウマが後肢で蹴り上げたり、四肢で跳ねたりしたら勢いよく前進させて、跳ねまわらずに滑らかに前に進めるようになるまで高速でしっかり速歩させよう。その後、常歩させることでプレッシャーを解放する。続いて、最初の動作に戻ろう。そしてウマがまた蹴ったり跳ねたりしたら、より激しい勢いで前進させる。あなたはウマを疲れさせたり、罰を与えようとしたりしているわけではない。蹴ったり跳ねたりをやめたら、正しい取り組みによってプレッシャーからすぐに解放されることをウマに教えているのだ。

負の強化は、より深刻な問題でも効果を発揮する。〈シャドー〉は美しいクォーターホース種の牝馬で、体はほぼ栃栗毛色、顔には長い白斑があって、優しい目をしている。依頼主からハンター競技用のウマを探すよう頼まれていた私が出会った当時のシャドーは、レイニング競技用に調教されたウマだった。シャドーは飛越の経験がないし、それどころかブリティッシュサドルをつけたことすらなかったが、動きは申し分ないし、穏やかで、賢くて、適切な価格で、六歳で、健康で、この地域の生まれだった。私は何度か騎乗し、調馬索をつけた状態で試しに障害物を飛び越えさせてみた。すると、シャドーは小さな膝をしっかりと曲げて、背中を完璧な弧に丸めて飛んだのだった。

シャドーを引き取ったあと、彼女が過酷な調教を受けてきたことが次第に明らかになっていった。拍車を強く当てられることを当然だと思っているようだったし、レイニングの規定演技パターンをいくつか厳しく仕込まれたようで、寝ている最中にその動きをするほどだった。シャドーは駈歩したくないときは主に、後退で走るという回避行動を取った。そう、本当に「走る」のだ。獣医によると跛行《はこう》、つまり歩行障害の症状はないとのことだったので、シャドーが駈歩したがらないのは身体的な問題ではなかった。そもそも、後退している彼女は、とっても元気そうなのだ！

普通なら、これはさほど克服が難しい問題ではない。だが、シャドーがレイニング競技用に調教されていた当時に学んだ後退で進む合図は、「騎乗者の体重を前方に移動する」「拳、腕、上半身を前方に動かす」「ウマの口とのコンタクトを減らす」「脚で圧迫する」という、通常私たちがウマを前進させるためのものだったのだ。つまり、このウマにこうした扶助を使えば使うほど、彼女はより速く後退する。さらに拍車や鞭を加えたときの後退で走る速さは、歴史あるレースのベルモントステークスで後退で走って優勝できるほどだった！　この技は困ったものではあるものの、称賛に価すると言わざるをえなかった。

シャドーの問題ある行動は、次の四つの調教手法の組み合わせによって変化した。

- 「新たに関わる人々は決して手荒いことはしてこない」という信頼感をシャドーに根づかせるよう促す
- どんな種類の後退も練習させずに、後ろ向きに進むことを忘れさせるよう努める
- 負の強化の手法を根気強く利用する
- そういった負の強化を行うごとに、プレッシャーからの解放以上の褒美を与える

駈歩発進の指示でシャドーのギアがバックに入ってしまうたびに、私は自身を自然な姿勢に保ちながら、彼女を鞭でリズムよく叩いた。これは、痛みをともなう叩き方ではない。圧迫するよりも音を立てることを目的として、ウマの後躯を約一秒おきに叩くものだ。シャドーが後ろ向きに走るのをやめるまで、私は同じリズムと強さで鞭を入れ続けた。彼女が停止したら、すぐさま叩くのをやめた。そして、彼女の体をなでて褒め、しばらく休息を与えたのちに、再び常歩で前進してから駈歩発進を指示した。

ハンター競技向けの調教において、シャドーはほかの項目ではすべて「A判定」だったが、このたったひとつの問題行動を忘れさせるために半年かかった。彼女の学習解除パターンは、典型的なものだった。最初の頃は「この技はこれまでずっと効果があったから、回数を増やせば、ここでも目的を達成できる」と言うかのごとく、回避行動が増えた。次に、この行動を示すことは断続的になり、後退する距離も短くなった。その次の段階では、まったく後退しないことも増えていった。確実な進歩だ！ その後も、「後退は、たしか効果があったわ。今でもあるかしら？」と私を試すことがたまにあったが、そのたびに私は「ない」と答えた。やがてシャドーは、普段騎乗している人々を試すのはやめるようになったが、それでも新規の乗り手を試すことはあった。これは人間でもウマでも、強く根づいている問題行動を忘れさせようとするときによく見られる学習解除パターンだ。

そうしてついに、後ろ向きに走るというシャドーの回避行動は完全に修正された。今日のシャドーは行儀よく振る舞う、落ち着いたウマだ。騎乗する持ち主にも協力的なため、持ち主も満足している。シャドーと持ち主はハンター競技部門に参戦していて、シャドーはハントコースに出るといつだって熱心に駈歩して飛越する。この牝馬にとって、負の強化はまたとない方法だった。

負の強化のマイナス面

多くの事例で効果を発揮しているにもかかわらず、負の強化には問題点もある。そのひとつは「すぐに対応しなければならない」ことだ。初心者の大半は、自分の動きとウマの動きを即時に合わせることに苦心する。初めて速歩から駈歩への転換に挑戦したときのことを、思い出してみよう。速歩中のあなたの体は骨がきしむほど大きく揺れていて、そのせいで歯は取れそうなほどガタガタ震えているし、筋肉は風にはためくように震えていて使い物にならない。ちょうどそのとき、「では左脚で軽く力を込めて。腹帯のすぐ後ろあたりに」と指導員に指示される。そんなこと、すぐにできるわけがない。こういった場面では、乗り手の多くは自分の脚がまだ胴体にちゃんとついているのかさえよくわからなくなっているのだ。

二つ目は、「負の強化の圧迫《プレッシャー》と解放のタイミングを計りながら、ウマと動きを合わせるのはさらに難しい」点だ。長期増強が最大の効果を発揮する時間は短いため、タイミングを正確に合わせることが鍵となる。たとえば、あなたはウマに斜め横足を教えようとしているとする。これはウマが頭から尾までまっすぐな状態を保ちながら、乗り手の脚による圧迫を避けるために斜めに移動する動作だ。これを教えるためには、ウマの内側の後肢の遊脚期の間に、あなたの内側の脚で圧迫する。「遊脚期」とはウマが地面から肢を持ち上げて戻すまでの、ほんの一瞬の時間だ。つまり、遊脚期が始まったら

11-1 負の強化を利用して斜め横足を教えるためには、乗り手は脚での圧迫と解放を0.5秒以下で行わなければならない。

あなたは腹帯の後ろを圧迫し、ウマが内側の後肢を斜めに動かすことで反応したら、遊脚期が終わる瞬間に圧迫を解放する（図11－1）。ちなみに、中間速歩での遊脚期は〇・五秒以下だ。[3] そんなわずかなタイミングに合わさなければならないのだ！

　三つ目の問題は「意図的ではない予想外の強化」だ。飛ぶように襲歩《しゅうほ》しているあなたは、大きな円を描くために左の手綱でウマの首に軽く触れる。おっと！　あなたの「軽く触れる」が強すぎたためにウマは（あなたがうっかり要求したとおり）急旋回し、あなたはひとり地面の上に取り残されるはめになった。そして、落馬したことでウマへのプレッシャーがすべてなくなってしまい、それはウマにとって非常に大きな教えとなる。もし、ウマが話せるなら「そうだったのか！　彼女は僕に大急ぎで体の下から抜け出してほしかったんだ。だって、そうしたらすぐに圧迫を解放してくれたじゃないか。だから、次回もそうしなきゃ」と言ったことだろう。

乗り手としての技能を高めれば、こうした意図せぬ強化を減らすことができる。かかとに体重をかけ、上半身をまっすぐにし、腕と拳の力を抜き、臀部をウマに合わせて動かすという乗り方ができれば、はっきりした指示をウマに出せる。レッスンのたびにこうした指示を一貫して何度も何度も繰り返し出して、ウマに会得させる（そうすれば、人間の医療費も節約できる！）。

四つ目、しかもおそらく最も重要だと思われる点は、「負の強化はウマに従って反応することを教えるが、ウマとウマを扱う人の間に強い信頼関係を築くものではない」ということだ。負の強化によって、ウマは人間の合図を探し、認識し、活用できるようになる。それらは、みな重要な能力だ。だが、負の強化はあなたがウマの味方であることをウマに教えるという、追加的な効果をもたらさない。その教えこそが、ウマと人間のチームにとっては状況が一変するほど大きな意味があるものなのだ。

解　放

神経系の疲労によってウマは常に込められた力を知覚し続けられないことは、前に述べた。乗り手が圧迫してウマが反応したのに力を抜かなければ、負の強化は正しく行われなかったことになる。この誤りは、実に多い。野外でも、外乗でも、馬場においても、ウマは常に圧迫し続けられることにはうまく対応できない。その結果、人間を満足させることをやめるウマもいる。イライラしすぎて実技をこなせないウマもいる。あるいは、後肢で蹴り上げたり立ったり、硬直したり、逃げだしたりといった形で感情を露わにするウマも多いし、争うウマも少なくない。圧迫《プレッシャー》の解放は、負の強化で最も重要な部分だ。

解放は引き馬からルバードにいたる、どんなウマの調教にも効果がある。ハミへの作用を「弱い」から「しっかり引く」にするというような扶助を長く続ける行為は、学習を妨げたり、ウマを怒らせるか怖がらせたり、人間の力をウマの力と競わせたりすることになる。あなたがどんなに力持ちでも、○・五トンの馬と引っ張り合いをして勝てるわけがない。それどころか、ウマのほうは「硬い口」になったり、首の上側のほうが太くなったり、不機嫌な態度を取るようになる。そして、あなたは腕がひどく痛くなるはずだ。

ひたすら同じ刺激を与え続けることを避けるために、第七章で紹介した、ウマが正しく反応したら解放する一連の触れ方を試してみてほしい（137ページ）。先ほどのシートベルト警告音について、再び考えてみよう。乗っている人にシートベルトを締めさせるために、常に鳴り続ける必要はない。耳を不快にするには、締めていないときに鳴って締めたら鳴り止むことを繰り返すほうが効果的だ。あなたの合図をウマにわかりやすくするために、ほかの扶助も取り入れよう。たとえば、ウマを減速させたいときは次のような合図が考えられる。

- 体の重心を下げる
- 肘を曲げる
- 脚を柔らかくする
- 肩を開く
- もう少しゆっくり軽速歩する
- 騎座での動きを減らす
- 上半身の姿勢をよりまっすぐ垂直にする

必要であれば、ウマが学習しているときに声でも指示しよう。そのうち、必要としなくなるはずだ。こういった合図がどれもうまくいかない場合に限り、繰り返しハミを使用する。

罰

乗り手のなかには「圧迫《プレッシャー》」と罰を同じものだと考える人がいるが、それは間違いだ。負の強化のための圧迫は、ウマにとって最初は腹立たしかったり逃避したくなったりするものかもしれないが、それは決して苦痛を与えたり痛めつけたりするためのものではないし、そうなってはならない。また、「扶助」と罰を同じものと考える人も多い。だが、それも正しくない。ウマの行動を修正するということは、よりよく反応する方法をウマに示しているにすぎない。

体がチョコレート色で、たてがみと尾が亜麻色のロッキーマウンテンホース種の〈チリ〉は、一〇年もの間、決して常歩から駈歩発進せず、一貫して速歩から駈歩に入った。チリはついに、調教を受けることになった。依頼を受けた私は、駈歩を指示する前に自分の上半身とチリの体の前半分を持ち上げることで彼を修正した。さらに、体重を彼の後躯に移動させるために、駈歩発進の前に数歩扶助してやる方法でも修正した。もしチリが駈歩を指示されたにもかかわらず速歩に入ったら、私は停止させることで修正し、やり直した。こうしたいくつもの修正によって、チリは見る見るうちに駈歩発進を習得した。この過程で、罰は一切与えられていない。これはよちよち歩きを始めた人間の赤ちゃんの背中にそっと手を置いたり離したりして、進む方向を修正しているようなものだ。

たとえ虐待をともなわない教育手段として使うにしても、罰を与えることはウマの調教方法のなかで最も効果が低い。ここでの「罰」とは、ウマが不快に思うありとあらゆるものを指す。負の強化とは異なり、罰は望ましくない振る舞いをした「直後」に与えられる。これはあくまで事前に計画された調教であって、感情的な反応ではない。また、ウマに驚きを与えるものでなければならない。

著しい問題行動を取ったウマに対して、ほかのあらゆる調教方法がうまくいかなかったときに限り、虐待をともなわない罰をやむをえず与える場合もある。この著しい問題行動とは、普段はきちんとしているウマが常識を逸脱した振る舞いをした場合のことだ。調教されたウマが何の理由もなしに、急に向きを変えてあなたを一五メートル先まで蹴ったり、後ろから近寄ってきてあなたをはねたり、後肢で立ってあなたを叩いたり、あなたの腕を噛みちぎろうとしたりしたら、虐待をともなわない罰を与えなければならないだろう。だが、ここで助言をひとつ。そういったウマの九九パーセントは、罰を与えるよりも転地療養させるべきだ。

虐待をともなわない罰の問題点

罰は一時的な解決策にはなるかもしれないが、たとえ虐待をともなわない方法のものでも、特に頻繁に使われた場合長期的な問題を引き起こす。[4] 罰を受けることによって学習するのが通常の方法だった動物や子どもは、恐怖のあまり不安感を抱き、一生「戦うか逃げるかすくむか」反応状態が続くことが多い。その多くが、何かをしようという気力をすべて失っているという学習性無力感を抱いている。さらには、攻撃的、暴力的になる場合もある。罰を与えたことによるウマへの影響を調べた二〇一七年の研究によって、さらなる症状が判明した。そのなかには、「新しい行動を試すのを渋る」「学習能力の低下」「罰を与えた者に敵意を抱く」も含まれている。こうした状況では、誰だって学ぶことはできない。

最後に、「ウマが出血するほど拍車を当てる」「餌や水を与えず、ほかのウマとも接触させない」「杭に短くつなぐ」「何度も鞭や手で叩く」「ウマが疲れ果てるまで課題に取り組ませたり追いかけたりする」といった罰は明らかな虐待であり、決して許されるものではない。こうしたやり方は残酷というだけではなく、動物の学習能力をだめにしてしまうために非生産的でもある。これらは絶対に行われてはならない。

負の強化は、ウマが得られた結果で学習する方法のなかで最もよく使われているものだが、乗り手に極めて高度な調整能力、タイミング、乗馬の技術が必要とされる。負の強化によって、優れた兵士のように素早く反応する技をウマに身につけさせられる。一方、すばらしい実力を発揮して乗り手を喜ばせたいとか、自分を扱う人間と信頼の絆を強めたいとウマに思わせる効果はない。そういった効果を得るためには、報酬を用いる。次章では、ウマの脳が報酬によって学習する仕組みを掘り下げ、そこで得た知識を日々のウマとの関わりにどう活用すればいいかを解説する。ああ、シートベルトをちゃんと締めたら、警告音が鳴り止むのではなくて一口サイズのチーズケーキが天井から降ってくればいいのに！

12 報酬による調教

報酬は、ウマが得られた結果で学習する方法のなかで最も効果的だ。そう聞くと、みな満面に笑みを浮かべながらニンジン、ペパーミント、ウマ用クッキーを、一斉にウマに大量に与えだす。ちょっと落ち着いて……そんなに焦らないで！　「報酬による調教」はおやつを山のようにあげることではない。実際には最もうまくいくのは食べ物を使わないやり方だが、その場合でも工夫が必要だ。そのため、つながりをつくるために脳がどのように報酬を利用しているのかを理解しなければならない。そうして、そこで得たものをウマとの日々の取り組みで活用すれば、成功する機会をつくりだせる。

報酬による調教では、負の強化のときよりもウマの振る舞いをより注意深く観察しなければならない。あなたのウマがほんの小さなことを試してきても、それに気づいてあげなければならない。それがよい行いなら、褒めてあげられるように。不適切なタイミングや理由で報酬を与えてしまうと、悪い習性をうっかり教えてしまうことになる。それに、脳の働きは食べられる褒美をとりわけ誤用しがちだ。悪い行いと嬉しい結果が結びつけられたり、予期せぬ褒美の特別な力がごくありきたりのものにされて無駄なってしまったりすることは、あなたも避けたいはずだ（237ページの「食べ物を褒美として与えるのを減らす」を参照のこと)。

〈モンティ〉と新たに知りあった人が、仲よくなりたくてニンジンを手渡ししたとしよう。まさにそのとき、モンティは馬房の扉からのぞかせた頭を軽く上下に振っていた。パクリ、おいしい! すると、脳内で「頭を振る=ニンジン」という関連づけがなされた。そして気づいたときには、モンティはもう一度ご褒美を獲得しようとして、別の状況でも頭をより頻繁に、叩きつけるようにしてより強く上下に振るようになってしまった。

食べられる褒美は、電動のこぎりのようなものだ。どちらも威力は大きいが、自分が何をしているのかを使っている人が把握していなければ危険だ。一度や二度使うだけで、ウマは新しい振る舞いができるようになるかもしれない。もし、それがあなたの求める振る舞いであれば、この褒美の関連づけの力はすばらしいと思えるだろう。だが、ウマが重さ五〇キロ近い頭を人間のそばで上下に振るというような、あなたが求めていなかった振る舞いなら、がっかりすることになる。[1]

化学的なつながり

前の二つの章では、活性化された神経回路網の仕組みについて簡単に触れた。ここでは、もう少し詳しく説明しなければならない。哺乳類の大半は、関連づけと得られた結果によって学習する。その能力は種によって大きく異なり、ウマはその優れた脳機能によってほぼ最高レベルに属している。

基本的には、ひとつの神経回路網はひとつの行動に対応している。ウマの単純な行動のひとつである、頭を上下に振る動作を例に見てみよう。脳は頭をわずかに上げて、次に首を下に伸ばしながら頭の重さを下に移動させる動きを制御している。この行動を起こすために、ある神経細胞の集まりが電気信号を発火する。この回路が発火するたびに、頭が上下に振られる。

次に、この神経回路網によって発火された電気信号は、外部の出来事と結びつく。そうなるには、タイミングが極めて重要だ。前に説明したとおり、電気インパルスを送ったばかりの神経細胞の発火能力は、しばらくの間、高いままだ。関連づけを起こすためのエンジンは、準備万端だ。最初の活性化と高い能力が保たれたその後の状態の間は、どんな外部の出来事もその回路網と関連づけることができる。頭を上下に振るための回路網の発火能力がまだ高い状態でニンジンが差し出されたら、ウマはこの二つを結びつける。長期増強は、ウマの調教におけるフェラーリだ。だが、効果的な調教を行うためには、バックファイアを起こさずにエンジンを吹かす方法を学ばなければならない。

この過程に、生理学の要素をもうひとつだけ加えよう。神経回路網が新しい出来事と関連して発火すると、脳で生成された化学物質が分泌されて結びつきを強化する。これらの物質のなかには二つの関連づけられた回路網の小さな隙間に注入されるものもあれば、そうした化学物質を受け入れるためにつくられた脳細胞の集合内にたまる。こうした化学物質は、いわば接着剤の役目をしている（図12−1）。

そうして、ある行動（頭を上下に振る）に対応している神経細胞は、報酬（ニンジン）に対応する別の神経細胞が発火すると同じく発火する。そして魔法のように、この二つの回路網の一対の活性化はつながりを生む。脳内で生成された化学物質がこの新たな結びつきを糊で固めて、長期にわたって

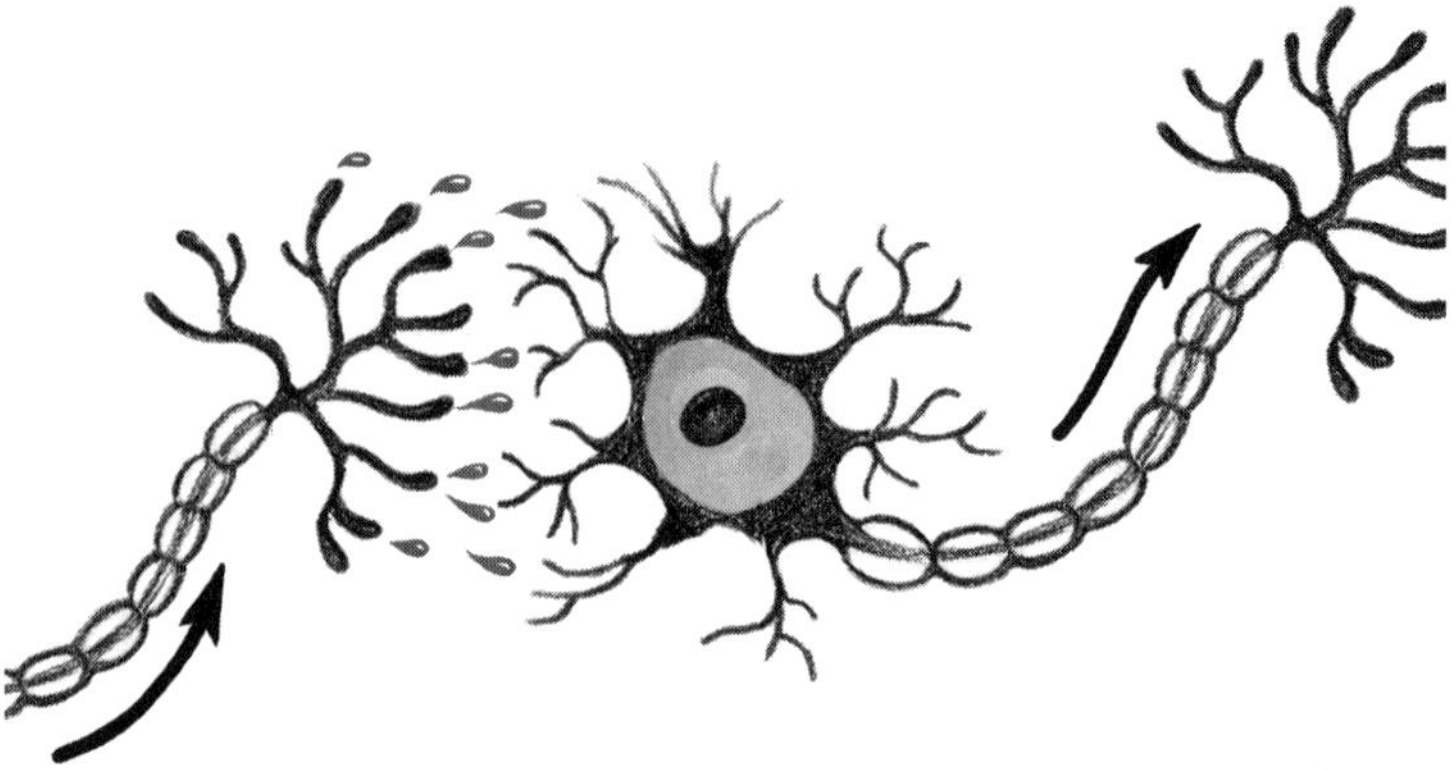

12-1 化学的な結合を行っている神経細胞。人間やウマにおける神経細胞の活性化は電気的な面もあれば化学的な面もある。

堅固なものにする。ピストンを動かすスパーク（火花）と同じくらい現実のものである物理的なつながりによって、「頭を上下に振る」ことと「ニンジン」は今や同じものとみなされるようになった。

ドーパミンの放出

報酬をこれほど強力にする接着剤は、ドーパミンだ。ドーパミンは脳でつくられる天然の化学物質で、私たちに快感をもたらす。空腹時に食べる、喉が渇いているときに水を飲む、セックスの快楽、完璧なコード進行の曲を聞いたときに鳥肌が立つ、といった満足感は、それらと関連づけられたドーパミンの分泌によって得られるものだ。[2]

人間においては、ドーパミンは薬物やアルコールの摂取を通じて何度も快楽を得ようとする中毒の原因となる。その効果はあまりに強烈なため、多くの人は健康が損なわれることがわかっていてもドーパミンを放出させようとする。実験用のネズミは飲み水を拒否し、発情期の交尾の相手を無視し、生まれたばかりの子どもを放置し、空腹で死にそうになってでもドーパミンの刺激を与えてくれるレバーを押し続けようとする。[3]それほど強い物質なのだ！

負の強化による調教よりも、報酬による調教のほうがずっと多くのドーパミンを放出させる。つまり、後者による調教は実際にウマにとってより楽しく、その脳にとってより影響力が大きいというわけだ。長期増強にドーパミンを加えたら、とてつもない学習効果が得られる。哺乳類はそうして学んだことを簡単には忘れないため、間違わずに正しい関連づけを行うようくれぐれも注意しよう。

人間における関連づけによる学習

人間も、神経回路網の長期増強に合わせたタイミングで与えられる報酬によって学習する。だが、人間の精神は学習の上に何層もの変更を加えていく。私たちは文化的な尺度、社会的規範、一般常識、自身の希望、家族の期待、過去の経験、手続き記憶、知覚のフィルター、倫理と価値観、認知制御、注目、周囲からの圧力、天気、さまざまな感情の影響力といったものによって、身動きが取れなくなっている。まあ、天気というのはそれほどでもないかもしれないが、私が言わんとしていることは伝わったのではないだろうか。つまり、私たち人間の頭のなかではさまざまなものが混ざりあっていて、報酬の当然なる効力がそれらによってかき消されてしまうことが多い。だが、私たちの四本足の友人であるウマにおいては、そうならない。彼らの学習は、私たちのものよりずっと純粋なのだ。

成熟した人間の大人は、報酬への欲求よりも自身が律するという意志によって突き動かされるほうが多い。私たちは自分の運命、成功または失敗に対する責任を自身の手に委ねたいと思っている。たとえ自分が采配を振れる自由が限られていたとしても、人間の脳にとってはそうした自由があると信じることが動機づけになる。ウマは自身が取った行動が砂糖への欲求を利用して仕向けられたものであっても、一向に気にならない。だが、人間にとっては見過ごせない問題だ。また、過剰な褒め言葉は、とりわけ平凡な能力に対してや簡単な作業ができたときに使うと逆効果になる。たとえば、褒めすぎられてきた乗り手は小さな失敗で落ちこんで、やる気を失ってしまうことが多い。あまりに多くの外的報酬を与えてしまうと、満足を自ら達成する責任感をその人から奪ってしまうことになる。[4]

過剰な報酬は、ウマにとっても逆効果になるときがある。ある振る舞いに対する初めての報酬が、最も威力が大きい。[5]なぜなら、ドーパミンの放出をよりいっそう高める「驚き」という要素が加わっているからだ。[6]そして、報酬は頻繁に与えられると、その振る舞いを身につけさせる効力が低下する。というのも、報酬を過剰に与えると驚きが小さくなって、放出されるドーパミンの量が減ってしまうからだ。やがて、効果的な報酬の神経による効力は失われてしまう。要は、報酬はウマが学習したから与えるものであって、ウマだからという理由だけで与えるものではないということだ。この線引きを、きちんとしなければならない。

あなたのウマが新しく覚えた動作を強化しなければならないときや、複雑な動きをようやくこなせたときには、ウマの興味を維持するために報酬を与えよう。この「複雑」のレベルはウマによって異なる。それは与えられた状況において、その時点でウマにとって行うのが難しいことだ。ウマが学習するにつれて、要求するレベルを上げていこう。たとえば、最初は二歩後退したら報酬を与える。だが学習が進んだら、同じ報酬を得るためにはより滑らかな動きでよりまっすぐに、あるいはより綺麗な円を描きながら二〇歩後退しなければならない、というように。

食べ物を褒美として与えるのを減らす

ウマにとって食べられる報酬である「ご褒美のおやつ」は、高級クリスタルグラスに入ったクリームブリュレのようなものだ。それはよい振る舞いであろうと悪い振る舞いであろうと、瞬時に関連づけられる。ウマが人間から強く求められていた普通ではあまり見られない行動を取ることができ、しかもそれが複雑な、またはウマの習性に逆らった、あるいは以前は非常に嫌がっていた動きだったら、ご褒美のおやつを与えられるべきだ。そのほかの場合は、食べ物以外の報酬を使うこと。食べ物の報酬は、誤って悪い振る舞いを強化してしまう恐れがあまりに大きいからだ。褒美がおいしければおいしいほど、学習した関連づけはよりいっそう強力になる。効果的な調教を行うためには、その力を慎重に利用しなければならない。

ご褒美のおやつには、ほかにも問題点がある。ウマは常にもっと欲しがるのだ。ウマはおいしいおやつをもう一口もらおうとして、当然のようにあなたの腕を口で触ってねだってくるだろう。口で触れられるのはちっとも嫌ではないが、おいしくて貴重な物を前にしたウマの行動は、急激に度を超えたものになる。おいしい褒美をもらったウマの大半は、よりいっそう「口で主張」するようになって、人間との距離感をますます尊重しなくなる。やがて、あなたを軽くつついていたのが押し倒すまでになり、舌でつんつんしていたのが皮膚を噛みちぎらんばかりになり、一口大のニンジンで大喜びしていたのがニンジンケーキを要求するまでになるだろう。ウマは、自分があなたを負傷させてしまう恐れがあることをわかっていない。そんなことよりも、おやつが出てくる機械をただ動かしたいだけなのだ。

食べ物以外の報酬とは

褒美は何かとても特別なものであるべきだ、と思っている人は多い。しかも、私たちのウエストとウマの調教にとっては残念なことに、アメリカ人の大半は褒美としておいしくつまめる食べ物を好む。だが実際には、報酬は与える相手が好むものであれば、食べ物である必要はないのだ。次に挙げるのは、大半のウマが喜ぶものだ。

- 休息
- よく知っている場所
- 静かな環境
- ウマ仲間
- 見慣れた人々
- 穏やかな声

- 優しい扱い
- 柔らかい手
- 明確な指示
- 首、肩をなでられる
- うなじ、き甲をかいてくれる
- 筋肉マッサージ
- 落ち着かせてくれる言葉
- 一貫性
- 一連の決められた方法
- 遊ぶ機会
- 遅い歩法への変換
- 緩めた手綱
- 状況に即した褒め言葉
- (繰り返しになるが) 優しい扱い

ほかにもあなたのウマが独自に好きなものがあれば、このリストに加えよう。次に、あなたのウマの好みと、あなたが適時に与えられるのはどの報酬かに基づいて、優先順位をつける。たとえば、たいていのウマは軽く叩いてもらうよりも、き甲をかいてもらったり首をなでてもらったりするほうを好む。ウマの首をなでてやると、ウマの心拍数も、それにあなたの心拍数も下がる。[7] しかも、報酬として与えるのが簡単だ。ウマがよい振る舞いをした次の瞬間に、両方の手綱を握ったまま拳の手の甲側で行える。これは襲歩時に褒めたいけれど落馬してうつぶせに倒れたくないときに、優れた効力を発揮する手段だ。

　褒め言葉も自身の姿勢を変えずに与えられるので、騎乗中に役に立つ。「よくやった」という言葉は自分を褒めているものだとウマが学習できるよう、最初はウマがすでに知っている報酬と組み合わせよう。その後は、言葉だけでも褒めていることが伝わるはずだ。ただし、褒め言葉を「動きを遅くする」ことと関連づけてしまうという、よくある間違いを犯さないよう気をつけてほしい。あなたも、繋駕速歩《けいがそくほ》競走用のウマが「その調子！」と言われるたびにブレーキをかけてしまうような事態は避けたいはずだ。

　食べ物以外の報酬は、あなたのウマを可愛がって満足させるためや、心地よさを与えたり褒める気持ちを伝えたりする、あるいは学習を補助するために役立つ。しかもさらにいいのは、ご褒美のおやつがもたらすような問題が起きないことだ。私たちが動物においしいものを与えるのは、ただ「『自分』が気分よくなりたいから」という場合が多い。だが、あなたの愛情をウマに示す方法は、数えきれないほどたくさんある。き甲の数センチ前にある、うなじの「気持ちがいいツボ」を五分間かいてあげよう。ウマは喜んで、その場所を教えてくれるはずだ！　ウマが怖い思いをしたら、なだめて安心させてあげよう。そのほうが、食べ物をもらうよりずっといいはずだ。怪我をしたら、優しく傷を手当してあげよう。軽い散歩をするか、ウマ友達に会いに連れていってあげよう。丹念に筋肉マッサージ

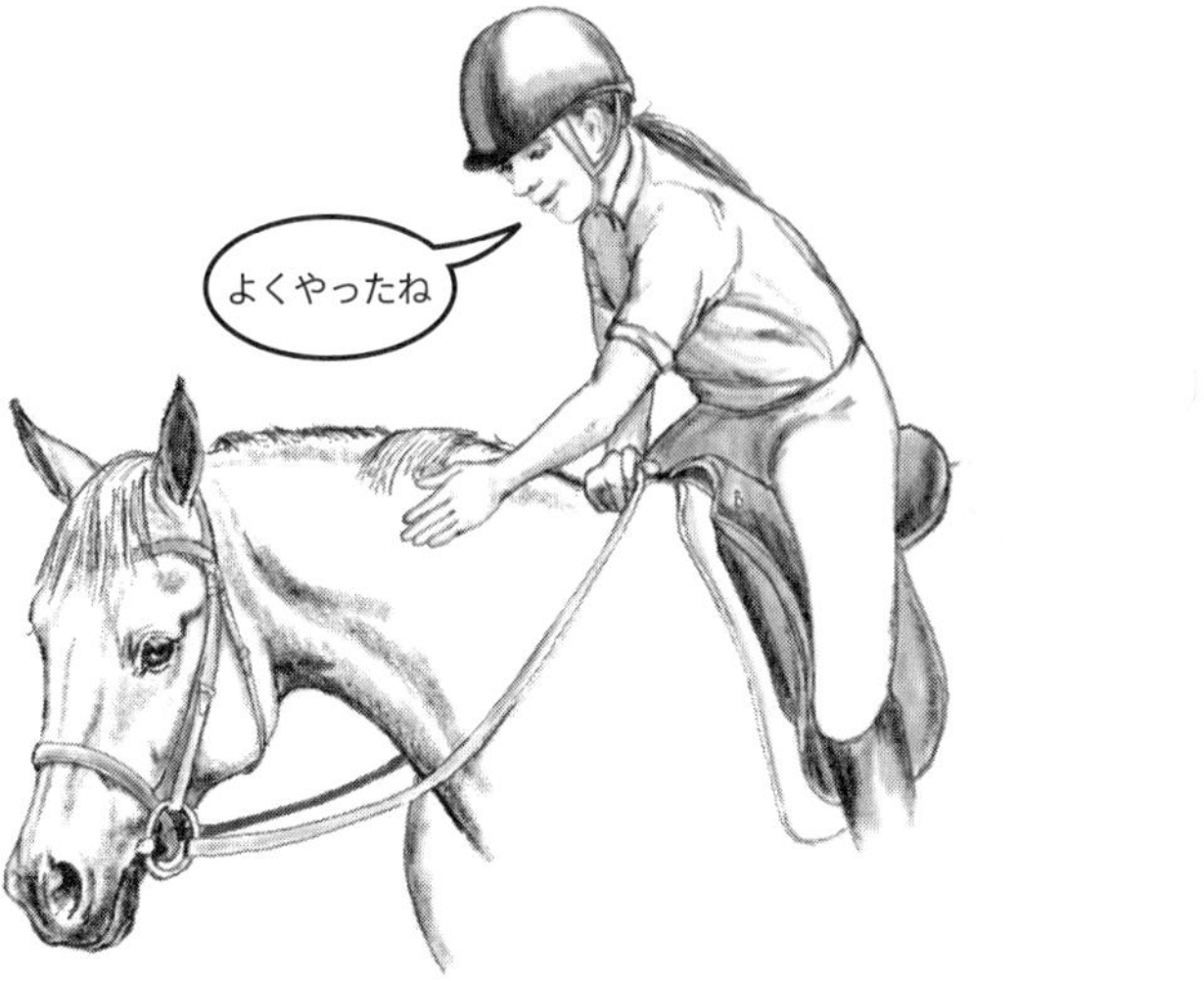

12-2 食べ物以外の報酬を活用しよう。ゆったりとした歩法にする、手綱を緩める、手でなでる、褒め言葉をかけることを組み合わせると、大きな効果が得られる。

をしてあげよう。食べ物の褒美はウマの関心を一瞬得られるかもしれないが、食べ物以外の報酬は長期にわたる信頼の絆を築く（図12－2）。

タイミング

哺乳類は、報酬をその直前に起きたどんなことと でも関連づける。私たちはウマの振る舞いに大きな期待を抱いているし、ウマと人間のチームとして何かに取り組んでいるときのウマは通常機敏で活発だ。そんなときのウマは、いくつもの行動を矢継ぎ早に取る可能性が高い。そのため、ウマが求められていた振る舞いに成功したら、二、三秒以内に報酬を与えなければならない。さもなければ、そのあとに取られた強化したくない行動に対して褒美を与えてしまう恐れが出てくる。もし、ウマが求められていた行動を取ったことにあなたがなかなか気づけなかったら、もはや手遅れだ。その火花は、ピストンを動かせずに終わってしまった。

調教の時間で最も学習効果が根づきやすい瞬間（私はそれを「効果的な瞬間」と呼んでいる）は、走らせていたウマをクールダウンするためにのんびり走らせる、あなたがウマから降りる、あるいはウマを馬房か放牧地に連れ戻す直前だ。なぜだろうか？　それは、こうした報酬は、ウマに大きな安心感をもたらすからだ。この「効果的な瞬間」を上手に活用しよう。ウマが完璧な遅い駈歩に成功したら、調教をそこで終えてクールダウンのためにのんびり走らせよう。すると、ウマは再びのんびり走ってクールダウンする時間が得られることを期待して、次回も同じくらい完璧な遅い駈歩をしようとするだろう。ウマが後退を嫌がるなら、あなたが下りる直前に一、二歩だけ後退させよう。すると、あなたが彼から降りることが、その動作に対する最高の報酬となる。あなたがウマの綱を引いて歩いているときに彼が先に進んでしまったら、馬房の扉の前でウマを止め、しばらく待たせ、そのあとで馬房に入れよう。この場合、彼にとって馬房に入ることは、ノーベル賞をもらうくらい嬉しい報酬になるはずだ。あなたのウマが避けようとするどんな簡単な行動でも、「効果的な瞬間」中に少しだけやらせることができれば、大きな学習効果をもたらす。

残念ながら、「効果的な瞬間」中に好ましくない振る舞いにうっかり報酬を与えてしまった場合も、同じくらい大きな学習効果がもたらされてしまう。ウマが遅い駈歩を時速五〇キロ以下でやろうとせず、いらついたあなたが調教をやめてしまったら、あなたは必要以上の速度を出すことに対して報酬を与えてしまったことになる。ウマが踊るように歩きまわっているときにあなたが彼から降りてしまうと、あなたは安全でない振る舞いに報酬を与えてしまったことになる。同じく、ウマがあなたを急かせて慌てて馬房に入ろうとするのをそのままにしたら、あなたは「押すこと」は許される行為だと教えたことになるのだ。悪い行いに報酬を与えないために、あなたのウマがその時々でどんな振る舞いをしているのか、注意を怠らないようにしよう。

成功と報酬をほんの一瞬のタイミングで組み合わせるのは、あまりに難しすぎて不可能だと思うかもしれない。だが、訓練すれば上達するので、ベストを尽くせるよう挑戦してみよう。やがて、食べ物以外の報酬を与えての調教は、第二の天性になるだろう。最高レベルの調教師たちは、こうした報酬と調教の組み合わせを一日中ほぼ無意識に行うことができる。

報酬で調教するための基本原則

- 基本的には食べ物以外の報酬を活用する
- 長期増強の瞬間を捉える（217ページ）
- 求めていた振る舞いができたら、その最中か直後に報酬を与える
- 「効果的な瞬間」を上手に活用する
- 最も喜ばれる報酬は、最も難しい課題をこなせたときまで取っておく
- 無計画な報酬は与えない

グラウンドマナーと騎乗中の状態での行動

食べ物以外の報酬をタイミングよく与えることで、ウマは好ましい振る舞いを数多く学習する。グラウンドマナーも報酬で教えられるので、ウマは静かにじっと立つ、耳や下腹部の手入れを受け入れる、注射を受ける、それぞれの肢を持ち上げる、といったことを身につけることができる。グラウンドワークでは、無口頭絡《むくちとうらく》に力を込めることなく停止、曲がる、減速、加速、待て、後退を教えることができる。あなたに関心を向けさせることができれば、ウマは騎乗していないあなたのボディランゲージにかなりうまく反応する。グラウンドマナーはウマとウマに携わる人の怪我を減らし、ウマに人間のリーダーシップを尊重することを教え、緊急時の獣医や蹄鉄工の対応を受け入れやすくする。さらに、食べ物以外の報酬は、熊癖《ゆうへき》、ペーシング、馬房を蹴るといった遺伝的な悪癖を完全にやめさせることは無理でも、回数を減らせる場合もある。

また、基本的な特訓が必要な新米から、国際競技で好成績を収める精鋭にいたるどんなレベルでも、報酬は騎乗中の状態での学習においても効果がある。前にも取りあげた地上横木通過を例にしよう。ここでは、バーとバーは適切な間隔で並べられている。ハンター競技や障害飛越競技（ジャンピング）を目指すウマは、このバーの間をいきなり速歩では駆け抜けられない。彼らは、バーに触れてはならないと教えられてきたからだ。まずは、常歩中に練習させてみよう。自信を持ってできるようになったら、バーの間隔を速歩用にする。たとえバーにぶつかっても、速歩を続けさせて再度挑戦する。バーにひとつも触れずに速歩で駆け抜けられたら、すぐに褒め言葉をかけてなでてやり、のんびりとした常歩へと速度を落としてやる。一度に三つの報酬だ！　その後、芽を出しかけたハンター競技用のウマたちは、クロスバー障害や隙間のない障害物を飛び越える方法を、同じやり方で学習する。やがて、優れた才能があるウマなら、こうした報酬による学習によって高さ約一メートル八〇センチ、奥行き約二メートル五〇センチもの障害物も飛び越えられるようになる。

どんな方法でも、調教ではギアがニュートラルに入れられたような空回りの時期があることを、覚えておいてほしい。たとえば、あなたが与えた課題をウマがこなせなくても、自分が何を求められているのかをウマが理解していることが、あなたにははっきりわかるようなときだ。そんな場合は、何度でもひたすら取り組み続けよう。成功したら報酬を与えるが、失敗しても罰しないこと。取り組んでいる内容によっては、失敗は見て見ぬふりをし、騎乗での調教後に冷静に振り返って、求められていることをウマが学べるよう課題をさらに細かく分けてわかりやすくする方法を検討する必要がある。

一般化

ウマは報酬によって、一般化も学習できる。たとえば、あなたは馬場で、地上横木通過用に並べられたバーに触れないようにとウマに教えたとする。一般化ができないウマは、その指示された行動を取るべき動きよりも場所や時間と関連づけてしまうことがある。つまり、ウマは「黄色いバーには触れてはならない」「室内馬場のバーには触れてはならない」などと思いこんでしまうかもしれないのだ。一教えられたことはどんな場所のどんなバーにも当てはまることを、彼は学習しなければならない。一般化は中レベルの報酬を用いて、新しい行動をさまざまな場所で練習したり、異なる道具を使ったりすることで身につけさせることができる。

報酬は、必ずしも人間が直接与えるものばかりではない。多くのウマは自力で報酬を手に入れるために、馬房を抜け出すことを覚えてしまう。これは馬房の外に「糖蜜のような匂いがするおやつのかごがある」「いつも通っている、おいしいタンポポの葉が生えた放牧地へ行ける小道がある」「厩舎の通路の先に可愛い牝馬がいる」といった、ウマが欲する何かがあるからという報酬に動機づけられた振る舞いの延長であって、決して合理的な戦略によるものではない。しかも、危険な振る舞いでもある。馬房を抜け出して穀物入れをあさろうとしたり、春の放牧地へ飛び出していったりしたウマは、つまずいて怪我をしたり命を落としたりする恐れがある。

誘因は報酬ではない

類語辞典には反しているが、「誘因は報酬ではない」。報酬はよい行いの「あと」に与えられるものだが、誘因はよい行いの「前」に与えられるものだからだ。よくある例は、牧草地から帰りたがらないウマの前にニンジンを差しだしたり、穀類が入った缶を振ったりして誘うことだ。ウマは誘因である穀類をもらいにくるかもしれないが、その行動は誘因としか関連づけられていない。あなたが求めている行動が今日だけできればいいものなら、誘因は効果がある。だが、今後もあなたのほうに来ることを教えたいのであれば、誘因ではなく報酬を使うほうがいい。報酬はウマとウマに携わる人の間に信頼関係を築けるため、長期的な行動を学習させるにはより効果的だ。ウマが反応するべきなのは

二　あなたに対してであって、あなたが手にしているおいしそうなおとりの餌に対してではない。

消去

騎乗中、トレイル競技用のウマに長い草を食べることをうっかり許してしまった経験がある人は、一度覚えた振る舞いを忘れさせるのがとても難しいことをよくわかっている。学習した関連づけを取り除こうとする試みを「消去」という。一一章で取りあげた、後退して逃げるシャドーの振る舞いの例（220ページ）のとおり、消去の過程には問題の行動が再調教で消える前にいったん増加するという一定のパターンがある。このパターンを知らない人は「自分の再調教の方法は効果がなく、問題を悪化させてしまっている！」と思いこんでしまい、やり方を変えてしまう。そうではなく、最初の方法を続けて時が熟すのを待とう。

報酬を与えられたせいで身についてしまった問題行動の消去が、とりわけ難しいことには二つ理由がある。まず、問題行動の多くは、何千年にもわたる進化によって発達した本能的な活動に基づいている。たとえば、前掻きは行動を制限されたウマが退屈、空腹、あるいは喉が渇いているときに、ごく自然に行われるものだ。このウマに生まれながらの本能に従わないよう学習させようとするのは、とても難しいだろう。

二つ目の理由は、ウマは非常に望ましい結果で終わった調教のことはまず忘れないことだ。張り縄をつけられたウマが前掻きをしたとき、その直後によく起こることは何だろう？　持ち主がいら立って、ウマを馬房に入れてしまうことだ。これはウマにとっては、餌、水、休息、快適さ、仲間たち、という五本立ての報酬だ！　今後〈ミスター・エド〉が馬房へ早く帰りたくなったら、中国まで到達する勢いで地面を掘るだけでいいのだ。

報酬をうまく与えるためには、ウマが成功する機会をつくってやったあとに、彼の行動を注意深く観察することだ。だが、人間は自身の脳が抱いているバイアスに邪魔されてしまう。このことについては、次章で取りあげる。さて、次に新たに知りあった人があなたのウマにおやつをあげようとしてくれたときは、代わりにウマをなでてもらうよう頼んでみよう。そのほうがずっとウマのためになる行動だから。

13 よい振る舞いに気づく

〈ブッキー〉は人間との距離感を尊重することと、馬具をつけるときにじっと静かに立っていることをまだ学んでいる最中だ。臀部に理想的な白い斑点を散らした鹿毛のアパルーサ種のブッキーは、まだ三歳にもかかわらず競技会で優勝した大人のウマのような均整の取れた体つきをしていた。だが、子牛の進行方向を変えたり、橋をうまく渡ったり、ハンターコースの低い障害物を飛越したりできるようになるまでには、まだ学ばなければならないことが山ほどあった。

ブッキーの問題点のひとつは、馬勒《ばろく》をつけているときに自分の顔を人にこすりつけようとすることだった。それでも、彼女には教えなければならないもっと重要な項目がたくさんあったので、あまり騒ぎ立てたくなかった。少なくとも頭を下げてハミを受け入れているのだから！　というわけで、ブッキーが顔をこすりつけてくるたびに、私は優しく、しかしきっぱりと彼女の顔を押し返した。優れた調教とは悪い行いを罰しないことではあるが、その行いを続けることもよしとしない。何日かの間、私が左側から馬勒をつけていると、ブッキーがこちらを向いて顔をこすりつけようとしてくるので、私は彼女の顔を再び正面を向くよう押し返した。人間の脳は、ブッキーの問題行動に気づくようにできている。

そんなある日、ブッキーは馬勒をつけられている間、正面を向き続けた。これはつまり、彼女は「これがあなたの望んでいることよね?」と確認しているのだ。ブッキーはやってはいけないひとつのことを示されたが、その代わりとして一万もの別の動作からどれをすればいいのか自信がなかったのだ。だが、彼女が示している態度は「問題行動が存在していない」というものであるため、人間の脳は見落としやすい。それゆえ、私たちは確認されていることに気づかないので、このメスの子ウマに「そうそう!」というわかりやすい報酬を与えないのだ。

ブッキーの試みに気づけなかったのは単なる偶然だと思う人が大半かもしれないが、これは決して偶然ではない。人間の脳は何かが存在していることは自動的に感知するが、何かが欠如していることを感知するには時間、努力、注意を必要とする。脳が生まれながらに持つこうしたバイアスによって、私たちはウマのよい振る舞いに報酬を与える機会を逃してしまうのだ。

存在するものへの関心

人間の脳が存在するものを優遇するという特徴は、簡単な実験で証明できる。左のページに、ウマの頭がたくさん描かれた図が二つ掲載されている。でも、まだ見ないこと! 私が合図をしたら、まずは上の図13-1Aを見て、「前髪のある」ウマをできるだけ早く見つけてほしい。次に、下の図13-1Bを見て、今度は「前髪のない」ウマをできるだけ早く見つけてみよう。参考までに、各図の下

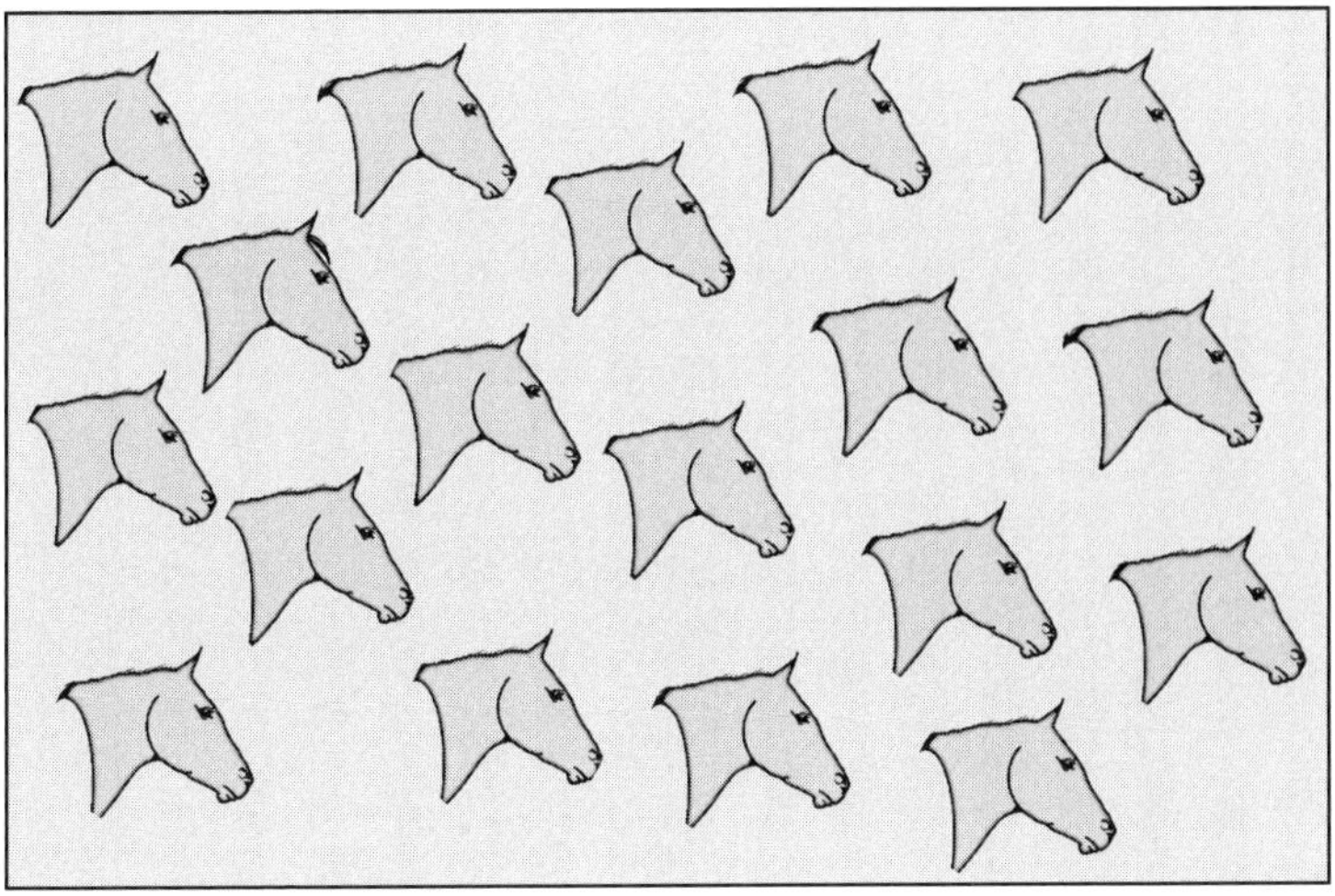

13-1A 「前髪のある」ウマをできるだけ早く探そう（雑誌エクウスより掲載）。

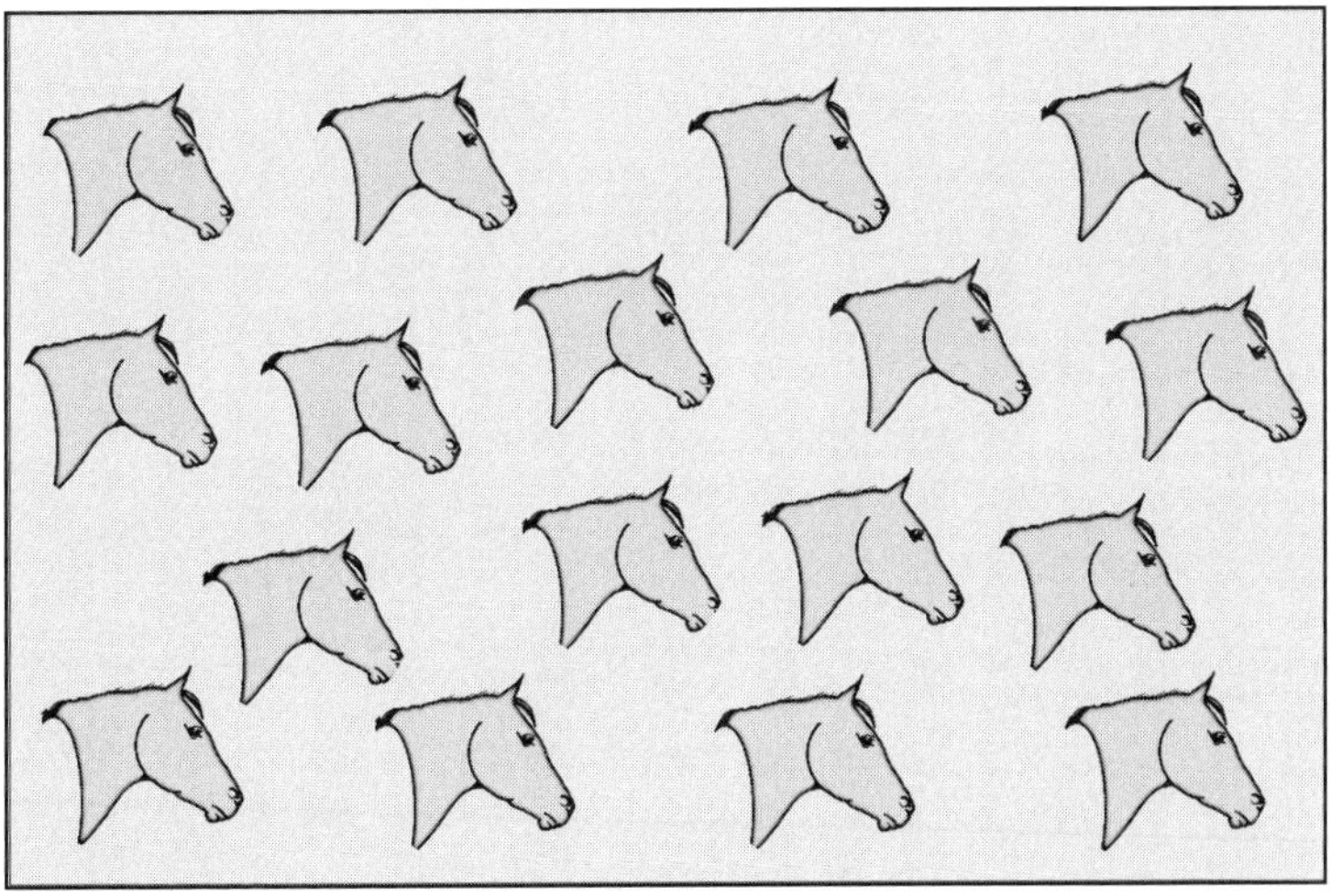

13-1B 「前髪のない」ウマをできるだけ早く探そう（雑誌エクウスより掲載）。

にもやり方が記載されている。では、挑戦してみてほしい。

脳は「何かが欠如していることを探すほうが、同じものが存在していることを探すよりも時間がかかる」ようにできている。それゆえ、たとえ見た目がほかと違って目立つはずなのにもかかわらず、私たちは前髪がないウマを探すことにより時間がかかる。より確実に証明するには、この章を読んでいない友人たちにこの二つの大量のウマの図を見せて、彼らが探す時間を計ってみればいい。

しかも、前髪のないウマを探すほうが難しくも感じる。図13－1Aよりも図13－1Bのほうが、より注意深く探さなければならなかったはずだ。こうした時間と労力の差が出るのは、欠如しているものを探すことは脳の仕組みに逆らっているからだ。存在しているものを探すのは自動的だ。何もしなくても、ひとつの前髪の存在はほかのたくさんのウマのなかから飛び出してくる。一方、欠如しているものを探すためには考える作業が必要になる。

こうした実験結果は極めて確固たるものであるため、大学生に脳科学の基礎と実験手法を教えるときに例として使われる。この実験結果は、新米の実験者のミスが大きく影響しないほど寛大なものでありながら、確実に統計学的に有意な影響をもたらせるという、実験を指導するどんな教授にとっても夢のようなものなのだ。心理的効果の大半はミリ秒単位で計れる高精度のミリ秒ストップウォッチが必要なほど差が少ないが、この実験では安い腕時計の秒針で計れるほど明確な差が出る。

存在するものが優遇される現象を意味する高尚な言い方は「視覚探索非対称性」だが、私はもっと気軽でわかりやすい「ポップアウト（飛び出す）」という呼び方のほうが好きだ。一九八〇年代に発見されたこのポップアウトは、どんな民族性、社会的背景、年齢層、収入、教育レベルにもかかわらず起きる現象だ。[1]　また、示されている物の数に関係なく継続して起きる。つまり、あなたが「前髪のあるウマ」（図13－1A）を見つけだす時間は、五〇個のウマの顔の絵のなかからであろうと五〇〇個のなかからであろうと変わらない。これは無意識に行われている自動的な処理なのだ。

その一方で、「前髪のないウマ」（図13－1B）を探すには注意を払わなければならない。図のなかのウマをひとつひとつ見ていって、それぞれの顔をさっと調べるのに時間をかけなければならないだろう。そうした手間がかかるため、図のなかのウマの数が増えるにつれて「前髪のないウマ」を探すにはより時間がかかるようになる。

要はこういうことだ。人間の脳はこの二種類の探索に対してそれぞれ異なる方法で処理を行い、しかも存在するものを探しやすいようバイアスがかかっている。そのため、私たちはウマが自身の行動が私たちの期待に沿ったものであるかどうかを確認するときに使う「問題行動が存在していない」態度を見逃さないよう、自らを鍛えなければならないのだ。ウマの生来の性向である「試して学習」を活用するためには、私たちがそれに気づいて応えられるように備えておかなければならない。

探索非対称性が生じる理由

私たちの脳は、なぜ存在しないものよりも存在しているものをこれほど重視するのだろうか？　考えうる答えとして最も信憑性が高い二つは進化と記憶だ。脳は長い年月のなかで進化していて、そのなかで生き残れる可能性が最も高かったのは、食糧を見つけられて危険を察知できる脳を持つ個体だった。低木の茂みに木の実がなっていないことを把握する速さは、進化上ほとんど役に立たなかった。私たちが生きていくために必要なのは、木の実があると知ることだ。同様に、捕食動物に追われて食べられてしまうウマの世界では、捕食動物の存在に気づくほうが、それがいないことを知るために神経を尖らせるよりもずっと重要だ。

進化上の根拠に加えて、何かの出来事が存在することは、ほかの活動に集中している脳にとって注意喚起になるという点もある。先ほどのブッキーの例に戻ろう。私たちがブッキーに馬勒をつけているのは、彼女に乗る準備のためだ。私たちはブッキーの手入れをして、馬具をつけて、次の約一時間で行うより難しい調教について検討することで手がいっぱいだ。もしこの幼いブッキーが今日顔をこすりつけてこなかったら、私たちは彼女にそういう問題があったことを思い出さない。この脳による偏りを克服するには、ウマがコミュニケーションを取ろうとしている様子をよく観察しなければならない。あなたの「調教レーダー」に「問題行動が存在していない」態度がひっかかるようになったら、それを察知して報酬を与える能力が大幅に向上するはずだ。よい振る舞いに気づけるようになろう！

問題行動が存在していない場合は注意を払わないという私たちの性向は、ウマのみならず、あらゆる知り合いとのコミュニケーションにおいて生じる。身近な家族は、よい振る舞いをしていたら私たちからほとんど何も言われず、間違ったことをしたらうんざりするほど怒られてしまう。このやり方を逆にすれば、コミュニケーションがより楽しいものになって前向きな行動が増え、もっといい関係が築けるはずだ。

ウマにもポップアウトが生じる?

人間とウマの脳がどちらも食糧を見つけて危険を察知するよう時間をかけて進化したのであれば、ウマにも探索非対称性が生じているのではないだろうか? その研究はまだ行われていないが、私はウマにも生じているという考えを支持したい。哺乳類の脳は生理学的によく似ているし、しかもどんな哺乳類にとっても知覚は極めて重要だ。ちなみに、人間の脳で自動的にポップアウトするのは、存在、色、形、動き、傾きといったものだ。

当然ながら、動きはウマの脳で自動的にポップアウトするはずだ。すでに取りあげたとおり、ウマの目は人間の目では捉えられない小さくて素早い動きを感知する能力が極めて高いので、ウマの脳がその情報を活用する能力が極めて高いと考えるのは理にかなっている。

何かが存在していることもウマにポップアウトしている可能性が高い。考えてみれば、物体が突然消えたことで怯えるウマは非常にまれだ! このことを頭に入れて自分自身の探索非対称性を覆して、ウマが怖い光景や音に「怯えていない」ときを観察して捉えよう。そして、その「問題行動が存在していない」態度を褒めてあげよう。

「してほしいこと」か「してほしくないこと」

ホースマンシップを身につけようとするうえで直面する最大の壁のひとつは、私たちが何を求めているかをウマが把握してないことだ。この事態は、私たちの大半がわかっている以上に頻繁に起きている。問題行動が存在していないことを捉える私たち自身の能力を研ぎ澄ませれば、ウマが混乱するのを抑えられる。ウマたちは人間の期待という手ごわい暗号を解読しようとしているのだから、力になってあげよう。

私たちは往々にして、相手にしてほしくない振る舞いについては伝えるが、してほしい振る舞いについては伝えることを怠ってしまう。実際、私たちがウマに言うのはこうだ。くねくねしちゃだめ、後肢を蹴り上げちゃだめ、ジグしちゃだめ、急に駆け出しちゃだめ、速くなりすぎちゃだめ、遅くなりすぎちゃだめ、あれもだめ、これもだめ、それもだめ。まるで壊れたレコードのようだ（レコードを知っている人が、今どきどれくらいいるかわからないが）。これではウマは励まされるどころか、いつも叱られている。

そのようにして伝えているため、ウマは私たちがしてほしくないことはすぐに学習する。「はい、誰かを乗せているときは後肢を蹴り上げないこと。了解！」というふうに。それに比べて、ウマ（またはイヌ、子ども、友人、配偶者）にとって、私たちが「してほしいこと」を把握するのがどれくらい難しいか想像してみてほしい。「してほしい」と思われることは限りなくあるのだ！　動物に対して自身が望んでいることを伝えるには、報酬を与えることも含めた非言語コミュニケーションを行わなければならない。

肯定的に教える

あなた自身がウマに何を望んでいるのかという観点から考えるようにしよう。「じっと立ってほしい、前進してほしい、常歩を続けてほしい、怖い物を落ち着いて観察してほしい、指示されたときは減速してほしい、私を信頼してほしい」というように。あなたの考え方を「してはいけない」から「してほしい」へと変えるのは、想像以上に難しい。だが、こうした物の見方をすると、報酬を与える機会が増える。突如として、ウマは自分がどれくらいうまくできたか、自分がどんなにいいウマか、人間の期待にちゃんと応えるのはどんなに簡単なことかを教えてもらえるのだ。あなたの姿勢が肯定的になればなるほど、ウマはリラックスして心地よく学習できる。それに、あなたもこれまでよりもいい気分になるはずだ！

成功の機会を増やす

あなたのウマに報酬を与える機会をつくるもうひとつの方法は、調教の課題をより小さなステップに分けることだ。人間はウマの脳には大きすぎる課題を出しがちだ。たとえば、人がウマに乗ったまま門扉を開けて通り抜け、今度は閉めるという動作をウマに教えるとする。このとき、ウマに近寄って「開けゴマ！」と叫べばいいというものではない。まず、停止してじっと立っていることを教える。次に、門扉のチェーンがガチャガチャ立てる音や、乗り手が掛け金に手を伸ばそうとして体を曲げるという動作をウマが受け入れるよう教えなければならない。それから、横に歩く方法、前肢を旋回、

13-2 ステップごとに学ぶ。どんな競技のウマにとっても、門扉を通り抜ける動作はとても効果的な頭の体操だ。

次に後肢を旋回、さらには、乗り手の片手が空くよう押し手綱でわずかに誘導されることを教える。そこでようやく、ウマは実際の門扉をくぐる一連の動作を学習する準備が整ったことになる（図13－2）。

課題を細かいステップに分けることの嬉しい副産物のひとつは、それぞれのステップが、ウマが何かに成功して、それによって報酬を手に入れるための新たな機会になっていることだ。門扉の例では、それまでひとつだった機会を八つに増やした。「いい子ね」という褒め言葉を八回も聞く機会があるウマが、前よりもやる気を出して学ぶようになるのは当然のことだろう。

ウマの「当てっこゲーム」

いくつもの振る舞いで何度も褒められたウマは報酬が欲しくて、あなたが何を望んでいるかを「当てっこ」しようとするときがある。前に紹介した、元競走馬のサラブレッドのコーリーを覚えているだろうか？　友人が室内馬場の表の壁に椅子を立てかけた音に、すっかり怯えてしまった例のウマだ。そんな彼が数年前に大きな手術を受けたとき、全身麻酔をかける一二時間前から何も食べさせないよう指示された。この力強い大きなウマは、蹄鉄なしの体高が一七・一ハンド（約一七四センチ）もあり、しかも驚くほど新陳代謝に優れていて食べても太らない体質だ。つまり、一二時間もの絶食後、コーリーはとにかく腹が減ってたまらなかった！

手術当日の朝、私が馬房に行くと、コーリーは食べ物がもらえるのではないかという希望を抱きながら、以前ご褒美をもらえた振る舞いのレパートリーを次から次へと披露してみせたのだった。前に述べたとおり、私は食べ物の報酬を与えることはめったにないので、コーリーが使える技はそうたくさんはなかったが、それでも頭のなかで一〇年前まで記憶をさかのぼったようだった。

まずは、大きな体でヨガの「ダウンドッグ・ストレッチ」（下向きのイヌのポーズ）のような体勢を取った。前肢を自身の体の前方にまっすぐ伸ばすと、鼻を膝の間に入れて、臀部を高く突き上げた。だが、何ももらえない。コーリーは私をじっと見つめると、同じ動作を繰り返した。今度は、肢がほぼ床と平行になるまで。そして、そのポーズを保ったまま、私の顔を見上げる。私は罪悪感に苛まれてきた。続いて彼は唇をポンポン鳴らし始めた。これは数年前、前掻きの拮抗条件づけで私が報酬を与えた代替動作だった。それでも、何ももらえない。コーリーは私の腕に触れると空の飼桶へ歩いていき、振り返って私を見る。そして、前の蹄《ひづめ》で飼桶に触れた。それでもだめだった。彼は頭を上げて馬房の扉の上から、通路の反対側に置かれた干し草の俵をじっと見た。そして、巨大な目が見つめる先を、干し草から私へと行ったり来たりさせた。だが、何をやってもだめだった。私はコーリーを褒めてなでてやったが、食べ物を与えると麻酔中に命を落とす恐れがあるので、絶対にだめだった。動物にも人間に近い感情が本当にあるのかと反論されるかもしれないが、それを承知のうえで言うと、コーリーは私の頭の鈍さにがっかりしていたようだった。

ウマとはコミュニケーションが成り立たないと言う人は、ウマと一緒に過ごしたことがほとんどないはずだ。ウマは私たちといつも何らかの形でやりとりをしようとしてくるが、それは人間同士のコミュニケーション方法とは異なるものもある。あなたのウマの「当てっこ」をよく観察しよう。もし彼がいろいろな動作を立て続けにあなたに披露するのなら、そのなかのどれがあなたの求めているものなのかを突き止めようとしているのかもしれない。もし偶然正解に辿りついたら、そう伝えよう！ 優しくなでるか、馬場に連れて帰ってあげることで、彼が成功したのだと教えてあげよう。

成功へのお膳立て

ウマと何かの取り組みを行うたびに、褒められるところを探そう。必要であれば、報酬を確実に与えられるよう、彼ができることを課題にしてあげよう。あなたの脳は存在していないものに対してバイアスがかかっているため、よくある問題行動でこの日ウマがやらなかったものを見つけられるよう、よりいっそう観察を怠らないこと。そのいつもの間違いを起こさなかったことに対して、報酬を与えよう。当然ながら、やらなかった時点から数秒以内に。「これがあなたの望んでいることかな？」という無言の質問に注意を払い、答えること。ほどなくして、あなたのウマは「問題行動が常に存在していない」という形の報酬をあなたに与えてくれるだろう。

ウマの行いを改善するもうひとつの方法は、悪い振る舞いへの誘惑を取り除いて、よい振る舞いをしたくなる誘いを増やすことだ。たとえば、張り縄をつけられた状態のあなたのウマの腹帯を強く締めて右側を調整すると、どういうわけかウマがいつも振り向いてあなたに噛みつこうとするとしよう。もしサドルパッドを怖がっているのであれば、彼が草や餌を食べているときに、牧草の上や馬用サプリメントの入れ物のそばにパッドを置いておこう。このようにウマにとっての誘惑をうまく利用するだけで、振る舞いを自然に修正できる場合もある。

拮抗条件づけ

乗馬に携わっている人の多くは、長期にわたる悪癖は罰か負の強化で調教してなくすしか方法はないと思っている。だが、実はそれ以外に報酬を利用する方法もあり、それは「拮抗条件づけ」と呼ばれている。ウマを観察して、どの振る舞いが悪癖によるものかを見極める。たとえば前掻き、唇をポンポン鳴らす、頭を振る、踏んでいる足を入れ替えるといった動作は、内面の緊張を表している場合が多い。このなかの動作でまだ完全に定着していないものは、時期が来れば最も消去しやすい。たとえば、前掻きの拮抗条件づけとしてこのなかのほかの振る舞いを代替行動にして、それを行ったら報酬を与える。心配しなくてもいい。前掻きが癖であるあなたのウマは、代替行動の唇をポンポン鳴らす動作を一生行うようにはならない。悪癖である前掻が消去されたら、代替行動に報酬を与えるのを止めるのだから。

好むと好まざるとにかかわらず、私たちは調教している

この数章を執筆中、私のオフィスに小鬼のゴブリンたちが現れては、背後でこんなふうに囁いているのが聞こえた。「わかった。でも、えーっと……僕は自分のウマを『調教』なんてしたくないんだ。ただ乗りたいんだよ！」。では、そういった意見に対する私の考えを述べたいと思う。ウマを所有している多くの人は楽しむために乗馬をしたいと思っていて、ウマに新しいことを教える必要性や意欲を抱いていない。また、競技向けのウマを所有している人の多くは、学習に関する部分はすべてプロの調教師に依頼している。どちらの場合についても、私はその気持ちを理解できるし、尊重もしている。

だが肝心なのは、ウマの脳は学習するようにできているという点なのだ。これはウマ生来の非常に優れた能力であり、簡単にやめられるものではない。ウマは人間のそばにいるときはいつも、関連づけをしたり、微妙な違いを把握しようとしたり、情報を集めようとしている。要は、ウマはまさに本当の意味で常に学習していて、それはつまり私たち人間は好むと好まざるとにかかわらず常にウマに教えているということだ。

あなたが自分のウマと何らかの関わりを持つたびに、あなたはよくも悪くも彼に何かを教えている。たまたまウマが音を立てて尾を振ったときにおやつを手渡してしまうと、あなたは彼を調教したことになる。前掻きをしたときに馬房に連れ戻してしまうと、あなたは「前掻き大好きウマ」になるよう教えているのだ。あるいは、いつもとは逆の脚で踏歩変換を指示してしまうと、ウマは混乱するだろ

う。依頼している調教師も、あなたに対して困惑するはずだ。あなたのウマに対するそれまでの取り組みを、あなたによって帳消しにされてしまったのだから。こうした例を挙げていくときりがない。

私たちはこの三つの章で、関連づけ、得られた結果、試すことによる学習について詳しく見てきた。これらのなかで、どんなウマ、状況、タイミングにおいても最も効果が高いといえるものはない。この三つを利用した調教方法はあなた、あなたのウマ、目下の課題にとって最も効果が出るように組み合わせて使うべきものだ。たいていの場合、ウマに何かを教える方法はいくつもある。つまり、あなたには選択肢があるのだ！

人によっては得意とする調教方法があり、その場合は通常それを使うのがいいだろう。同様に、気質や過去の経験の影響によって、特定の方法で学習することが得意なウマもいる。さらに、課題によっては、ある調教方法よりも別のほうが適している場合もある。それぞれの学習方法の仕組みを理解して、あなたのチームのニーズに沿ってうまく組み合わせよう。

ウマは、私たちにリーダーシップと教えを求めている。もし私たちがウマを導く責任を放棄してしまったら、彼らは人間社会のなかで安全策なしに生きていかなければならなくなる。ウマに必要なのは安心感と教育だ。つまり、私たちは自らの役目を果たさなければならないのだ。ウマは私たちに、友人や同列の仲間としての役割は求めていない。そういった存在は、彼らのウマの群れのなかに必ずいるからだ。ウマが私たちに望んでいるのは、たとえば観覧席でちょうど目の高さの位置に立っているリードにつながれていないイヌにどう対処すればいいかや、体の痛む箇所を獣医に診察してもらうときの方法を教えてくれる、面倒見のいいリーダーになってくれることだ。

ウマが学習する仕組みと、ウマをあなたに協力させる調教方法を理解すれば、あなたもウマが望ましい安全な行動を取れるよう導ける。これこそが、ウマと人間のチームで最も重要なことだ。

14 間接的な調教

私たちはみな、望んでいる振る舞いとウマが実際に行う振る舞いとが一致しないという岐路に立たされたことがある。たいていの場合ウマは協力的で、それどころか寛大なときさえある。だが、それでも「ノー」と言うときがある。そうして〇・五トンの動物に「ノー」と言われると、私たちは時にどうしていいかわからなくなる。私たちが強要すると、彼らは抵抗する。私たちが要求すると、彼らは拒否する。何だか一〇代の子どもを育てているようではないだろうか？　その二者がなぜ似ているのかについては理由があるが、それは人間とウマの脳の違いのなかに隠されている。

人間のちょうど目の上あたりに、前頭前野と呼ばれる脳細胞の集まりがある。この領域は、計画する、まとめる、評価するといった実行機能を担っている。それによって、私たちは現実的な目標を立てて、それを達成するための段階的な行動を計画することができる。実行機能がなければ、事前の計画、時間管理、意思決定、リスク判断を行うことは難しくなるだろう。しかも、集中力の持続時間は短くなり、新たな要求に応じて振る舞いを変えるのに苦労することになる。

一〇代の若者は前頭前野が未熟で、一方のウマには前頭前野がない。だが、悲観することはない。

子どもの脳は、二五歳頃までには成熟する（これは本当だ。人間の脳はその年齢までは十分に発達していないため、成熟した脳と同等の働きは期待できない）[1]。あなたのウマの脳では前方の領域で細胞が若干増えるが、そうしたわずかな神経細胞は実行機能を担っているわけではない。その代わりとして、ウマの脳では知覚、恐怖、敏捷性、学習に関連する機能に大きな領域が当てられている。

ウマの脳には実行機能を担う領域がないため、ウマはその機能を必要とする方法では学習できない。それにもかかわらず、私たちはウマが勝手な振る舞いをすると、正しい振る舞いをするよう執拗に求めてしまう。それは、なぜだろう？　その理由は、人間の脳は目標を達成するようにできているからだ。調教師が直接的な指示でうまくいくのは、彼らの合図が明確で、バランス感覚が優れていて、乗馬に必要な筋肉と頭のなかの戦略が絞られているからだ。だが、素人の大半には、扱いづらい動物に対処できるほどの長年の経験がない。それに多くのウマにとって、ウマの脳の仕組みに合った間接的な手法を通じて学習するほうが、相手に対する信頼を抱きやすくなる。

直接的な調教

〈スカウト〉は馬場では落ち着いているが、牧場を離れて周辺を歩くときはいつも緊張していた。普段通っているのは幅が約六メートルの小道で、周囲の開けた場所と比べると狭かった。スカウトの右手には三階建ての干し草乾燥舎がそびえ立っていて、周囲全体を影で覆っていた。左手は重機用の駐車場だった。置かれているのは除雪機、トラクター、約四メートルのホイールレーキ、特大の噴射式除雪機、そして前方についた鎌の刃が日に当たってナイフのように光っている干し草刈取り機だ。この二本のスチール製の鎌は土がついたまま置かれていると地面と見分けがつかず、刃にいくつもついたぎざぎざの部分は蹄《ひづめ》をはさむのにうってつけの大きさだ。

そのほかにも、この細い小道の入り口を守るかのように立ちはだかる「串刺し公」もいた。いや、実際にはロータリー型テッダーだが。直立状態での高さが約二メートルのこの転草機は折り畳まれているテッダー部分を伸ばして使用し、刈り倒されて地面で干されている牧草を撹拌して乾燥しやすくするためのものだ。直立している本体から飛び出ている約五〇本のスチール製の歯は、それぞれ長さ約三〇センチ、細さは尖った鉛筆の先ほどだ。用心深いウマは横に跳んでこの「串刺し公」に触れると、たいていはすぐに逃げようとする。もしウマが後肢を蹴り上げてあなたを放り上げてしまったら、次の瞬間、あなたは二〇本の歯が背中に刺さった状態で、テッダーからぶら下がっているかもしれないのだ（図14－1）。何ということだろう！

多くのウマは、この細い小道が見えてくると尻込みする。体の筋肉を緊張させ、首を大きくのけぞらせて、高くそびえる干し草乾燥舎を大きな目で凝視する。軽種のウマは、街なかにまで聞こえるほど大きく息を吐き出せる。どうやら、今にも爆発音が鳴りそうだ。私たちにとっての課題は、どうすればこの問題に最も効果的に対処できるかだ。

スカウトの調教師は「直接的な」手法を好む。そのため選んだ方法は、スカウトを立ち止まらせずに強引に前に進めようとするものだった。彼が抵抗すると調教師は舌打ちしてさらに指示を強め、やがて拍車、次に鞭を加えた。スカウトが顔をそむけようとすると、調教師は片側の手綱を激しく引っ

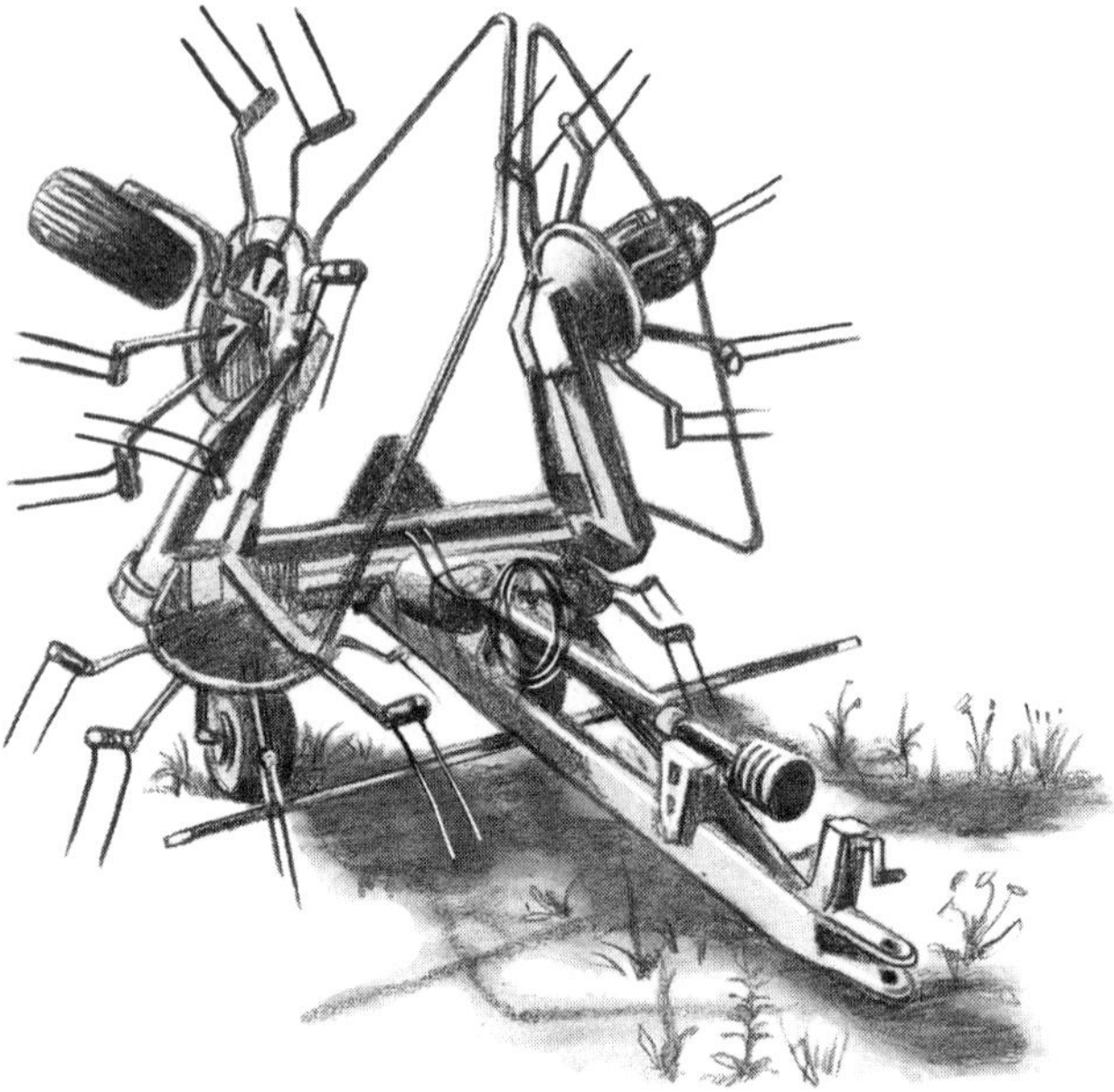

14-1 「串刺し公」のイメージ図。実物は高さ約５メートル（大げさに言ってみたが、本当は約２メートル）で、もっとたくさん歯がついている。

張って対抗した。通常こうした直接的な手法では、ウマが逃げようとしてもがくなかで調教師は自分の意思の強さを誇示するという、目を見張る光景が繰り広げられることになる。

調教を始めてから一カ月後、スカウトは小道を歩けるようになったが、それは調教師を信頼しているからではなく、彼女が怖いからだ。スカウトは背中をこわばらせ、顎を固く閉じ、首をそらしながら震える肢を小刻みに進めていく。そうして、何とか小道を通り抜ける。

スカウトは自身の周囲のみならず、乗り手にも恐れを抱くことを学習した。さらなる恐怖が加わったことで、今度怖い場所に行ったときはこれまでの倍も不安になるだろう。それに、この調教の過程で練習を積めたので、急な方向転換、駆け出す、後肢を蹴り上げる、後肢で立つことがより素早くできるようになった。スカウトは悪いことは狭い場所で起こると学習したので、それを乗り越えるには再調教が必要になるだろう。だが、それでもスカウトがあの小道を歩いて通り抜けるようになったことで、調教師は自分の勝ちを信じて疑わない。

間接的な調教

問題解決への第一日目となったこの日、〈リコ〉の調教師はリコがあの細い小道のそばまで来ると体をこわばらせることに気づいた。調教師はそっとリコに向きを変えさせ、ほかの課題に取り組ませながら調教時間を終えた。調教師は、自身の前頭前野を駆使してウマの脳に合った戦略を立てる時間が欲しかったのだ。

次にリコに乗ったとき、調教師は彼を二〇〇メートルほど歩かせた。すると例の小道の遠いほう、つまり反対側の入り口を発見した。付近ではほかのウマたちが草を食んでいる。不吉な干し草乾燥舎もなければ重機もない。どちらの方角を見ても遠くまで見渡せた。こちら側から小道に入ればリコは厩舎のほうへ向かうことになり、友人や見慣れた場所へと進んでいける。調教師にはわかっていてウマが知らないのは、こちらから進むルートは一時的なものだということだ。これはリコが学び終えたら二度と使われない、調教のための一手だ。

小道の何もない側のそばでリコがすっかり安心していることを察した調教師は、リコから降りると先頭に立ち、綱を引いて彼を誘導した。そうすればリコは人を乗せた状態で課題に取り組まずにすむため、より効果的に課題に集中できる。調教師はリコが一〇～二〇歩ほど進む様子を見ながら彼がまだ落ち着いているうちに歩みを止めさせ、今日の自分の目標は達成できたとしてリコの首をなでて褒め言葉をかけてやった。そして、リコが問題行動を起こす前に来た道を引き返した。帰ろうと促したのはあくまで調教師であって、リコではない。それから調教師は、毎日数歩ずつ小道を進む距離を伸ばし、リコが緊張する前に引き返すようにした。彼女が判断を誤ってリコが突然立ち止まってしまった日は、あと二、三歩前進するよう励まし、それができたら褒めてやり、その後、来た道を戻るようにした。

たまに、リコが怯えてしまうときがあった。それは突然飛び立った鳥や、遠くの住人が銃を撃つ音といったものだった。そんなときは、調教師は怖いことがあった場所で一日か二日、手渡しで草を食べさせた。どんなに怯えているウマでも、新鮮な草が食べられるのであれば、そのほかのことは驚くほどすっかり忘れてしまうものなのだ！　リコが学習の意欲を取り戻すと、調教師は再び一歩ずつ進んでいく方法を続け、やがてリコにほとんど抵抗されずに出口まで誘導できた。ここまで来れば、今度は調教師がリコに乗ったまま小道を通る練習を始められる。もうすぐリコは、どちらの側からもこの小道を落ち着いて通り抜けられるようになるはずだ。

一カ月間の穏やかな調教の結果、リコは「串刺し公」をあっさりと通り過ぎ、干し草乾燥舎の影をくぐり抜けると、自分の厩舎からどんどん離れていけるようになった。しかも、不安げな様子はまったくない。低い位置にある頭は自然なリズムで上下していて、体はしなやかで、足取りはしっかりしていて、耳は柔らかそうに前を向いている。このウマは調教師に信頼の気持ちを抱くようになった。彼女は自分にあらゆる恐怖を一気に克服するよう仕向けない人だとわかったからだ。今後、リコは調教師が乗っているときは、彼女が望むどんな場所にでもこれまで以上に行こうとするはずだ。たとえ、そこが嫌な予感がするところであっても。

間接的な調教がうまくいく理由

私たち人間にとって直接的な思考を生みだすことがこれほど簡単で、それに取って代わるものを見つけることがこれほど難しいのは、脳における前頭皮質の生理学による。前頭皮質は人間の脳の四一パーセントを占めていて、脳内で最も大きい領域だ。[2] この脳組織の前頭前野の部位は、私たちが捕まえて押さえつけていないかぎり自動的に脳を司る。そして、人間の目標を決め、人間の戦略を立て、目標を達成するための人間が取るべき各段階を計画する。この部位は直接的な手法によって直接的な結果を出すことを求めるのだ。

残念ながら、私たちが空腹である、疲れている、腹を立てている、恐れている、気を取られているといった、ウマにとっては（一〇代の子どもにとっても）まさに最悪なときに、私たちは生まれ持ったこの直接的な思考に頼ってしまいがちだ。こういったときは、脳の現状から無理やり逃れて、うまくいく可能性がもっと高い間接的な手法に手を伸ばそうとするのはいつもより倍も難しくなる。

人間が新しい情報を評価してどう反応するかを決めるために、脳のさらなる二つの領域が前頭前野と協力して働いている。[3] どちらも解剖学上の名称を使うが、ここでは名称を覚えるよりも過程を理解することを重視してほしい。まず、「視床」が視覚、聴覚、嗅覚、味覚、触覚、言葉による合図、言葉を用いない合図による入力情報を集める。次に、「大脳基底核」が、それらの情報に反応するための動きに体を備える。その時点で「前頭前野」が介入して新たな情報を検討し、行動するかどうか、そしてどのように行動するかを決定する（図14－2A）。

ウマの場合、視床が情報を集め、大脳基底核が瞬時の動きに体を備える。だが、反応を抑えるための前頭前野は存在していない。それゆえ、ウマは何かを感知すると、考えることなく瞬時に反応する（図14－2B）。この能力によって、エクゥウス・カバッルスは五〇〇万年もの間、生き延びてきたのだ。ウマの調教とはある意味、あなたの前頭前野による判断に頼るよう、あなたのウマに教える過程でもある。

前頭前野が発達しきっていない一〇代の若者の脳でも、似たようなことが行われている。一〇代の若者の脳には実行機能を行う領域が多少はあるが、その働きは遅いし一貫性に欠けている。つまり、視床が情報を集め、反応するために大脳基底核が一〇代の若者の体を備えるが、前頭前野は評価したりしなかったりする。そのため、自宅で危ないパーティーをしたりアルコールを試したりと、こちらが予期せぬことが行われてしまうのだ。

人間の実行機能障害

前頭葉がうまく働いていない大人は、実行機能面でウマと同じ問題を抱えることになる。そうした

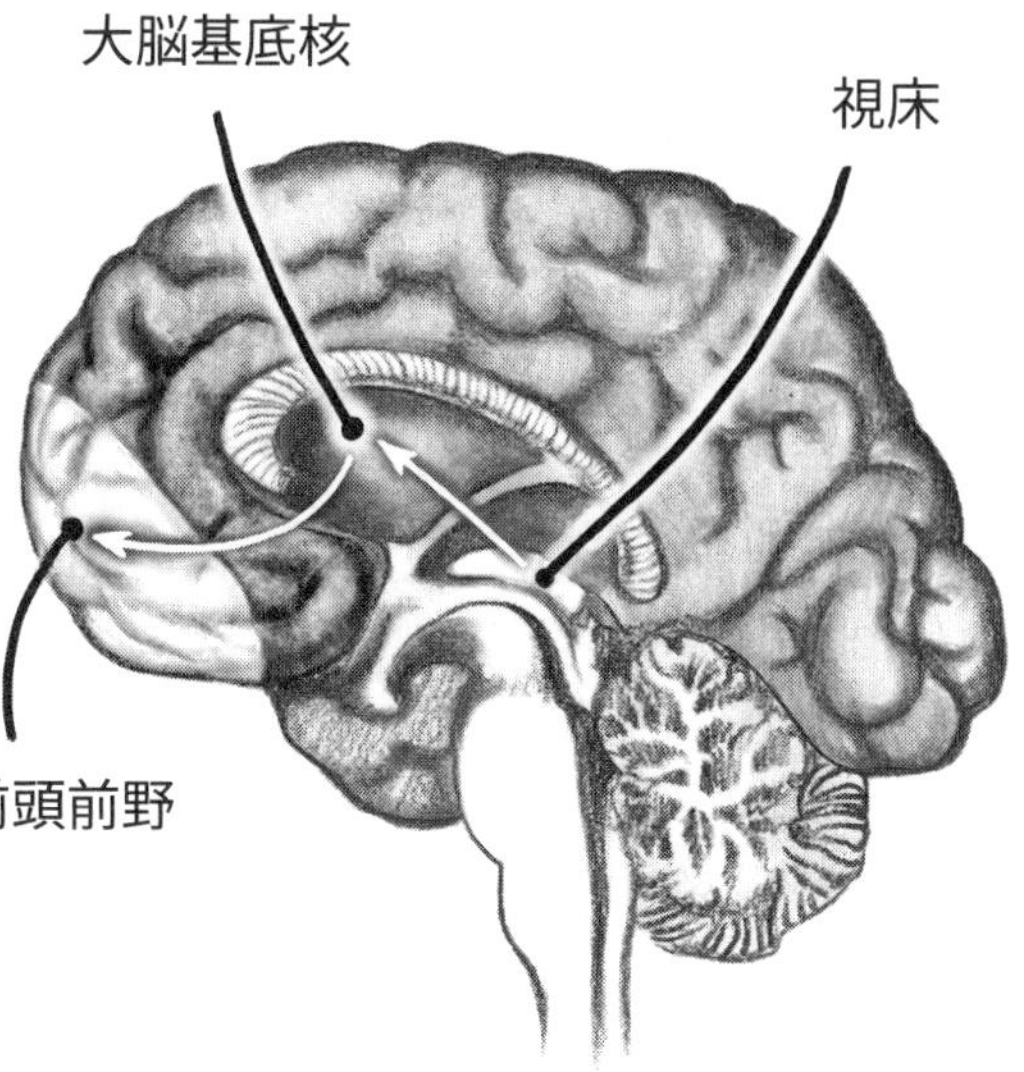

14-2A　人間の脳は知覚情報を集め（視床）、動きに体を備える（大脳基底核）が、動くかどうかは前頭前野を使って判断する。

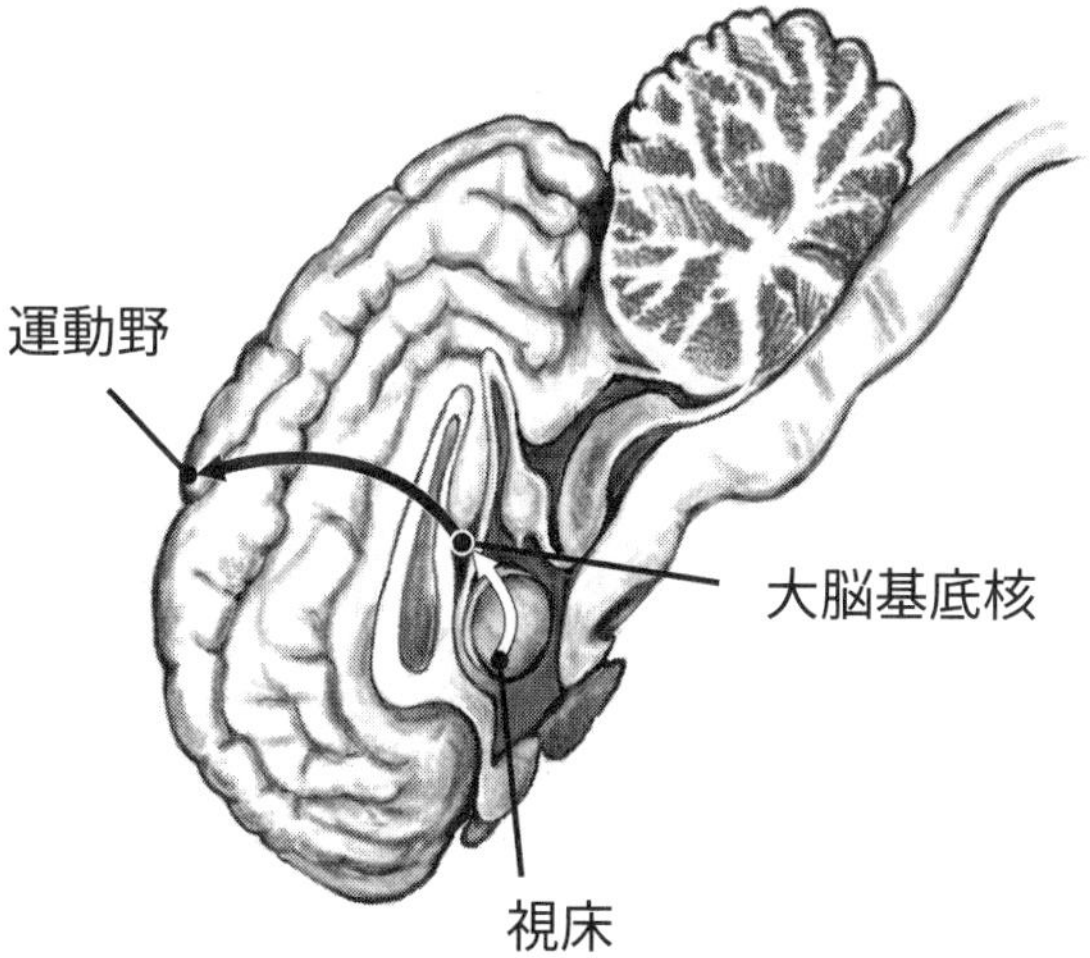

14-2B　ウマの脳は知覚情報を集め（視床）、動きに体を備え（大脳基底核）、運動野に直接動作の指示を出す。動作を評価する前頭前野は存在しない。

障害は脳損傷や老化によって起きることが多い。その代表的な例が前頭側頭型認知症だ。[4] これはアルツハイマー型とは異なる、高齢者に現れる認知症の一種で、人間の脳の前頭葉と側頭葉の縮小によって起きる。記憶、言語、知性に関する能力は、末期まで正常を保つ。だが、実行機能は初期段階から大幅に損なわれる。

前頭側頭型認知症の患者は、目標を設定する、時間を管理する、行動の段取りを事前に決めておく、新たな要求に柔軟に対応する、論理的な判断をする、節度ある振る舞いをする、自身の行動によって生じる結果を予想する、といったことができない（こうした「症状」は、ウマに携わっている人や一〇代の子どもを持つ親にとって、なじみ深いものであるはずだ）。たいていの場合、患者は脳の損傷の影響によって、自身の障害を認識できない。「私には何の問題もない！」と思っているのだ。この病気の患者はイライラしやすくなり、感情を露わにして不適切、攻撃的、あるいは暴力的な振る舞いをすることもある。記憶、言語能力、知性は実際に何の問題もないのに、まるでそれらが損なわれているかのように扱われると、人は気分を害するものだ。

実行機能に障害があると、作業の手順を順番どおりに説明することや、一連の話を順を追って語ることもうまくできなくなる。たとえば、馬服のかけ方を初心者に教える場合、「毛布の首側の真ん中を持って、ウマのき甲の上にかける。毛布を広げて臀部まで覆う。前方の留め金を留め、腹部のストラップを締め、最後に後肢側のストラップを締める」というように、手順一、二、三と順番に説明するだろう。正常な人間の脳は、自動的に手順を順番どおりに考える。前頭前野が損なわれていないかぎり、毛布をウマの背にかけるよう友人に説明する前に「腹部のストラップを締める」とは言わないはずだ。

ウマの脳は「草をひと噛み」「腰を内へ」というように、一度にひとつのことに集中するようにできていて、長期的な目標達成につながるような順序立てた考え方はできない。[5] さらに、私たちの脳が実行機能に適してつくられているように、ウマの脳は恐怖にとりわけ注意を払うようにできている。間接的な手法がうまくいく理由のひとつは、それが課題をひとつずつこなしていくものであるため、ウマが恐怖を克服するのに役立つからだ。

前頭側頭型認知症の患者にも、この手法は効果がある。彼らにとって現実的な目標を設定して戦略を立てる。計画をあらかじめ細かい段階に分け、彼らの知性を尊重し、明確なコミュニケーションを取るようにする。プライドの高さと豊富な知識のせいで大人と直接向き合おうとしない難しい年頃の一〇代の若者たちにも、この方法を試してみよう。彼らは世界で一番賢い子どもたちかもしれないが、前頭葉と実行機能はまだ発達の途中なのだ。

さまざまな活用例

間接的な手法は人間の頭の働き方とは異なるので、この手法があなたとあなたのウマにどのように役に立つのかがわかる例を、さらにいくつか紹介しよう。だが、ウマがあなたの指示に抵抗する理由が痛みや病気によるものかもしれない場合は、まず獣医に健康状態をチェックしてもらうこと。

- 〈レフティ〉が正しい手前で発進しない？　レフティに駈歩《かけあし》に入らせ、彼女が選んだ手前に合わせて方向を変える。これが邪道なのは、百も承知だ！　だが、前にも述べたとおり、間接的な手法は一時的な策にすぎない。どちらの方向でも正しい手前で駈歩してほしいとあなたが思っていることをレフティが学習したら、あなたの外側の脚からその手前で発進する調教を始めればいい。

●〈ポーキー〉が馬場でのろのろと進む？　ポーキーをもっと速く走る仲間……あるいは牝馬の数馬身あとで「ドラフト走行」させよう。彼も速度を上げたいと思うようになるはずだ。実際に上がってきたら、円を描くようにして仲間から離して彼のスピードを褒めてやろう。必要ならば、再び仲間のあとを追わせよう。のろのろ進むウマに自分で速度を上げさせようとするよりも、ほかのウマのペースについていかせるほうがやりやすい。数週間もすれば、あとを追わせる必要もなくなるはずだ。

●〈スマーティー〉は、あなたが乗ろうとすると腰の部分をゆすって踏み台から離したり、立ち去ったりしてしまう？　人を乗せる練習は、スマーティーが動きたくてウズウズしている調教時間の最初ではなく、じっと立っていたいと思うようになる終盤にしてみよう。後躯をあなたから離せないよう、彼女をフェンスの隣に立たせよう。あなたを置いて去っていかないよう、彼女の顔がフェンスの隅を向くようにしよう。この方法でうまくいったら、この練習を調教の最初に移し、その後、フェンスがない場所でやってみよう。

●〈ストーミー〉が一分間も激しいジグをして、すっかり興奮状態になっている？　ストーミーから降りて、引き綱を引いてしばらく歩かせてやり、調馬索運動で落ち着くよう促そう。あるいは、一定の速度で速歩《はやあし》するといった楽な課題に取り組ませて、彼女がイライラした様子を見せても気づかないふりをしよう。つまり、あれこれ手を出さないようにしよう。さらにストレスを与えてしまうと、かえって興奮が収まらなくなる。馬場が混雑して騒がしかったら明日まで延期するか、もっと静かな時間に騎乗しよう。ストーミーを「疲れるまで運動させまくって」乗り手を受け入れる状態にしようとするのではなく、落ち着いて動くように促そう。彼女が得意な課題をやらせて、毎日成功する機会を与えよう。ストーミーがすっかり穏やかになって学習する意欲が出てきたら、教育を再開しよう。

グラウンドワークにおける間接的な手法

間接的な手法は、騎乗していないときにも活用できる。どんなウマも意欲満々の人間が真正面から近づいてくるのは好まない。そのため、足取りはしっかりしていても、力を抜いた楽な様子でウマの肩のほうから近づいて無口頭絡をつけよう。薬を与えるときは、正面からではなく横から近づいたほうがいい。そのほうが挑戦的な雰囲気にならないのであなたにとっても安全だし、しかもウマはあなたのことがもっとよく見える。調馬索運動のときやラウンドペンの壁際を走らせているときは「落ち着いて!」と一〇回叫ぶよりも、あなたが視線をはずしたり、前屈みになったり、しゃがんだりすることでウマを減速させよう。一方、加速させるときは目を合わせたり、堂々と立ったりすればいい。

直接的であろうと間接的であろうと、どんな調教においても、あなたが何を望んでいるかをあなたのウマが把握できるよう、よい振る舞いをしたら頻繁に褒めてあげよう。直接的、間接的な調教は、どちらも基本的なルールさえ身につければ、数えきれないほど創造的な形で活用できるようになる。

直接的な調教のルール

直接的な手法は人間の思考にあまりに即しているため、私たちはその基本を直感的に把握している。私たちはウマに新しい課題に挑戦するよう指示する。もしこなせれば、万歳だ！　直接的な手法が、うまくいったということだ。ウマを褒めてやり、その後の調教でも同じ課題をまた練習して、そしてあなたは「我ながらよくやった」と思う。

だが、もしウマが抵抗したらどうすればいいのだろう？　直接的な手法では、私たちはウマが大きな目標達成を回避しようとするのを、黙って見ているわけにはいかない。私たちが望む結果を出せるまで、ウマに執拗に要求し続ける。しかも、ウマが恐怖を抱いていることに気づこうともしない。そういった調教時間は、たいてい長くて辛いものだ。しかも危険だ。なぜなら、ウマも人間もともに一切妥協しないからだ。

私たちが妥協するということは「ウマを大目に見る」ということだ。まさにそう考えながらこの章を読んでいた読者の方もいるだろうから、この件についてちょっと考えてみよう。私たちがウマを「大目に見る」ことで、代わりにウマはどんなことをする時間や機会が増えるだろうか？　具体的に考えてみよう。

・観察すること？
・本能的な恐怖を克服すること？
・課題をこなす方法を学ぶこと？
・信頼を築くこと？

そう！「大目に見た」ことで代わりにウマができるようになるかもしれないこうしたことは、まさに一流の調教師がウマに教えようとする内容ばかりだ。

直接的な調教は、ウマが恐怖を抱かないようにすることよりも人間の指示を通すことを優先する。ウマは、人間の指示に従わなければならないのだ。それはどうして？ なぜなら、私たちの指示に従うものだからだ。えっ……でも。あなたは違うかもしれないが、私の場合「私がそう言うんだから」という態度で、相手に何らかの振る舞いをするよう要求すると、結果はいつも最悪だ。小さい子ども、一〇代の若者たち、大人、それにウマ。誰に対してもうまくいかない。イヌでさえ、ふてくされてしまう。ごくまれに、こうしたやり方が問題を解決したように見えるときもあるが、その結果、新たな問題がいくつも発生してしまうのだ。

私は、こうした直接的な手法を捨て去れと言っているわけではない。そう難しくはないが直接的な指示に、ウマがすぐに従うときもある。それは嬉しいことだ！ だが、手がかかるウマが指示に従うことを学ばなければならない場合もある。それは反論のしようもない。力の強い動物が、厩舎の入り口であなたを押し倒そうとする、ただサドルにつかまるしかないあなたを乗せたまま厩舎内を走り回る、あるいは前進を命じられたのに後肢を蹴り上げたり、後肢で立ったりするといった場合に、人間の指示ですぐにやめさせなければならないからだ。そういったウマは専門的な調教が必要であり、その場合は直接的な手法でなければならないときもある。

間接的な調教のルール

間接的な手法は、人間の脳の自動的な働きの流れに反している。もしあなたのウマの問題行動が危険なものではなく、それを修正するための乗馬技能をあなたが十分備えていれば、自分の頭を訓練して間接的な手法を検討しよう。

まずはウマに対する自身の感覚を研ぎ澄ませて、この先起こりうる問題を予測できるまでになろう。あなたのウマの筋肉の状態、頭の位置、目、耳、尾をよく観察しよう。耳を澄ませて、呼吸に変化はないかを確認しよう。自分の脚を使って、ウマが自身の体で違和感がある場所をかすかに体を曲げて遠ざけようとするという、側方への回避のごく初期の症状がないか調べよう。ウマの背中のこわばり具合を、自分の臀部で調べられるように訓練しよう。

まだ起きていない問題への懸念を突き止めたら、それが問題へと悪化する前に、ウマを別の取り組みにそっと誘導しよう。間接的な手法は、ウマが問題を起こしてしまったあとでは効果がない。その時点ではもう何もできないからといってそのまま厩舎に帰ると、悪い振る舞いに報酬を与えてしまうことになるからだ。そこで、ウマが得意な課題を与えて成功したら褒め、厩舎に戻してやろう。

さて、次が難しいところだ。あなたは腰を据えて、じっくり考えなければならない。私のウマは、なぜこの課題を避けようとしたのか？　彼は健康で、どこも痛くないだろうか？　一体、何に怯えていたのだろう？　彼はあのときの状況をどのように感じていたのだろうか？　課題をどんな細かい段階に分けてやれば、彼が取り組みやすくなるだろうか？　自分が怖いと思った課題に無理やり挑戦させられそうになったらどう思うか、ウマの頭のなかに入りこんで想像してみよう。

ウマの観点から状況を分析したら、目標を設定し、それを達成するためにやるべきことを段階的に計画しよう。ウマにとって最も効果的なのは、目標を小さくすることだ。ここでは、がんを治す方法を編み出そうとしているわけではないのだから。どんな教師にとっても恐怖は教えるための障害になるので、あなたが立てた計画はウマの恐怖を少しずつ取り除けるものでなければならない。間接的な調教で最もよくある間違いは、それぞれの段階を大きくしすぎてしまうことだ。

では、ウマのタイミングに合わせて計画を進めていこう。第三段階はウマが第二段階を習得したら始まるが、それがいつになるのか、あなたが知る手立てはひとつもない。ウマにあまりに多くを求めすぎてしまった日は、ひとつ前の段階に戻ってみよう。そして、すでに会得したことをやらせて、成功する機会をつくってあげる。ゆっくりやろうと自分に言い聞かせよう。これは競争ではないのだから。

計画はウマが抵抗している最中には変えてはならないが、それ以外では自由に修正して構わない。「同じことを何度も何度も繰り返しているのに、違う結果を期待する」という、一般的にはアルベルト・アインシュタインによるものとされている「狂気の定義」を忘れないように。[6]　あなたの取り組みに対するウマの反応に注意を払い、計画の各段階を再検討したあとに、必要ならば変更する。きちんと耳を傾ければ、ウマはあなたが知りたいことを教えてくれるはずだ。

間接的な調教を成功させるステップ

一、この先起こりうる問題を予測する
二、ウマを別の課題に誘導し、その後、厩舎に戻す
三、問題を分析して、計画を立てる
四、小さな目標から始める
五、ウマのタイミングに合わせて調教する

どんな手法や手段を使うにしても、調教をうまく進めるためにはウマの脳を尊重しなければならない。私たちと同じ方法で考えることを、ウマに求めても無理な話だ。彼らはそうできないのだから。今度あなたのウマに「ノー」と言われたら、間接的な解決策を試してみよう。効果が期待できるかもしれない。「うまくいくのは、遠回りをしたときだ」という、詩人エミリー・ディキンソンの言葉が当てはまるときもあるのだから[7]。

ウマの調教を成功させるには、毎日の努力を少しずつ積み重ねる長期戦を覚悟するしかない。その過程は最終的に得られる結果と同様に楽しいものであるはずで、しかも各段階で成功するたびにあの嬉しい気持ちが湧き上がってくる。あなたが望んでいる振る舞いと、ウマが実際に行う振る舞いが一

致しない岐路に立たされたとき、「私のウマはベストを尽くそうとしている」と考えるようにしよう。なぜなら、たいていの場合、それが真実だから。よい振る舞いを褒めてやり、各段階ではあとほんのわずかだけを求め、ウマが必要とするだけの時間をかけてやれば、ウマはあなたのために今の彼自身にできるかぎりのことをしてくれるだろう。そして、もしかしたら、来月にはあなたが望むことができるようになっているかもしれない。

15 ゆったり構えればうまくいく

ふう……ここまでずいぶんたくさんの活動についてお話ししてきた。課題、調教時間、運動、目標、プロジェクト、使命。さまざまな取り組みが、小さな場所に積み上がっている状態だ。あなたのウマは目を白黒させながら、「何てことだ、この本は病院よりひどいじゃないか。僕に関わっている人たちが新たな章を読むたびに、やらなきゃならないことが増えるなんて！」と言っているかもしれない。では、いったん休憩して、この「休む」ということについて考えてみよう。そう、ウマも人間も、それどころか生きとし生けるものすべてにとって、休息時間が必要だ。

マリーと〈ミスティ〉を紹介しよう。多くの乗り手と同様に、マリーも毎日は厩舎に通えない。だが、ウマにとって触れあいは大事だとわかっているので、ミスティとは週末に多くの時間を一緒に過ごすようにしている。マリーは優しくて賢く、しかも有能な乗り手だ。厩舎にいると時間があっという間に過ぎていくことに、マリーは驚いてしまう。それにもかかわらず、やらなければならないことは山ほどあるのだ。

マリーは一日を有意義に過ごしたくて、土曜の朝早くに厩舎にやってくる。まずは、ウマの手入れと馬具の装着だ。ミスティは念入りな手入れの間はじっと立っているが、マリーが電話に出たり、ここでの友人たちとおしゃべりしたりしているときは、のんびりしている。話に夢中なマリーは、ミスティのお尻のそばをバタバタと通って馬具置き場に向かう人々に、彼女が困惑していることに気づかない。手入れ場所のそばでイヌが駆けまわっても、よちよち歩きの子どもたちが歓声を上げながら厩舎の通路を行ったり来たりしても、ミスティが平静でいるのが当然だとマリーは思っている。

一時間かけて準備を行ったあとは、いよいよ騎乗する時間だ。ミスティは、マリーが出すあらゆる指示を読み取ろうと必死になっている。マリーの合図はかすかな圧迫やわずかな体重移動が組み合わさったもので、見分けるのが難しい。マリーが指を小さく動かすと、ミスティは口の力を抜こうとするか、頭の位置を修正しようとする。マリーが片方の脚を一センチほど後ろにやると、ミスティは歩法を変える。ミスティは自分の体のあらゆる部分がマリーの指示する位置に固定されているにもかかわらず、滑らかな動きを求められる。また、マリーは多くの乗り手と同様に、騎乗しているときウマは常に乗り手に注意を払って指示に従うべきだと考えている。

一時間、馬場でみっちり汗をかいたあと、マリーとミスティはクールダウンのために近くの小道に出て、たまに立ち止まっては美しい景色を眺めながら、およそ八キロ歩いた。厩舎に戻るとマリーは、「そうだ、体を丸洗いしてあげるのはどうかしら?」と思いついた。すでに人間とのやりとりが三時間以上も続いているが、それでもミスティはマリーが全身に水をかけて石鹸で泡立ててくれている間、じっと立ち続ける。「洗い場を使いたい人はほかにいないから、たてがみ、尻尾、それに顔も洗いましょう。えっ、どうして足の白いところがこんなに汚くなっているの?」。その後、マリーは馬体をミスティが体をくねらすと、念入りに洗い流す。次に、小さな傷口に殺菌用石鹸の泡を塗ってやる。ミスティが体をくねらすと、叱る。厩舎仲間とさらにおしゃべりして、携帯メールをチェックする。「蹄《ひづめ》に蹄叉腐爛《ていさふらん》の薬をちょっと塗ってあげたほうがいいわね。それに、あの耳のぼさぼさした毛を切りそろえてあげなきゃ。でも、乾いてからじゃないと無理ね。あっ、駆虫剤をあげるのをもう少しで忘れるところだった！」

マリーがすごくいい人で、ひっきりなしに世話を焼くのはウマへの愛情ゆえだということもよくわかる。それに、誰だって同じことをする可能性がある。なぜなら、人間の脳はそういうふうにできているからだ。だが、この頃になるとミスティはもう疲れているし、空腹だし、喉も乾いている。おしっこだってしたい。彼女は辛抱強いウマなりのやり方で、「今日はもうこれで十分じゃないでしょうか？」と示そうとする。だが、私たち人間は、今朝は楽しかったという思いで頭がいっぱいだ。私たちの前頭葉は幸せな気分でノリに乗っていて、興奮しながら超高速で活動している。「午後はトレーラーに乗りこむ訓練をするのもいいし、それか友人のグラウンドワークのレッスンに参加するのもいいわね。両方やるのはどうかしら！　それにすごく天気がよくて、絶好の毛刈り日和だわ……」

もし、人間の友人にここまで世話を焼こうとしても、途中で断られてしまうはずだ。ウマを何時間も続けて扱うのは、ウマにとって精神的にも肉体的にも大きなストレスになり、最終的には衝突や怪我を招きかねない。私たちが一向に時間を気にしないでいると、やがてウマは態度を悪化させて問題行動を取るしか手立てがなくなってしまうのだ。

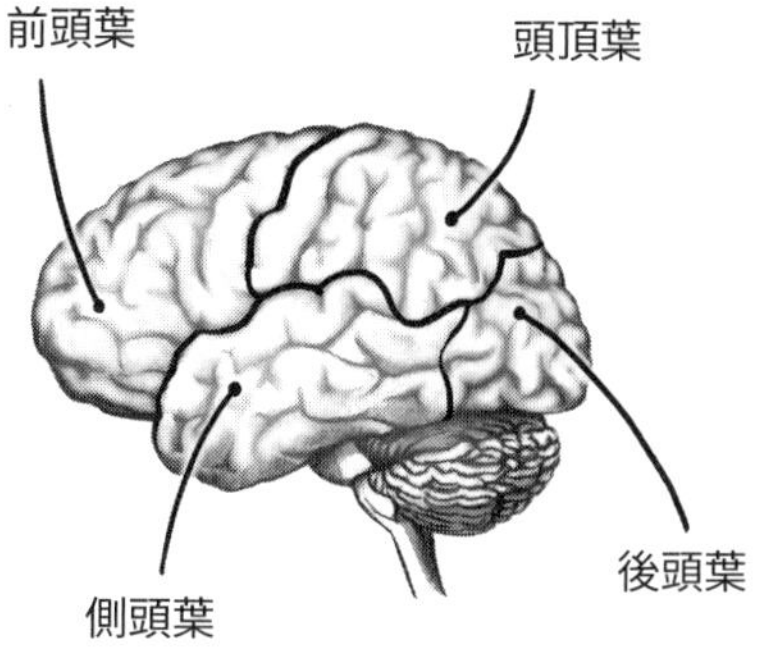

15-1 人間の脳の皮質つまり表層は、両側４つずつ、計８つの葉に区分けされている。

葉

脳の皮質つまり表層は、その領域を科学者が呼びやすいように「葉」に区分けされている。[1] 慣例により、人間の脳は両側四つずつ、計八つの葉に区分けされている（図15－1）。左右の「前頭葉」は目のあたりから頭頂部までを占めている。非常に大まかにいうと、前頭葉は発語、動作、人格、実行機能を司っている。頭頂部から数センチ後方までを占めているのが二つの頭頂葉で、これらは体性感覚と空間感覚に関して極めて重要な役割を果たす。各耳の、すぐ上の内部にあるのが側頭葉だ。これらは聴覚、言語知覚、音楽の処理を司っている。左右の後頭葉は視覚を制御していて、頭の最後方にある。

人間の脳は目標達成のために働く

あなたの明日何をする予定だろう？　私はこの章の前半を推敲して、〈スーパーストライド〉の右手前の駈歩《かけあし》に取り組んで、たまりまくった乗馬服の洗濯に取りかからなければならない。どんなにやる気がない人でも、毎日何らかの目標がある。人間の脳は目標を立て、それを達成するための計画を立てて実行するようできているからだ。たとえその目標が、クッキーの箱を抱えてソファに寝そべることにすぎないにしても。魚が泳ぐのと同様に、人間とは計画を立てるものなのだ。

目標の達成に向けた行動を計画して実行する役割を担っているのは、人間の脳の前頭前野であることはすでに説明した。前頭前野は選択肢を探して整理し、目標の優先順位をつけ、それらの目標を達成するための戦略を立て、行動を起こし、結果を見極め、状況変化に応じて行動を修正する。前頭前野は、脳の前頭葉内に位置している。前頭葉の働きがあまりにすばらしいために、私たちはそれによって自分がいかに激しく行動に駆り立てられているかにまったく気づかない。そうした認識の欠如は、ごく簡単にやりすぎにつながってしまう。目標達成に向けた計画を人間の脳にやめさせる唯一ともいえる策は、前頭前野を損傷させることだ。ただし、これは本当にお勧めできない策だが。

哺乳類全体のなかで、人間の前頭葉が最も発達している。脳の表層の何割を占めているか覚えているだろうか?　そう、四一パーセントだ。一方、人間の脳の皮質で視覚に使われている領域は全体のわずか一八パーセント、運動と触覚は一九パーセントだ。[2]つまり、前頭葉は私たちに強力な影響力を持っている。座って黙っていてくれないかと私たちが思っているときでさえ、前頭葉は独り占めにした力を振るおうとする。自分のウマにたった一日で多くを求めてすぎていることがわからないときがあるのは、そういうわけだ。私たちは、目標を達成しなければならないのだ。たとえ、それが何かはっきりとわからなくとも。

目標達成に向けた行動は、気分がいい。社会的に歓迎されるものだし、褒められるに値するものだし、個人としても仕事のうえでも成功へとつながっていく。だが、気持ちがいい理由はそれだけではない。私たちが目標を達成すると、脳で最も大きな報酬をもたらす神経伝達物質であるドーパミンが放出、吸収されるのだ。ドーパミンはアヘンやコカインといった気分を高揚させるドラッグと化学的に類似していて、脳に同じような影響を与える。私たちが計画を立てて実行し、望んでいた目標を達成すると、私たちの神経細胞はドーパミンに浸りながら、それが喜びの液体であるかのようにゴクゴク飲んでいるのだ。

ドーパミンが多い場合や少ない場合

ウマの脳内のドーパミン量には正常範囲があるが、ドーパミン量には個体差があり、必ずしもその範囲内に収まらないことも多い。一般的には、正常範囲内でドーパミン量が多い場合は不安につながり、低い場合は大人しさをもたらす。[8] 正常範囲よりドーパミン量が多いウマは、さく癖や熊癖といった常同行動を示す恐れが大きい。[9] 人間の場合、過剰なドーパミン量は統合失調症につながる。一方、ドーパミン量が特に低いウマは、クッシング病になる恐れがある。[10] 人間の場合は、うつ病やパーキンソン病を発症する恐れが大きい。

ウマの脳は刺激によって働く

私たちの友人であるウマは、目標達成に向けて働くための、前頭葉が肥大化した脳を持っていない。

ウマの脳は刺激によって働く。つまり、脳内でつくられた計画や目標によって突き動かされるのではなく、周囲の外部環境の光景、音、匂いによって突き動かされるのだ。

ウマと人間の脳の重要な違いを、いくつか見てみよう。まず、体重比で考えると、ウマの脳は人間の脳よりもはるかに小さい。平均的な人間の脳の重さは体重の二パーセントを占めるのに対して、平均的なウマの脳が体重に占める割合は〇・一パーセントだ。[3] 大きさがすべてではないが、二〇倍の差は有意と考えられるだろう。

二つ目は、人間の脳では目標達成に向けて働く二つの前頭葉が皮質の半分近くを占めていて、あとの六つの葉は残った部分でひしめきあっているという点だ。一方、ウマの脳の前方にはほとんど組織がなく、明確に区分された前頭葉も存在しない。ウマの脳の皮質は、主に知覚と運動関連の領域に占められている。ウマには前頭葉は必要ない。捕食者から逃げ切れるのなら、捕食者よりも深く考える必要があるだろうか？

三つ目は、人間の脳では目標達成による行動の動機づけは前頭葉、刺激による行動の動機づけは側頭葉と、それぞれ別の領域で処理される点だ。[4] これは推測だが、ウマが刺激による行動の動機づけに依存する理由は、脳に前頭葉がないからだと思われる。もしそうであれば、計画された長期的な目標達成にウマが突き動かされて行動しようとするのは、脳の構造上不可能だ。

四つ目は、ウマの脳で生成されるドーパミンの量は、脳の大きさの差を考慮に入れても、人間の脳で生成されるものよりも少ない可能性が高いという点だ。[5] この説は、チンパンジーやマカク（訳注：オナガザル科マカク属のサルの総称。ニホンザルが含まれる）の脳は、人間の脳よりもドーパミンの量やドーパミン回路が少ないという事実に基づいている。さらに、人間の脳内のドーパミンは、ウマには見られない認知と注意の高次機能を支えている。[6]

ウマの脳のドーパミンへの依存が少ないのは、ウマにとってはよいことだろう。なぜなら、ドーパミンのさまざまな性質のなかには、極めて大きな弱点もあるからだ。ドーパミンは、知覚情報に対する意識を制限してしまう。[7]ドーパミンには、人間の脳内で立てられた計画から私たちの気をそらす刺激を、前頭葉が無視することを助ける役割がある。たとえば、私たちが自身のウマを長々といじりすぎていると伝えてくる、あのうるさい時計のこととか。一方、ウマの脳はライオンの接近を意味するかもしれない外的刺激に注意を払うようにできている。生き残るためには、ウマは入手可能なあらゆる知覚を必要とする。

私たちはみな多かれ少なかれ自身の脳にとらわれているが、ウマは脳に縛られる以外の選択肢がほぼない。人間の脳の前頭葉は、私たちがさまざまな選択肢を思い浮かべて、現状で最適なものを選ぶ余地を与えてくれる。私たちには「おや、今日はもう十分このウマと関わったな」と考える知力が備わっている。そうして、まだ残っている作業を洗い出して、延期できるものや中止できるものがないかを検討できる。ウマはそうしたことはできない。脳がそうさせないし、しかも私たちもそうさせてやらないからだ。

構いすぎ

ウマと人間の最高のチームは、週末に怒濤のようなスケジュールをこなすのではなく、日々の触れあいを楽しんでいる。毎日関わることによって、次のような多くの目標を達成できる。

- 信頼関係を築く
- 双方向のコミュニケーションの改善につながる相手のかすかな合図を、互いに理解できるようになる
- ウマの心身状態を頻繁にチェックできる
- 新しい技能を細かい段階に分けて一段階ずつ習得できる

一緒に過ごす相手が知識豊富で思いやりのある人物と仮定すれば、ほぼどんなウマも毎日一、二時間、人間と接することで恩恵を受ける。

だが、今日の馬術やウマの扱いでの考え方の主流は「ウマの世話を焼くのはいいことだし、世話を焼きすぎることはない」というものだ。調教関連のウェブサイトではウマと人間が一緒にできる活動が数えきれないほど紹介されているし、オンラインの多くのディスカッション・フォーラムでは、「構いすぎるなどということはない」という意見が多数派だ。[11] いくつかの馬術競技では、競技に出るウマと一緒に過ごす時間が多ければ多いほどよいとされている。

だが、調教師やウマの研究者の大半は、こうした風潮に反論している。動物科学者のテンプル・グランディンは、「気まぐれで興奮しやすい気性の動物（例：ウマやウシ）を調教したり、慣らしたりするときの基本原則は、何日もかけて少しずつゆっくりと行わなければならないということだ」と述べている。[12]ウマ科学者のジェーン・マイヤーズは「若いウマや年老いたウマに、長時間の活動を求めてはならない」と指摘している。[13]動物行動学の教授であるマルティーヌ・ハウスベルガーは、「過剰な扱いは嫌悪反応を引き起こす場合がある」という結果を示す、ウマ関連のいくつもの研究を発表している。[14]

彼らの主張は、科学的なデータに裏づけられている。ある大規模な研究では、二一の飼育場の一七〇頭の若いウマを対象とした調査が行われた。[15]そのうちのいくつかの飼育場では子ウマの世話は短時間のみ行い、しかも飼育期間は生後六～一八カ月という短期間のみだった。そのように飼育されたウマは、ためらうことなく人間に近寄り、新たな状況を受け入れ、怖がらずに素早く学習した。

ほかの飼育場では、ウマたちはそれよりもずっと手をかけて飼育された。生まれた直後には刷り込み学習が行われ、その後も無口頭絡《むくちとうらく》を受け入れる、引き綱で飼育場の周りを歩く、蹄の汚れを落とさせる、身づくろいのためにじっと立つ、といった練習が毎日行われた。こうした「構われすぎた」若いウマたちは、学ぶのが遅く、新たな刺激に怯え、三歳になっても人間を警戒し続けた。全般的に見ると、彼らは人間との関わりが少なかったウマたちよりも大幅に恐怖心が強かった。つまり、あまりに構わない例と構いすぎる例の間に、適切なラインがあるということだ。

さらに、ウマは構われすぎたことによるストレスで、イライラを示す振る舞いをする場合もある。

馬房で体を左右に揺すって体重移動をとめどなく繰り返す熊癖《ゆうへき》は、一週間の活動スケジュールが毎日何時間にも及ぶものになると増えてくる。[16] つながれた状態で立ち続ける時間が増えてくると、前掻きが激しくなる。精神的なストレスは、じんましんといった体の問題を悪化させることもある。[17]

通常、私たちは「作業」という言葉は肉体的な労働を意味すると思っているため、厩舎の通路につながれているウマは作業していないとみなしている。だが、精神的な作業も負担がかかる。特にウマにとっては。私たちは自分がウマに何を望んでいるかわかっているが、ウマは自分が何を求められているかわからない。そのため、何もせずにただ立っているだけでも、ウマは人間の合図を解読して私たちの要求を把握しようとしなければならないし、自身の欲求は無視して嫌なことも黙って受け入れなければならない。しかも、そのすべてを、逃げるためにつくられた脳で行わなければならないのだ。

気質に合わせて対応を変える

ウマはみな個性豊かだが、より一般的な気質ごとにグループ分けできる。気質は持って生まれたものので、恐怖心、群居性、人間に対する反応、触れられたときの感受性、運動活動性といった特徴も気質に含まれる。気質のなかには、特定の調教手法と結びつけられるものもある。[18] たとえば、より社交的で恐怖心が少ないウマは、報酬に非常に敏感なことが多い。何かプラスのものにつながるかもしれない機会であれば、彼らは進んで難しいことに挑戦する。このグループには「報酬による調教」(231ページ参照)が効果的だ。[19]

臆病なウマはプラスとなる報酬を得ようとするよりも、マイナスになる出来事を避けることに力を入れようとする。こうした気質では、通常「負の強化」(214ページ参照)が最も上手くいく。[20]しかも、何らかの問題が起きる恐れも小さい。とはいえ、常にこの手法を使わなければならないというわけではない。ただ、難しい事態が生じたときに、このウマに有効だとわかっている方法を知っておくのは大事なことだ。

ウマに求めるレベルを下げて世話を焼く時間を減らす策は、恐怖心が強く人間の干渉に極めて敏感に反応するウマにとりわけ有用だ。〈ゾニー〉はその完璧な例だ。ゾニーは小柄な中年期のアパルーサ種で、体の前半分は赤毛に白毛混じりだが、後躯の上のほうには斑点があった。調教のために私のところに連れてこられたときには、ゾニーの脳はまるで人間の腕の毛がわずかにそよぐ動きにまで注意を引きつけられるほど敏感になっていて、しかもゾニーは触れられるたびにぎくりとした。これほど過剰な反応をするウマなど、ほかに見たことがない!

現在の持ち主が購入した当時、ゾニーは馬場馬術(ドレッサージュ)の基礎がしっかり身についていて、低い障害を飛び越える競技やトレイル競技の調教を受けていた。ゾニーは与えられた課題をこなすことにも、明確な扶助に従うことにも意欲的だったが、それ以外のときは放っておいてほしい性格だった。だが、神経質な気質のウマのまさに代表例であるゾニーは、より高い要求レベル、より多くの課題、さらに多くの活動、そして毎日の馴化《じゅんか》が彼には必要だと信じてやまない調教師たちに、過剰に刺激されてしまった。そうした過剰な調教が続くなかで、ゾニーはますます臆病になっていった。「馴化」は専門家によって慎重に行われなければならない治療であり、しかもその治療が有効な気質のウマに対してのみ、本当に必要なときにだけ施されるべきものだ。ゾニーは、そうした条件にひとつも当てはまっていなかった。調教師たちに矢継ぎ早に新たなことを試され続けるゾニーの体から、不安が湯気のように立ち上っていく光景が目に浮かぶようだ。しかも、ほとんどの調教は毎回何時間も続いたのだ。その結果、ゾニーはあらゆるものに対して過度に敏感になってしまったのだった。

ゾニーに必要なのは、「減らすこと」だった。そのため私の初回の調教では、張り縄で五分間じっと立たせておいた。たったそれだけ。じっと立たせたあとに首をなでて、馬房に戻した。そこから徐々に一緒に進めていき、私は彼に何を望んでいるかを少しずつ教えていった。人の構いすぎによって植えつけられた恐怖心の奥にいるゾニーは、賢い牡馬だった。彼は過剰なまでに扶助に敏感で、乗り手を喜ばせたい一心で必死に努力した。皮肉にも、それがこうした症状の原因だった。ゾニーはあまりに必死に努力し、あまりに注意深く乗り手の指示を捉えようとしたために、人間が実際に望んでいた以上のレベルを求められていると思いこんでしまった。馬場での乗り手の扶助がそこまで正確ではないことも、ゾニーを混乱させた。何かを完璧にやり遂げようとする動物は、完璧な合図を必要とする。もし完璧な合図を出せないのであれば、合図を出すことを必要最低限に抑えなければならない。さもないと、敏感なウマはストレスで燃えつきてしまう。

間接的な調教を毎日一時間行った結果、ゾニーは落ち着いた。それと同時並行で、ゾニーの持ち主は私のレッスン用のウマに乗って、扶助の技術を向上させるための指導を熱心に受けた。数カ月後、再びペアを組んだ彼女とゾニーは、前よりもずっと穏やかなチームになった。

人間の目標をウマの欲求に合わせる

構いすぎは問題行動の原因になるのみならず、基本的欲求を満たすための時間をウマから奪うことにもなってしまう。精神的に安定している健康なウマは、一日の七割の時間を餌を食べたり水を飲んだりして過ごす。[21]この時間が減ってしまうと、慢性的な低ストレス状態になり、胃潰瘍や疝痛《せんつう》になったり、さく癖が出たりする恐れが大きくなる。ウマの胃は何時間も空の状態が続くと、傷んでしまうこともある。

ウマは昼も夜も寝たり起きたりを繰り返し、草を食んでいるときも途切れ途切れにうたた寝する。それに、横たわって肢をしばらく休めたり、日差しを浴びたり木陰で涼んだり、静かに佇んで今この瞬間について考えたりする時間が必要だ。彼らは自分のペースで気楽に動きたくてたまらない。健康なウマはパドックを歩き回る。それは好奇心のみならず、消化のためにゆったり動かなければならないからだ。自然の状況下ではウマはほとんどの時間、草を食むかのんびり歩いている。

草をかじりながら、ウマたちは重要になるかもしれない周囲の出来事に目や耳で注意を払い続ける。「あのかっこいい去勢馬は、外に出る時間にあそこでいったい何をしているのかしら?」「おや、トレーラーがこちらに向かってきている。誰が入っているんだろう?」。小さな出来事が起こるたびに注意を払うことで、ウマは平静を保ち続ける。あまりに多くの刺激が一度にやってくると、圧倒されてしまうのだ。

大きな厩舎に満杯のウマたちに餌を与えるのが三〇分遅くなってしまったことがある人なら、時間きっかりに餌が出てくることに彼らがいかにこだわっているか、よくわかっているはずだ。健全な精神を保つために、ウマは規則正しく生活しなければならないのだ。餌の時間は、常に同じでなければならない。外に出る時間は、始まるのも終わるのも毎日だいたい同じでなければならない。競技用のウマは、固定されたスケジュールでの定期的な運動が必要だ。筋肉、靭帯、腱が鍛えられている動物は怪我をしにくいし、それにもし怪我をしてしまっても通常より回復が早くなる。しかも、運動は精神的にもよい。

最後に、ウマには仲間との交流が必要だ。人間抜きの。自己中心的な人類である私たちは、ウマの群れの近くをうろつきながら、自分がウマたちの交流を円滑に進めてやっていると思っている。おまけに、ウマをほかのウマたちに「紹介」したりして。だが実際には、私たちはウマ同士のコミュニケーションや親交の邪魔になっている場合が大半だ。狭い場所にいるすでにできあがったウマの群れのなかに、何もせずにいきなり新しいウマを入れるのは、たしかに勧められることではない。だからといって、パーティーで子どもの相手をしてあげるような振る舞いを、あなたがする必要もないのだ。

人間との活動に丸一日時間を費やしてしまったら、ウマは自身の基本的欲求を満たせない。欲求が満たせないと、ウマたちは疲労し、不快な気分になり、不安を覚える。まさに悪癖が出るのにうってつけの精神状態だ。取り乱してしまうウマもいる。子どもたちも安心して乗れるほど優しいウマでさえ、疲れた状態から一瞬にして暴れまわるようになり、自分自身、持ち主や乗り手、厩舎、近くにいるあらゆる人々を痛めつけてしまうこともある。こうした感情の爆発が予想外に思えるのは、私たちがウマの気持ちに耳を傾けておらず、自分たちがウマに望んでいることをもっと前に再検討しなかったからだ。そしてついに暴力的になってしまったウマは、「凶暴だ」と非難されてしまう。だが、本当に悪いのは、時間が経つのも忘れて人間にとっての完璧さをウマに求めた私たちなのだ。

マラソンはさせない

刺激によって働くウマの脳は、目標達成をウマにも求める人間の一日がかりのマラソンにつきあえるようにはできていない（図15－2A・2B）。では、どうすればいいのだろう？　もし可能なら週に五日か六日、日に一、二時間あなたのウマと関われるようにしよう。それが無理なら、週末のほかに平日のどこか一日に時間をつくりだして、厩舎を訪れる日をもう少し等間隔にしよう。毎日の手入れの時間を短くするため、週に一度の念入りな手入れのときは上手な人の助けを借りよう。あなたのウマを週に一度運動させてくれる優秀な乗り手を探そう。あるいは、あなたとは別の日に厩舎に来る信頼できる友人と交代で騎乗しよう。つまり、あなたが厩舎に来た日はあなたが自分のウマにも友人のウマにも乗って、別の日には友人が同様にするのだ。

あなたのウマにとって、とりわけストレスの多い作業は何かを見極めよう。あなたにとっては癒される活動かもしれないが、手入れをされるのが嫌なウマもいる。あるいは、「騎乗後なら手入れされても我慢するけれど、騎乗前は嫌だ」という単にせっかちなウマもいる。また毛刈りは、不安を表に出さないほど従順なウマでさえ、内心怖がっていることを覚えておいてほしい[22]。あなたのウマは駆虫剤が嫌いだったり、体を洗われるのが嫌だったりするかもしれない。どんなものであっても、ウマが嫌がる作業は短くしよう。毛刈りは何日かかけて少しずつ刈ろう。トレーラー式馬運車へ乗りこむことを教えるのは、一回につき数分ずつで構わない。

15-2A ウマの脳は刺激によって働くため、周囲の外部環境内の物にまず注意が払われる。この絵でウマの頭のなかを占めているのは、フクロウ、鳥、葉っぱ、シカだ。

15-2B 人間の関心は「家に着く」といった、頭のなかでつくられた目標を達成することに向けられている。そのため乗り手の脳は、ウマの脳が絶対に見落とせない物にはほとんど注意を払わないし、その逆も同じだ。

簡素化や省略できる作業がないか、探してみよう。二時間かけてウマの首からたてがみを根元から引っこ抜くのではなく、カミソリなどの道具と知識を駆使して一五分間で綺麗に整えよう。シャンプーを使って体を洗う回数がどれくらい必要か、再検討しよう。もっとウマと一緒に過ごしたいというあなたの気持ちを満たすには、持ち主が来られないウマの手入れや引き綱で歩かせることを代わりにやると申し出るのも手だ。

どうしても三時間以上ウマと関わらなければならないときは、時間を区切ろう。いったんウマを馬房に戻して、餌、水、休憩の時間を与える。そして五、六時間後に戻ってきて、明日まで待てない作業を終わらせよう。あなたのウマの寛大さと辛抱強さに感謝しよう。電話は作業のあとにしよう。ウマに落ち着いた口調で話そう。ペットや子どもを近くに寄せつけないこと。時計を気にすること。ウマをよく観察して、彼が発する「もうたくさんです」という合図を見逃さないこと。

もっと楽にしよう！

- 世話をするウマとは、一日二時間程度の関わりに抑える
- そのウマとは週に五日か六日、会えるようにする
- そのウマがストレスを感じる作業は、やめるか回数を減らす
- ストレスの多い作業は、数日に分けて少しずつ行う
- どうしてもその日に終えなければならない作業では、途中に長時間の休憩をはさむ
- 世話を必要としているウマを貸してもらう

トレイルライドの乗り手は、いかに短時間で作業をこなすかをいつも検討している。遠くの出発地点までウマを運ぶのなら、トレイルライドの前日に出発して、到着地点に着いた翌日に戻れるよう、宿泊できる馬小屋を確保しておこう。トレイルライド中は行程をいくつかに分けて、間にウマが餌を食べて水を飲み、ブラブラ歩き回ったりうたた寝したりできる休憩時間をはさもう。足場や傾斜の状態や標高に注意を払うこと。標高約三〇〇〇メートルで、勾配一二パーセントの岩山をよじ登らなければならない状況はそう長くは続かないはずだが。あなたが計画したトレイルライドに、ウマが万全の態勢で臨めるように備えよう。あなたの体重に合ったウマを選ぶこと。一日八時間乗らなければならないようなスケジュールは組まないこと。あまりに長すぎる。バギーのような全地形対応車ならそれでもいいが、ウマは疲れるし、体も痛くなる生身の動物なのだ。こうした配慮によって、ウマは病気をせずに心身ともに健康な状態が長く続き、この先もより長く意欲を保ち続けられるだろう。しかも、騎乗中のあなたの安全性もさらに高まるはずだ。

人間の計画をウマの脳に合わせることでコミュニケーションが向上し、ウマの心と体の健康も高まる。というわけで、あなたの四本足の友人とはどんどん関わりあうこと！　でも早めにお暇して、翌日また会いにいこう。

Ⅳ

注意、感情、
そして計画性

Attention, Emotion, and Forethought

16　ウマの注意を引く

ウマの頭のなかは、チョウのようにひらひらと飛びまわることがある。

「お、あれは何だ？」

「見て！　トレーラーだ！」

「何て綺麗な牝馬なんだろう……」

「わーい、エサのトラックが来たよー！」

こうした散漫性が、ウマと人間がチームとして何かに取り組んでいるときに生じると、チームは停滞する。競技の技能を身につけるためには、ウマは注意を払わなければならない。そして、ウマが私たちにしっかり注意を向けてくれたら、次は私たちがそれを活用するためにうまく捉えなければならない。

脳科学者たちは、ミツバチから人間にいたる種を対象にして注意を研究している。[1] 大半の哺乳類の脳は、似たような仕組みによって目をこらしたり鼻を利かせたりすることが判明している。そうした類似性を利用することで、注意力を調べることが難しいウマについても推測できる。なぜ難しいかって？　鎮静剤を与えられていないウマを、捕食者たちが忍び寄ってくる部屋で大きな音を立てている脳スキャナーに入るよう甘い言葉で説得してみれば、私が言わんとしていることがわかってもらえるはずだ。

ウマでも人間でも、「注意」はさまざまな能力を意味している。ウマの脳は警戒しやすいようにできている。新たな光景、音、匂い、感触に敏感で、人間には捉えられない変化に気づく。しかも注意を向ける対象を、ある物から別の物へ電光石火の速さで移すことができる。それに比べて人間の脳は大して用心深くないが、気を散らすものを排除して、長々とした作業に集中することに長けている。

私たち人間はウマにはほぼ欠けている種類の注意力に秀でているため（その逆もそうだ）、チームを組むことでそれぞれの種単独の力よりも、ずっと強力な注意力を手に入れられる。あなたのウマの注意力の強さを理解して自分の力も研ぎ澄ませ、脳と脳のコミュニケーションを促進すれば、ひとつになった注意力をさらに大きくできるはずだ。それによって、どちらもより多くのことを学べるようになるだろう。

この章では、人間とウマの脳が警戒心を高める、危険信号を見逃さない、脳内の力を潜在的な危険へ向ける仕組みについて説明する。次に、ウマがもっと楽に学んで高い技能を身につけられるように、これらの知識を活用してウマの注意を捉えよう。では、早速始めよう。「こちら、地球からウマへ！　ウマよ、応答せよ！」

非注意性盲目

　私たちは自己中心的な人間であるゆえ、自分たちの認識力が最強だと思いがちだ。ウマが私たちよりも油断がないなんて、本当だろうか？　一九九九年、ある認知科学者たちによって、六人の選手が二つのバスケットボールをパスする短い動画がつくられた。[2]動画を見せられた被験者たちは、素早く動く選手たちのなかの三人がボールをパスする回数を数えるよう指示された。被験者たちがそれぞれパスの回数を数えていると、ゴリラの着ぐるみを着た人物が登場して、選手たちがパスをしているなかを横切った。しかも、その真ん中で五秒間、立ち止まっていた。

　ゴリラを見落とすなんて、ありえないのではないだろうか？　普通は絶対にいないし、思いもよらないし、大きいし、しかも全身が黒くて分厚い毛皮に覆われているのだから！　だが、被験者の半数にはまったく見えていなかったのだ。結果に驚いた研究者たちは、追跡研究用に再び動画をつくった。今度は同じ状況のなかで、着ぐるみのゴリラが画面の真ん中で五秒間、胸を叩くというものだ。それでも、被験者の半数はゴリラを見落としたのだ。人間はある課題の一面にただひたすら集中できるため、それよりも明らかにわかりやすい別の面が見えなくなってしまうのだ。では、ウマはどうだろう？　ウマには、そんなことはありえない。

　関連する別の実験では、被験者は二人の人物が食事をしながら話している短い動画を見せられる。[3]途中で映像内の細かい点が、どういうわけか変化する。ひとりが身につけているスカーフが突然消えたかと思うと、再び現れた。テーブルの皿の色が、赤から白へと変わった。だが、被験者の九割は、そういった変化に気づかなかった。二回目の実験の被験者には、動画内で「物、姿勢、あるいは服装」に変化があると事前に伝えられた。そうしたヒントが与えられたにもかかわらず、消えるスカーフとカメレオンのような皿に気づいたのは、被験者の二五パーセント以下だったのだ。

この非注意性盲目の最も興味深い点は、こうした間違いを犯すにもかかわらず、私たちの強い自信は決して損なわれないということだろう。「スカーフが消えることや、皿の色が変わることに気づけると思うか?」と事前に尋ねられた被験者の八三パーセントが、「思う」と答えた。だが、そうした自信に満ちた被験者のうち、実際に気づいたのは一一パーセントにすぎなかった。

人間は集中している作業の進行や出来に何の貢献もしない雑音に、気づかない可能性が高い。だが、ウマは絶対に、着ぐるみのゴリラを見落とさない! 彼らは障害物のバーの色が突然変更されていたり、フェンスが白いプラスチック製から茶色の木製に取り換えられていたりしたら無視できない。ウマは人間が知覚しないさまざまな小さな変化に、常に気づいている。

情報を把握する

どんな種においても、注意は入ってくる情報の選別に活用されている。周囲の環境からものすごい量の情報が送りつけられてくるため、私たちはどれが重要でどれがそうでないかを見極めなければならないのだ。ウマの感覚器が大量の情報を入手すると、脳が自動的に危険に関するものを最優先する。一斉に入ってきた情報がウマの脳に到達すると、特殊な神経細胞によって取捨選択される。これは食べ物、水、危険についてだろうか？　そうだったら、通してやろう。それ以外なら阻止だ。こうした判断は無意識であり、あらかじめ計画された考えによるものではなく、正常な注意の働きによるものだ。生き延びるためには、ウマは危険信号をすぐに察知して、その場所から即座に逃げなければならない。その情報が間違いだったとしても、構わない。捕食者が隠れていなかったにもかかわらず揺れた草から逃げ出すほうが、クーガーが「追いかけて飛びかかる」ゲームを始めようとしているなかでさらなる情報を待つよりもずっといいではないか。

間違いを優遇するというこのバイアスによって、ウマの神経細胞は外界の非常に小さな変化を捉えるようにチューニングされる。ウマの脳はどんな雑音についても、重要な意味を持つ可能性があるとみなす。人間の脳は、集中力に対するより綿密なチューニングを優先させるため、多少の雑音に気づかなくてもよしとしている。

神経細胞のチューニング

注意は神経細胞のチューニングに依存しており、この調整は天然の化学物質の助けを借りて、脳のほぼどこででも起こりうる。[4] 私たちの脳は遺伝子に書かれている配合表を使って、それらの化学物質をよく混ぜあわせる。注意のさまざまな側面は、これまで何度も出てきたドーパミンのみならず、アセチルコリン、ノルエピネフリン（ノルアドレナリン）、コルチゾール、ニコチンによっても仲介される。そう、あなたの読み間違いではなく、本当にニコチンだ。あなたの脳もあなたのウマの脳も、たばこに含まれているのと同じニコチンを生成している。脳は警戒心を高めるために、それを使用している。

あなたと〈スター〉は山道を歩いている。道は細く、木が茂っていて、岩だらけだ。道の片側は一五メートルも垂直に落ちこんでいて、反対側は傾斜のある崖だった。あなたとスターのペアは、当然のように道に注意を払いながら用心深く進んでいるはずだ。あなたの脳内ではニコチンが勢いよく流れ、そして警戒心がより強いウマであるスターの脳内では、よりいっそう大量に放出されている。[5] このニコチンは、危険に対応している神経細胞の発火能力を大幅に高める。

緊張に満ちた静けさのなか、突然ハイイロリスが鳴きだした。あなたとスターの脳の数カ所にドーパミンがあふれ、差し迫った危険を知らせるスイッチが入る。ドーパミンに敏感な神経細胞は、発火速度を急上昇させる。つまり、飛び起きてすぐ仕事に取りかかるようなものだ。ノルエピネフリンやコルチゾールの放出によって、あなたの体は逃げる準備ができている。アセチルコリンはチームの注意を特定の場所に向けさせる。[6] スターはその場所に行くことに尻込みして、逃げようとする。なぜなら、彼女の脳は素早い動きを起こす細胞と直接つながっているからだ。あなたは汚い言葉のためにつくられた、脳の言語領域内の小さな保管場所への直接のつながりを利用して、悪態をつく。あなたの脳は、そこからいくつもの認知処理を辛抱強く行い、その後ようやく「逃げろ」の指示が出される。

補足運動野[7]

人間の脳には汚い言葉を保管するための特別な倉庫が、本当に存在している。位置が離れているため、脳の損傷によって通常の言語領域がだめになってしまったときも、ここは無償なことが多い。そのため、脳の損傷によって普通に話せなくなってしまった人でも、不愛想なウマの調教師が思わず顔を赤らめてしまうほどの猥雑な言葉で悪態をつくことはできるのだ。悪態をつくのが抑えられないのが症状のひとつであるトゥレット障害の原因も、この領域に関係していると考えられている。ウマにもこの補足運動野と同等の領域があるのだろうか？　猥雑な四文字言葉のいななきを保管する場所が。それは見当もつかないが、もしあったとしたらウマたちはそんな言葉を私にも一、二度発していたに違いない。

一方が尻込みし、もう一方が悪態をついているなか、知覚情報の処理を行う領域の神経細胞は自身をチューニングしていた。[8]どんな種類の「灰色」も伝えていた神経細胞は今や、ハイイロリスの大半に見られる特定の灰色に限定して見張ることになっていた。ほかの色に敏感な神経細胞は、ソファでいびきをかき続けている。形に対応している脳細胞は、丸く曲がったしっぽとドングリのような目にのみ発火するようになっていた。聴覚関連の脳細胞は、リスの鳴き声に急速に発火する準備が整っている。概念に関連する領域の神経細胞は、リスの鳴き声の意味を伝えるために高まっている。こうした高度に特殊化された脳細胞が興奮すると、非常に限られた情報を探しまわり、しかもそれが見つかると通常より速く激しく発火する（図16－1A・1B）。

これらの「リス関連神経細胞」は自身の発火能力を大幅に高めるとともに、周囲の無関係な神経細胞の力を抑制する。たとえば、「リスの灰色」担当の神経細胞は「戦艦の灰色」担当の神経細胞に「余計な口出しをするな」と告げる。あるいは、「ふわふわのしっぽ」担当が「短いしっぽ」担当に「身

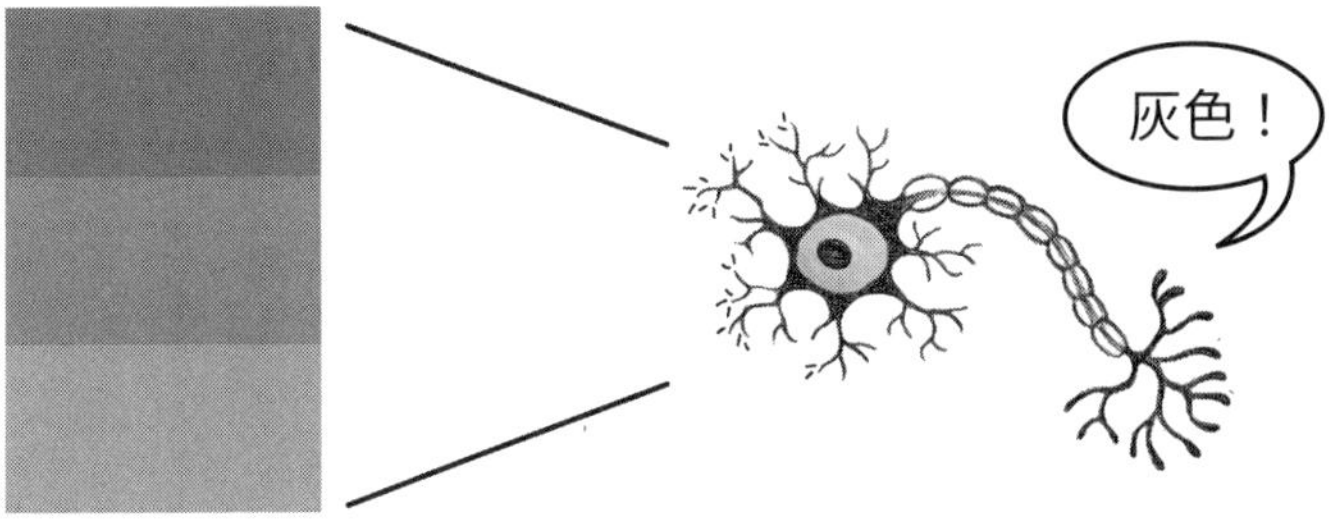

16-1A チューニングされていない神経細胞は、灰色を検知するよう特化されている。

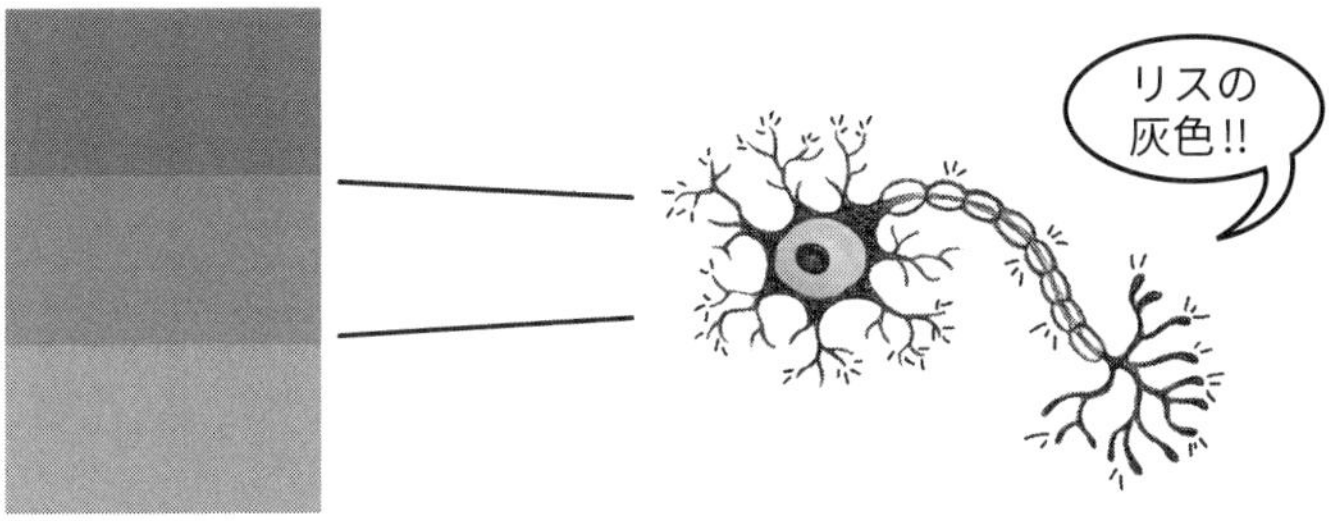

16-1B 同じ神経細胞が注意によってチューニングされると、最も関連性が高い色合いの灰色だけを検知するようになる。しかも、その特定の色合いを見つけると、通常より速く激しく発火する。

を引いて」と言う。これはまるで、集まった二〇人の同僚が、弱い者いじめが好きな奴に「俺が大事なことを言うから、おまえらはみんな黙っていろ！」と異常に興奮しながら言われて静かにさせられているようなものだ。たいていの場合、こういった奴は無視されるか一斉に反論されるものだ。だが、もし彼の伝えたいことが本物の死、あるいは進化上の死を防げそうなものであれば、みなその言葉に耳を傾けるはずだ。

　リスが鳴いた直前からリスを認識した瞬間までのスターとあなたの脳では、次のことが起きていた。

・警戒心を高めるためにニコチ

ンが放出される
・危険を知らせるためにドーパミンが放出される
・行動するためにノルエピネフリンとコルチゾールが放出される
・危険が生じている場所を示すためにアセチルコリンが放出される
・神経細胞が高い精度までチューニングされる
・無関係な雑音が抑えられる

しかも、これらすべてが一、二秒のうちに行われたのだ。

もしこの段階であなたとスターがまだ崖から落ちていないのなら、あなたの前頭前野は「ああ、ただのリスだったのか。私は何ともなかったし、スターも大丈夫。先に進もう」というように、恐怖を抑えようとしはじめる（あるいは、あなたの脳は「ああ驚いた。ここは恐ろしいから、もう帰ろう！」と言うかもしれない。いずれの場合も、脳はあなたに詳細な情報を与えたうえで判断させようとしている）。一方、スターの脳には前頭前野がない。彼女の脳は思考のためではなく、行動するためにできているからだ。スターはあなたの前頭前野を少しの間、借りなければならない。そうすることで、判断する、頭を落ち着ける、筋肉の緊張を緩めるといったあなたの能力を通じて、冷静さに浸ることができる。

ウマの注意のよい点は、「異なる」「普通でない」「よく知らない」もののほとんどに気づけるということだ。彼らの脳は、極めて小さな変化も捉えられるようにできている。一方、私たちの脳は、物体を違いではなく類似性でグループ化するようにつくられている。ウマの注意の欠点は、簡単にそれてしまうことと、解剖学的に即時の反応に結びついてしまうことだ。恐怖が考えなしの行動に結びついている注意散漫なウマを調教するのは、ほぼ不可能だ。そのため、あなたがウマにどんな振る舞いを望んでいるのかを教えるには、彼の注意を捉えなければならない。注意散漫なウマは、だいたい「気が休まらないウマ」か「ぼんやりしているウマ」のどちらかだ。

気が休まらないウマ

「気が休まらないウマ」はたいてい神経質で、あらゆる方向をちらちら見るが、自分の進むほうだけは目に入らない。目と耳は絶え間なく動いていて、頭は急に持ち上がったり、よくクルクルと回ったりしている。筋肉はかちかちで、歩む速さが頻繁に変わり、警戒心が強まると急停止する。一〇代の若者が携帯メールを打ちながら信号機の柱に突っ込んでしまうように、「気が休まらないウマ」がよくつまずくのは、あまりに気がそぞろだからだ。ウマが注意しているときと気が散っているときを見分けるために、こうした兆候を観察しながら、ウマの注意がどこに向いているのかに気づけるようになろう。

「気が休まらないウマ」に対するあなたの目標は、彼の警戒心を減らすことだ。さらに、彼が外部環境に向けていた警戒反応や定位反応を、彼を扱う人に向け直すようにするほうがいいだろう。それはつまり、あなたのことだ！　「気が休まらないウマ」の極度に興奮した反応は生まれながらのものなので、調教には時間、努力、辛抱強さが必要だ。ゆっくり落ち着いて取り組み、細かい段階に分けて少しずつ進めていこう。あれだけの数の天然化学物質、とりわけストレスホルモンのノルエピネフリンとコルチゾールの分泌を調節するには、彼の脳が多くの訓練を積まなければならない。

まずは、「気が休まらないウマ」を最低限の雑音しかない場所に連れていく。無口頭絡と引き綱だけでのグラウンドワークで、一瞬の注意をあなたに向けてもらうようにしよう。ウマがラテンダンスのチャチャのように軸足で回転しているって？　その場合はじっと立たせようとするのではなく、引き綱を引いて歩かせよう。彼の注意が外部の出来事や物体に向いたら、無口頭絡をそっとウマに当てながらあなたのほうに引き戻して、歩き続けよう。こうして触れるのはちょっとした注意喚起であって、引っ張ったり罰を与えたりするものではない。必要なら、この軽く当てる動作を繰り返そう。ウマがあなたに注意を向けたら、なでるか褒め言葉による報酬を与えよう。

「気が休まらないウマ」が歩行中に気をそらされることが減ってきたら、数秒間じっと立つよう指示し、あなたに注意を向けている間、なでてあげよう。時間をかけて、引き綱による軽く触れては離すだけの指示で、前へ歩く、後ろに歩く、停止する、右に曲がる、左に曲がることを教える。その後、もう少し雑音が多い、ある程度騒がしい場所に移る。毎日一五分間の注意訓練を行い、ウマがさまざまな情報でいっぱいになった頭であなたに注意を確実に向けられるようになるまで続ける。この時点では、あなたにずっと注意を向け続けることを求めてはならない。わずかな時間だけあなたに注意を向け直すので十分だ。

ついに、乗るときが来た。騎乗中、「気が休まらないウマ」の目、耳、頭は、あらゆる外部の出来事に向けられるだろう。そうした動きは無視しよう。繰り返しになるが、あなたたちは脳と脳でコミュニケーションを取っている状態なのだから、あなたが注意を向けるものにウマも注意を向けるはずだ。私が以前ウエスタンプレジャー競技用に調教をしていた灰色の牝馬〈ヴィンカ〉は、持ち主が変わってから最初の数週間、馬場内外のあらゆるものに反応し続けた。歩法の速度が数秒ごとに変わり、車が入ってきたり人が通りすぎたりするたびにそちらへ注意を向けた。周囲で起きるどんな小さな出来事も、彼女は無視できなかった。だが、それまでの数カ月間の調教では、そういった振る舞いを私に見せたことは一度もなかったのだ。

ヴィンカに新たに生じた注意散漫の原因は、新しい乗り手だった。スーは積極的で人づきあいがとてもうまく、初めて会ったときから一生の友（しかも本当に仲のいい）になれそうな人物だった。極めて社交性が高く、他人とのやりとりのなかでどんな細かい意味合いも汲み取ることができた。騎乗中に車とすれ違うと誰が乗っているかを必ず確認したし、馬場のフェンス付近に誰かが立っていたら、ヴィンカの遅い速歩のリズムを保つことよりも、その人を優先した。案の定、スーが注意をヴィンカに向けた途端、ともに雑音を無視して集中できた。要は、ウマはさほど注意散漫ではなかったが、チームメイトがまさにそうだったのだ。

あなたも自身の「気が休まらないウマ」に乗るときは、外部からの刺激はすべて無視しよう。常歩《なみあし》のときは両手に手綱をひとつずつ軽く持つ。ウマの注意がどこかに飛んでいってしまったら、彼が興味を示した向きとは反対の手綱で触れて注意を向け直そう（図16－2）。彼が左を見たら、あなたは右側に触れる。ウマが無視したら今度は無口頭絡のときと同じ要領で、少し強めに触れて、離す。それでもうまくいかない？　その場合は誘惑のもとからウマの顔を背けさせて、輪乗りさせる。すると、

16-2 反対側の手綱でウマの注意を向け直す。

足がもつれて円をうまく描けないウマは、この運動に注意を払わなければならないことに気づく。うまくできるようになってきたら、さまざまな歩法で練習を続けよう。
　こうした方法にあなたのウマが反応しないなら、次の策を試してみてほしい。ひとつ目は、どんな調教プログラムでも、「グラウンドワーク」「より速度の遅い歩法」「もっと静かな場所」といった、前の段階に戻ってみる。二つ目は、雑音を減らすためにラウンドペンを使用する。外が見えない高い壁のラウンドペンは、ウマの視界を制限してくれる。だが、外が比較的よく見えるフェンスでも、ある程度の心理的な効果はある。「気が休まらないウマ」の注意を向けるときは、落ち着いて行うこと。ラウンドペンに入れる目的は、ウマを壁に沿ってぐるぐる走りまわらせたあげく、滑りこみと半回転で停止させることではないのだから。三つ目は、無口頭絡や手綱を軽く当てるときに、気がそれているウマに一言、二言話しかけてみよう。騎乗中にウマに話しかけることが少なければ、声をかけることはとりわけ効果的だ。予期せぬことに驚いたウマは、あなたに注意を向けるはずだ。

ぼんやりしているウマ

「ぼんやりしているウマ」は外の世界のことなどほとんど気に留めず、とぼとぼ歩く。彼らは両脚、両拳、騎座、体重移動によるあなたの扶助にとりわけ無関心で、それよりもずっと居眠りしたいと思っている。何か興味を引かれるものがあったときは、馬場の扉のほうへ体を傾けたり、厩舎の前で速度を落としたり、首を伸ばして草を噛もうとしたりといった消極的な態度を取る。

このタイプのウマの場合、あなたの目標は怖がらせずに注意を促すことだ。「ぼんやりしているウマ」の注意を引く方法のひとつは、素早い前進を求めることだ。もしこの指示でウマが驚いたら、なおさら好都合だ。

最初は綱を外してラウンドペンに入れるか、あるいは調馬索運動をさせてから、「ぼんやりしているウマ」に常歩を指示しよう。馬具店のおやつ売り場に向かうかのように威勢よく前進したら、すぐに褒める。だが、もしぐずぐずするようなら、調馬索用の追い鞭で後躯を軽く叩く。「歩く」というのは「四拍子のリズムの歩法で、肩と臀部を前方に振り出し、それに合わせて頭を揺らす」という「常歩」であることを教えよう。速い常歩、速歩、曲がる、停止、後退を、ラウンドペン内や、綱を持った状態で練習しよう。何か新しいことが起きているのだと、ウマが気づくよう働きかける。私たちはもはや、ポテトチップスの袋を片手にリクライニングチェアでだらだらしているのではないのだと、ウマにわかってもらおう！

騎乗時は、「ぼんやりしているウマ」には手よりも脚による指示のほうが効果的な場合が多い。そのため、手綱で触れて外部へ向けている注意をこちらに向けさせるよりも、脚で軽く、またはそっと叩いて前進させよう。指示は明確にして、ウマはそれにすぐに従わなければならないことをしっかりと教えよう。あなたの取り組みに対してウマがふざけた態度を取ったら、拍車や鞭を追加する。そして、ウマが一瞬でもあなたに注意を向けたら、そのたびに褒めることをもちろん忘れないように。「ぼんやりしているウマ」を刺激するもうひとつの方法は、騒がしい場所に連れていくことだ。ウマが周囲の出来事に注意を向けたら、「気が休まらないウマ」で紹介した、興味を引いた方向と反対側の手綱で軽く叩く方法を使う。外部のものに向けられたウマの注意をこちらに向け直すほうが、彼の内側の世界から興味を引くものを掘り出そうとするよりも簡単なことが多い。

注意を捉えるには

- 「気が休まらないウマ」は落ち着かせる。「ぼんやりしているウマ」は呼び覚ます
- 雑音の程度がウマの状態にあった場所を探す
- グラウンドワークから始める

- 「気が休まらないウマ」に触れて注意を自分に向け直すときは、手を使う
- 「ぼんやりしているウマ」に触れて注意を自分に向け直すときは、脚を使う
- 基本は軽く触って離すこと。必要ならば、軽く叩くのを繰り返す
- 必要に応じて、輪線、ラウンドペン、声を使う
- さまざまな歩法や場所で練習する
- あなたに注意を向け直したら報酬を与える

気をつけるべき点

「ぼんやりしているウマ」の注意を捉える調教の初期段階では、人工的扶助（長短の鞭、拍車）を使わなければならない場合もある。こうした扶助の利用には高い技術が必要で、しかも罰の道具としてではなく、あくまで人間の手や脚の延長として使われなければならない。これらの扶助にウマが慣れきってしまうことを防ぐために、使うときは確実に当てる一方、頻繁には使わないこと。

「気が休まらないウマ」は非常に神経質な場合が多く、素早く反応するうえ動きも敏捷だ。そのため、たとえば思わぬところで木の葉がかさかさ鳴ると、飛び上がってあなたの膝の上に着地しかねない。そういったウマは少なくとも最初の数年間は、専門の調教と上級レベルの乗り手が必要になる場合が多い。どんなウマを調教するときでも、専門的な助言が必要なときがある。短期間で特定の課題に取り組むときだけでも、プロの調教師に依頼しよう。レッスン料は治療費よりも安いし、しかもレッスンに参加するほうが病院のベッドに寝ているよりもずっと楽しいのだから。

一瞬注意することを教えていくと、「気が休まらないウマ」は気をそらすことが減り、「ぼんやりしているウマ」は目を覚ますだろう。彼らが学んでいるのは、「あなたと一緒に何かに取り組んでいるときは、互いに注意を向けあうものだ」ということだ。それに気づくことが、より長くあなたに注意を向けることを教えるための基礎になる。さあ、今から厩舎に行って、あなたのウマの注意を捉える練習をしよう！　そして、集中に対応している彼の神経細胞をチューニングして、注意の持続時間を延ばしていこう。

17 ウマの注意を引き留める

「ラララララ！」。あなたがやろうとしている調教を受けたくなくて、蹄《ひづめ》で両耳を覆って大声で歌っているウマを思い浮かべてみよう。彼のやる気がなければ、どんなに優れた調教内容も頭上を通りすぎていってしまう。あるいは、あなたのやる気がなければ、ウマはあなたに何も教えられない。ウマには、教えられることがたくさんあるというのに。どちらも学ぶためには、ウマと人間のチーム内で注意を持続させなければならないのだ。

人間の「注意（attention）」とは、通常「ひとつの作業に精神力を集中させる能力」「集中すること」を意味している。これは脳科学での正確な定義だが、この言葉の一般的な意味合いと比べることも重要だ。ある類語辞典には、次の同義語が載っていた。配慮、厚意、考慮、親切、没頭、助けになる、思慮深さ、反応の速さ。私たちに注意を向けるようウマに指示するとき、これらの意味も心に留めておこう。被食動物と信頼関係を育むには、私たちに注意を向けるよう彼らに要求してはだめだ。私たちが彼らに注意を向けてもらえるよう、努力しなければならないのだ。

注意を持続させることが動物の調教の基礎であることは、日々の訓練や科学的研究によって裏づけられている。[1] ミバエさえ、集中時には学ぶ速度が向上する。[2] 成果をうまく発揮できる方法を学ぶには、あなたとあなたのウマが互いへの注意を持続させなければならない。どちらも、相手が理解できる合図を出さなければならない。そしてどちらにも、相手に伝えなければならない期待や意欲があるはずだ。

互いに注意を向ける

ウマを扱う人がウマに注意を向けることは極めて重要で、それにはいくつか理由がある。まず、異なる種同士の双方向コミュニケーションには、努力が欠かせない（それは本当かって？　疑うようなら、綱を外した状態での調馬索運動をあなたのイヌでやってみるか、テンポを変えるよう声で合図してみればいい！）。ウマを上手に扱うのは簡単そうに見えるかもしれないが、実際には扱いは非常に複雑で、何頭ものウマを相手に何年もの訓練が必要なのだ。イタリアでは難しいことを簡単にできるように見せられる才能を「スプレッツァトゥーラ」と呼ぶが、ウマを扱うことはそれを練習しているようなものだ。フィギュアスケートの選手は、キラキラ輝く氷の上を飛ぶような速さで滑ると、約六ミリの刃のエッジで宙にジャンプし、一秒もしない間に四回転を行い、滑らかに着氷して再び滑っていく。それは誰でもあんなに優雅に滑れると思えるほど、簡単に見えてしまう。

まさにこのスプレッツァトゥーラこそが、ウマとは無関係な人々に「乗り手はただすまして座っているだけで、やるべきことをすべてこなしているのはウマ」と思わせてしまっているのだ。そんな人々のなかには、自分でも「すぐさまウマに飛び乗って、群れで一番素早いウシを素早く引き離す」「あぶみなしで一時間ほど軽速歩する」「ゴール直前のコーナーで三冠馬と競う」ことなど簡単にできるはずだと思っている人もいる。熟練の技を身につけるためには、長時間持続する相手への注意がウマと乗り手の双方に必要なのだ（鍛錬、努力、力強さ、知識、技能、忍耐力、終わりなき意欲も必要なことは、言うまでもない）。

人間がウマに注意を向けることが重要であるもうひとつの理由は、ウマの脳が集中ではなく警戒するためにつくられている点だ。気を散らされるたびに素早く逃げるという本能的な行動を克服するよう、私たちは自身のウマに教えなければならない。人間の合図にじっと集中する技能は、時間をかけて調教すればウマにも身につくし、しかも子どもから大人に発達する過程でも向上する。ウマが人間のような長時間持続する集中力を身につけることは無理だが、教育によって向上させることは可能だ。

それに加えて、ウマは自分を扱う人の気分や体調を正確に映し出す。もしあなたが注意散漫だったりイライラしていたりすると、あなたのウマも注意散漫になったりイライラしたりする。優秀な乗り手でも自分が冷静さを失っていると、乗っているウマに遅い速歩や駈歩をさせたり、静かにジャンプさせたりすることに苦労する。もし、あなたの体が緊張していて、その状態で筋肉をこわばらせたり脚や手で圧迫したりすると、ウマの体も緊張してくるのがわかる。競技用のウマと乗り手が競技をうまくこなすためには、心身ともに落ち着いていながらも、互いへ注意を向けることを忘れてはならない。

あなたは何に注意を向けている？

えーっと……柔らかく尋ねるには、どう言えばいいだろう？　ウマを調教したり一緒に練習に取り組んでいたりするときに、あなたはどれくらい頻繁にすべての注意をウマに向けているだろうか？また、そうした注意は、一度につきどれくらい長く続いているのだろうか？　あなたが出す合図をウマに捉えてほしければ、あなたもウマの合図を捉えようとしなければならない。たとえば、あなたは一〇分間のウォーミングアップと一〇分間のクールダウンも含めて、一時間騎乗するとする。もちろん、実際の取り組みの最中に短い休憩も入れるだろう。とすると、あなたとウマが互いに注意を払わなければならない時間は、一〇分間をひとまとまりが何度かあると考えていいだろう。

自分のウマに、毎回一〇分ずつ注意を向け続ける人はまれだ。乗り手の多くは、騎乗中に空想したり、社内の政治的駆け引きや家庭での出来事を思い返したりする。外部から邪魔が入ることもある。たとえば、風の音が強くなる、ものすごい音でバイクが走っていく、ほかの騎乗者が舌を鳴らし続ける、といったことだ。あるいは、携帯電話が鳴ったり、友人が手を振っていたり、難しい手前変換の練習にまさに取り組んでいるときに厩舎の管理人が何かを尋ねてきたりする。こうした邪魔によって、チームのどちらのメンバーも気がそがれてしまう。乗馬は、双方向なものだ。あなたのウマに注意を向けてほしければ、あなた自身もウマに注意を向けなければならない。そうすれば、彼はあなたの不安、イライラ、寛大さを反映したときと同様に、あなたに注意を向け返してくれるはずだ。

マルチタスク

こんなことは言いたくないのだが、「マルチタスク」は迷信だった。人間の脳は同時に進行する作業の両方に、注意を分割して向けることはできないのだ。それにもかかわらず、マルチタスクができていると私たちが思えるのは錯覚に過ぎない。人間の脳は二つの作業に対して注意を素早く切り替えることはできるが、それによって効率は悪化する。しかも、多少どころの話ではない。人間の脳が注意を切り替えながら複数の作業を同時に進めようとすると、平均して通常の一・五倍の時間がかかる。しかも、完成した作業内容には通常の一・五倍の間違いがあることも判明している。[3] そうした作業速度と正確さの低下を考慮すると、マルチタスクは全体の生産性をおよそ四割も悪化させることになる。[4]

こうした作業の低速化と誤りの多さを、ウマが関わるスポーツに当てはめてみよう。ウマは平均体重がおよそ五五〇キロの、電光石火の速さで動く動物だ。そのため、誤ってあなたを瞬時に殺してしまう恐れがある。実際、毎年アメリカで人が動物に殺される原因で最も多いのは、ウマとウシだ。[5] ウマを扱う人々は、通常よりも一・五倍も間違えることがわかっていながら二つのことを同時にやるわけにはいかないのだ。それでは本当に死んでしまう。

大半の人は、こうした数値を聞かされても自分には当てはまらないと主張する。それは、マルチタスク最中の脳には「注意容量」の空きがもうほとんどないため、時間を無駄にしているとかめちゃくちゃな作業をしていることに私たちが気づけないからだ。しかも、正常な人間の脳はみな、自分の持ち主は天才であると信じこむようバイアスがかかっている。本当に、天才だったらよかったのに！私たちはこの誤った思いこみによって、「たとえどんなに賢い人でも、人はみな、一度にできることはそう多くない」というありふれた現実を直視せずにすんでいる。脳内の注意容量には、物理的な限界がある。

集中の中枢

集中の土台を探す旅には長い歴史がある。認知心理学者たちはまず、人間が問題解決に集中するときに脳内で行われる処理の解明に取りかかった。脳画像化技術の誕生によって、集中が軟膏のように絞り出されて外部の作業に塗りたくられる場所を探せるようになった。答えが次々に飛びこんできた。注意がもたらされる過程は、脳の前頭前野と前頭前野内側部で見られた。あっ、それから腹側前頭葉、上頭頂小葉、外側頭頂葉、正中内側部構造、前帯状皮質、島皮質、右側の大脳皮質、前頭頭頂皮質でも。それに視床、中脳、前脳、大脳基底核、前頭葉眼球運動野、側頭頭頂接合部、海馬、外側膝状体、上丘を言い忘れていた気がする。青斑核も。それから網様体賦活系も。

心配しなくていい。小テストはないから！　要は、注意がなされる過程は脳のほぼどこでも見られるということだ。そして、科学的研究において「どこにでもある」とは、「どこにもない」と同じ意味だ。わかっているのは、注意は頭のなかで起きていることによってもたらされている、ということだ。愛や恐怖と同じく、集中の経験は人間の脳のほぼすべての領域を活性化させる。[6]

逆説的ではあるが、それに当てはまらないほぼ唯一の箇所は、臨床医が「ウマの注意の中枢」と呼ぶこともある部位だ。網様体賦活系は脳幹の基部にある細胞核の集まりだ。それは哺乳類を覚醒状態に保つが、必ずしも注意を怠らない状態にするわけではない。この組織が損なわれると、私たちは注意容量を失うどころか、意識を失うか、昏睡状態になるか、死んでしまう。注意とは、ただ目を覚ましているだけのものではないことは、みなさんもおわかりだろう。私たちは馬具の手入れをしたり、糞尿をシャベルですくったり、ミルトンの『失楽園』を読んだりしているときは目を覚ましているが、果たして注意を怠らないようにしているだろうか？ 常に緊張感を抱いているだろうか？ 今やっていることに夢中になっているだろうか？ それはまずないだろう。網様体賦活系は注意において果たす役割があまりに小さいため、注意に関する現在の教科書では触れられてもいないのだ。[7]

フォン・エコノモ神経細胞

今日では、「注意が起きる源」という聖杯を探しまわる代わりに、集中を促進する特定の神経細胞の研究が進められている。「フォン・エコノモ神経細胞（VEN）」は、脳全体に広く存在している。VENはそれよりもずっと一般的な多極性神経細胞の約四倍の大きさで、両端にひとつずつしか接続を持たない、独特な長い形状をしている。[8] この名称はルーマニア人神経科医のコンスタンチン・フォン・エコノモにちなんでつけられた。一九二六年にVENを発見したエコノモは、生涯をかけてこの研究を行った。

活性化したVENは、ほかの領域の注意がとりわけ高まるような刺激を送る。この作用によって、各領域の多極性神経細胞は、与えられた作業に関する情報に対して急速に激しく発火するよう備える。たとえば、今あなたはホースマンシップにおける脳科学について書かれた、とても興味深い本を読んでいるとしよう（もちろん、これはあくまで純粋な仮説に基づいた例だ）。あなたの興味が大きくなるにつれて、活性化されたフォン・エコノモ神経細胞が脳全体に刺激を送り続け、多極性神経細胞はチューニングによって研ぎ澄まされる。

では、ウマはどうだろうか。数十年もの間、VENは霊長類、しかも脳が大きくて社会生活が活発な種にしか存在しないと考えられてきた。[9] だが、科学は歩み続ける。研究が進むにつれて、イルカ、クジラ、ゾウ、サル、ブタ、ヒツジ、ウシ、シカでVENが発見された。そして二〇一五年、研究者たちはウマの前帯状皮質でVENを発見した。[10] 前帯状皮質は、進化上では脳の古い部分にあるとされる。人間の場合、この部位は集中をもたらすVENが大量にあるところだ。

注意に関わっているこうした細胞が、あなたとあなたのウマが互いに注意を向けるためにどう役立つかは、このあとすぐ説明する。だがその前に、ウマがあなたに注意を向けたときに褒めてあげられるよう、ウマが注意をしているかどうか、そして何に注意をしているのかを見極める方法について知っておくほうがいいだろう。

ニューロンの種類

哺乳類の脳には、多くの種類の神経細胞がある。そのなかで最も一般的なもののひとつは多極性神経細胞で、多くの接続された細胞を用いてさまざまな方面へ電気インパルスを伝送している。フォン・エコノモ神経細胞は、単極性神経細胞の一種だ（図17－1）。VENはインパルスを一方向にしか伝送しないが、脳内の広い範囲でやりとりするため伝送距離は長い。

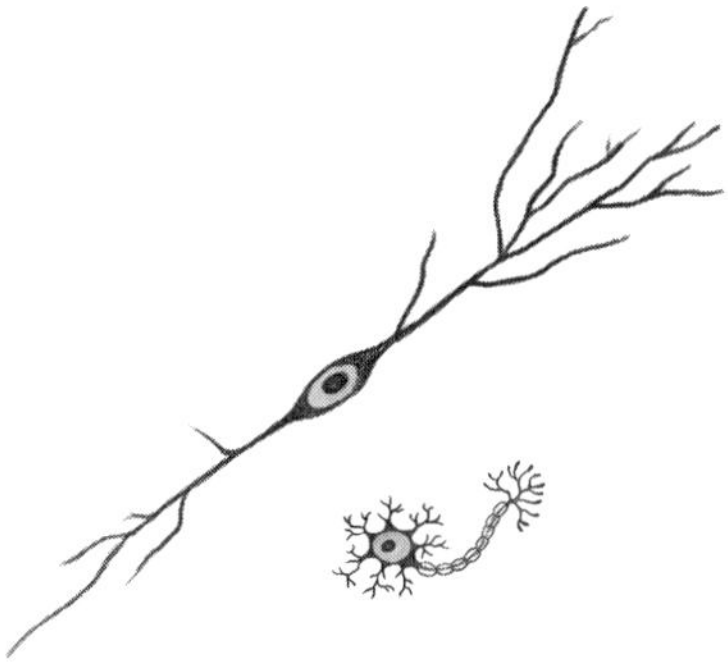

17-1 フォン・エコノモ神経細胞（上）は注意を促進するために利用される。標準的な多極性神経細胞（下）と大きさを比べてみてほしい。

ウマの注意を見極める

ウマがあなたに注意を向けているかどうかを確認するには、どうすればいいだろうか？　地上では、あなたに注意しているウマは、あなたに顔を向ける。そしてさらに、あなたをじっと見る、嗅ぐ、あるいは鼻をこすりつけてくるかもしれない。何か新しいことが起きると、足の位置はそのままでも、あなたの顔や足を観察して謎を解くヒントを探そうとするだろう。そのあと、目や鼻であなたの体を探索するかもしれない。このときのウマは活発に情報を探している状態で、それは学習には最適な姿勢だ。

騎乗中の場合、注意深いウマは乗り手の指示にすぐに反応する。最初はその反応は間違ったものかもしれないが、それは問題ない。あなたの四本足の友人は、その指示が何を意味するのかをまだ学んでいる最中なのだから。まずは、指示に気づくことが大事だ。そこから、あなたが彼の反応を直してあげればいい。一方、十分な知識のあるウマがあなたの脚、拳、騎座による扶助をただ無視するのは、あなたに注意を向けていない証拠だ。彼はあなたを軽く見ているのだ。

ウマがどこに注意を向けているかは、耳の動きでもわかる。前を向いてピンと立っているって？その場合、ウマは前方の何かに興味を抱いている。飛越の障害物か、あるいはウシかもしれないが、気がそがれる雑音の恐れもある。あなたが指示を出したときに、あなたのほうへ耳を優しくひょいと動かしている？　よし！　彼はあなたに耳を傾けている。

ウマは親しい人間とそうでない人間を見分けられるし、あなたが彼に注意を向けているかどうかを察することもできる。さらに、どの人間が自分に注意を向けてほしくて、誰がそうでないかも素早く学習する。[11] 調教師の前では集中力を発揮するのに、持ち主の前ではぼんやりしているウマが多いのはそのせいだ。

ウマの注意を持続するには

ウマの注意を一瞬捉える方法は、すでにいくつか紹介した。こうしてウマが向けた注意は彼のＶＥＮを発火させ、それが脳の多くの領域に伝わって、その注意と関連する情報を探すよう多極性神経細胞がチューニングされる。あなたのウマの注意を捉えたら、次は彼の集中時間を長くすることに取りかかろう。

次回ウマの注意をあなたに向け直したとき、いつもとは少し違う課題をすぐさま与えよう。この作業が、あなたが使うＶＥＮ発電機になる。課題の内容は、ウマによって異なる。幼いウマなら、輪乗りや八字乗りから始めよう。中級レベルのウマには、浅い蛇乗りや、駈歩から半減却した駈歩への変換もいいだろう。熟練したウマなら、ハーフパスや前肢旋回をやらせてみるのはどうだろうか。障害飛越競技用のウマなら門扉を開けること、トレイル競技用のウマなら地上横木通過もいいかもしれない。ウマがやったことはあるけど、そう頻繁にはやっていない課題にしよう。この狙いは、ウマにあなたの扶助とそれが何を意味するのかを考えさせることだ。あなたは教室で眠たそうな学生に呼びかけて教えようとする教師になったつもりでいよう。あるいは、あなたのウマの頭のなかでうとうとしている、眠そうなフォン・エコノモ神経細胞の集団の教師に。

ウマが注意を向ける時間が延びたら褒めてやり、小さな成功の合間に休憩を取らせよう。集中する時間を、ゆっくり延ばしていこう。今日はたった一〇秒で、彼の頭がどこかにさまよいはじめてしまうかもしれない。だが、それでも大丈夫！　明日は一五秒集中するかもしれないし、一カ月後には一分間集中できるようになっているかもしれないのだから。それまでウマをいつも落ち着いた状態に保って、必要ならばあなたに注意を向け直させそう。

適切な場所を選ぶ

注意を持続することをウマに教えるには、調教場所として適切な雑音があるところを選ぶのが大事だ。雑音を振り切って注意を捉えることを目標としているので適度な邪魔は必要だが、あまりに多いとウマが圧倒されてしまう。いずれ、賑やかなロデオの最中でも注意が途切れない日が来るが、そうした能力は身につけさせなければならないものだ。前にも説明したとおり、ウマには前頭前野がないため、慌てて逃げるという本能的な行動を遅くすることはできないし、しかも脳内の化学物質は集中時間を延ばすための調整がまだできていないのだ。

注意を持続させるためのもうひとつの方法は、ウマに次の動作を予測させないことだ。よく調教されたウマは、事前に計画できない代わりにチームメイトの指示に注意を払う。この過程はウマのＶＥＮを一定期間ごとに再活性化し、多極性神経細胞にチューニングの機会を頻繁に与えてしまうことになる。第七章で取りあげた神経系の疲労（133ページ）を覚えているだろうか？　これらの細胞には注意を保ち続けてもらいたいので、疲れはてて機能しなくなると困るのだ。

こうした予測をウマにさせないためには、騎乗中に思いがけない動作へ変換しよう。たとえば、予想外の停止、発進、方向転換、速度・歩法・歩幅の変更を行ってみよう。ウマがパターンを読みだして注意がそれてきたら、再び変更しよう。ウマの蹄で土にメッセージを書いてみる。ウマから降り、綱を引いて逆行させる。ウマが思ってもいなさそうなことを、何でもやってみよう。障害飛越（ジャンピング）、レイニング、バレルレーシング競技の練習では、コースはいつもどおりに設定するが、新たなパターンで攻略しよう。馬場馬術（ドレッサージュ）の試験練習を、課目の順番をさまざまに変えながら何度もやってみよう。どんな競技でも、ウマの注意を捉えて教えるほうが、ひたすら繰り返し練習させるよりもはるかに効果的だ。しかもそのほうがずっと楽しい！　あなたのウマは、次に何が来るのか注意をよく働かせるだろう。

回転やカーブを組み合わせた一連の動きをさせよう。カーブや回転は緩やかにしたり、急にしたり、進む方向も四方八方で、しかも突然停止したり、たまに後退も入れたりしよう。地面に細かい模様の刺繍をするというイメージだ。ウマの体をしなやかにするためにこの手法を取り入れる調教師もいる

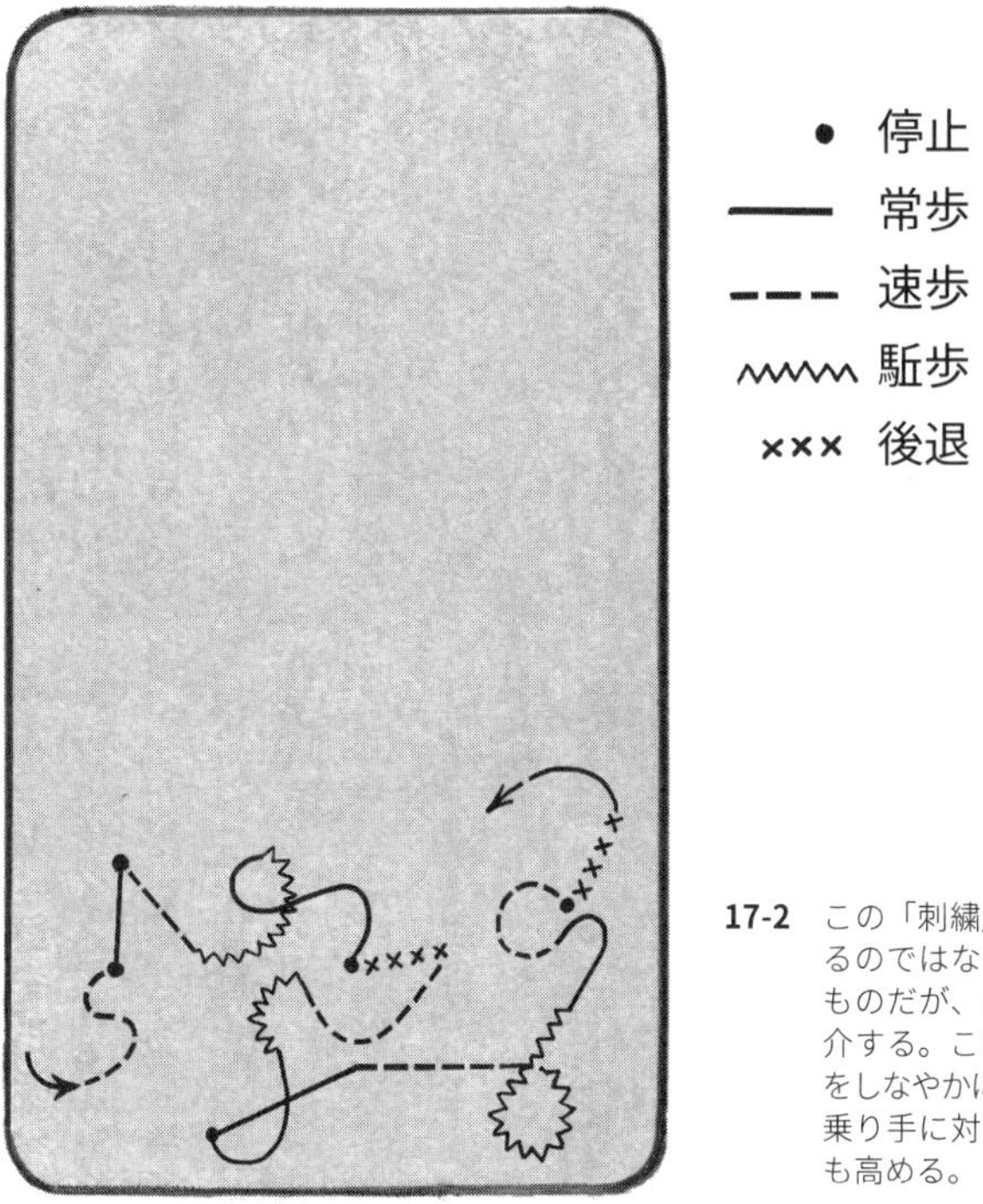

17-2　この「刺繍」は事前に計画するのではなく思いつきで行うものだが、パターンの例を紹介する。この練習はウマの体をしなやかにするだけでなく、乗り手に対するウマの注意力も高める。

が、ウマは次の動きが読めないためにも、ウマの注意力を高める練習にもなる。この注意力向上運動では、まず常歩から始めて、徐々に勢いをつけてさまざまな歩法に変え、様子を見ながら斜め方向の進行や手前の変換も入れてみよう（図17－2）。

ウマが何らかの雑音に気づいたら、そちらに向かうのではなく素通りしよう。しかも、素通りするパターンを毎回変えよう。雑音の原因がある方向に目をやったり、そちらに体を傾けたりせずに自身の取り組みに集中する。「あの雑音の原因である物は意味がなく、注意を払うに値しない」ということを、自身の体を通じてウマに教えよう。ウマが立ち止まってその雑音の原因を眺めようとしても、そうさせてはならない。休むことは、大きな報酬なのだ。もしその物があまりに注意を引きすぎて（たとえば、上方でブラブラ揺れているゴミバケツをひっくり返しながら、ゴミをつぶしているゴミ収集車の音）、ウマがどうしてもあなたに集中できないようなら、そうできるように状況を変える。一時的に別の場所に移るか、その新たな光景のなかでいったんグラウンドワークに戻そう。状況を変えても、目標とする課題自体は変えないこと。

ウマの神経細胞のチューニングを研ぎ澄ませるために、指示への高感度を身につけさせよう。たとえば、背筋をまっすぐ伸ばして鞍に座り、外側の脚で圧迫するだけで「ぼんやりしているウマ」に駈歩を指示したとしよう。何も起きない。まったく何も。こんなときは目を覚ましてすぐに駈歩するよう、ウマに要求しよう。まだ教えていないことを、ウマにやらせようとする必要はない。だが、もしウマが指示の合図を知っていて、あなたがわかりやすく出したのであれば、それに大急ぎで反応するべきだと強く伝えよう。

神経細胞のチューニングの精度をより高めるさらなる方法は、動作の移行中のより小さな合図を教えることだ。たとえば、あなたのウマは外側の脚で約一キロの圧力をかけ、内側の拳で手綱を少し引くと、うまく駈歩発進するとしよう。まずは約七〇〇グラムの脚での圧力と手綱をかすかに引くだけで駈歩発進するよう求めよう。指示への高感度をより高めるには、「独立したシート」と極めて優れたバランス能力が必要だ。あなたのウマに小さな合図にも応えてもらいたければ、あなたはそれを正確に出さなければならない。

ウマが集中することを学びはじめたら、もっと雑音の多い、より騒がしい環境に移ろう。どんな調教も少しずつ進めていき、ウマを怖がらせたりやる気をそいだりしないよう気をつけながら、あなたが彼に何を望んでいるのかを示そう。

ウマの集中力を高めるには

- 普段あまり行わない課題を与える
- 集中する時間をゆっくりと延ばしていく
- 騎乗中、思いがけない動作パターンでウマを進行させる
- 外部の雑音は素通りして無視する。
- 指示への高感度を身につけさせる
- より騒がしい環境に移って練習する

注意力の高いウマは、自身がこなすべきことやあなたに対して上手に集中して、一度に数分間それを保てるようになるだろう。ただし、ウマに三〇分間集中し続けるよう求めるのは、厳しすぎる。短い休憩を何度も取らせて、よい振る舞いに報酬を与えることで、あなたのウマの集中力を高めよう。だが、彼の脳ができることしか求めてはならない。

個体差

互いに細心の注意を払っているウマと人間は、一定数いる。一方、ほかのウマは日々の調教がなければ、「気が休まらないウマ」や「ぼんやりしているウマ」のままだ。こうした差は、遺伝的なものもある。たとえば人間の場合、二二番の染色体の欠損によって注意力が失われると、とりわけ空間のある領域や、時間のある瞬間に対して集中しようとしてもできなくなる。[12] また、バリント症候群は脳の損傷によって発症するまれな疾患で、患者は一度にひとつの物体にしか注意を向けることができない。[13] 別の物体に注意を移すと、周囲のほかの物体は消えたようになる。

人間とウマの脳内で遺伝子の指示によって毎日つくられる、注意に関係する化学物質（ドーパミン、アセチルコリン、ノルエピネフリン〈ノルアドレナリン〉、コルチゾール、ニコチン）の量には個体差がある。あなたのウマでつくられるニコチンの量がほかの大半のウマよりもう少し多ければ、彼はほかのウマよりもう少し注意深くなるし、その逆もそうだ。

一般的に、軽種のウマはウォームブラッドや重種よりも注意力が散漫で、より敏感だ。人間の特徴の多くと同じで、私たちにとって彼らの最大の強みは最大の弱みでもある。私たちの扶助や目的に対して極めて敏感であることは、ピンが落ちただけで横に跳ね飛んでしまう癖と表裏一体だ。しかも、どんなに小さな注意を向けてもすぐに応えてくれるが、どんなに小さな間違いにも怒りを爆発させる。競技用のウマを選ぶときは、各ウマの生まれつきの感度を考慮して、その競技に合うかどうかを検討しよう。完全な初心者は、障害飛越競技のグランプリで競うウマよりも、ずっと注意力の低いウマを選ぶべきだ。

個体差は、環境によるものもある。もしあなたが集中して注意することを家庭で教えられて育ったのなら、集中力の容量が通常より大きい可能性が高い。同様に、質の高い調教を数多く受けてきたウマは、上級レベルの乗り手のかすかな指示に注意を払える。なぜなら、彼らは人に細心の注意を払うことを学んできたからだ。こうしたウマに対して、私たちはうまく乗りこなす責任がある。彼らは人間のリーダーに率いてもらうものと思っているため、乗り手のリーダーシップが弱いと混乱してしまうのだ。

ウマはそれにふさわしい人に注意を向ける。私たちは自分がここにいることをウマに気づかせたり、彼らが注意を向けたら報酬を与えたりすることはできる。だが、そこから先は思いやりや、やる気を与えることを通じて、彼らの関心を集めなければならない。先ほど挙げた、注意の同義語を覚えているだろうか？　そう、配慮、厚意、考慮……。

18　ウマの感情

私たち五人は、野生の花に覆われたアリゾナの砂漠を、キャンプ地に向かって南東へとウマで進んでいた。そこにはオコティーヨの木でできた古いラウンドペンがウマたちのためにある。つくりは簡素だがしっかりしているし、しかも近くに天然の水源があった。夜、ウマたちを休ませながら、私たちがすぐ横の地面で眠るのに適した場所だった。翌日の二日目は周囲を探検し、三日目に帰途につく予定だった。

初日の旅の終盤に、チョーヤの群生地域に入った。このテディベア・チョーヤは高さ約一・二メートルのサボテンで、長さ二・五センチほどのトゲで覆われたボールがいくつもついたような形の厄介者だ。この針のように細いトゲが大量に刺さると、ペンチと銃弾が必要だ。トゲを引っこ抜くときに、銃弾をかんで苦痛に耐えなければならないからだ（訳注：「銃弾をかむ」には「歯を食いしばって耐える」の意味がある）。何百本ものチョーヤが密生している場所を越えていくことは徒歩でさえ難しいのに、ましてやウマに乗って進むのは一筋縄ではいかない。だが、周囲はフェンスで区切られていてほかに手がなかったため、私たちは一列になってゆっくりと進んでいった。私は〈ヘミ〉と最後尾についていた。

ヘミは灰黄色をした頑丈なクォーターホースで、砂漠のトレイルライド用のウマとして人生の大半を過ごしてきた。

サドルにしっかりと座ってサボテンから目を離さずに進んでいると、いきなり自分の両足が地面についた。チョーヤが生えている地面は固そうに見えるが、地表から深さ六〇センチのあたりはネズミが掘った巣穴で空洞になっている。どうやら、前に通った四頭のウマの重さで補強がだめになって地面が抜けてしまったようだ。ヘミの肢は、この「落とし穴」のなかにぶらさがっていた。体は穴の縁の固い地面にひっかかっている。その細い縁のすぐそばまで迫っているチョーヤに、私たちは囲まれてしまっていた。

ヘミは、必死でもがいてはいなかった。肢をブラブラさせて穴のなかを探り、蹄を地面につけようとしていた。私は爆弾を解除するかのように超スローモーションでヘミから降り、そのとき左腕と背中に刺さった五〇本ものチョーヤのトゲの痛みを無言で受け入れた。私に前に進むよう促されたヘミはしばらく苦労していたが、ほっとできる地面を目指してようやくカエルのように穴から出てきた。

聞いている分には面白い話かもしれないが、ヘミが受けたショックは相当なものだった。肢に怪我はなくてしっかり立てたが、それでも体じゅうが震えていた。いくら落ち着かせようとしても、震えは止まらなかった。目的地に向かうほうが戻るよりも近かったので、私は身震いしているヘミを引いて五キロ近く歩いた。ヘミは、いつまた地面が割れて自分が一息に飲みこまれるのだろうかと、おどおどしていた。私が馬具を外し、餌と水を与えて、オコティーヨのラウンドペンのなかに放したときもヘミはまだ小刻みに震えていた。翌朝、電話がかけられる一番近い場所までヘミを連れていき、トレーラー式馬運車で厩舎に運んだ。獣医による診断は、体はまったく問題ないが、恐怖による激しい精神的ショックを受けているとのことだった。

ウマに感情はあるのか?

もちろんある! だが、数年前まで、動物には感情という能力は備わっていないとされてきたし、しかも現在も多くの学者たちの間ではまだそう思われている。それでも、長年ウマに携わってきた人なら動物にも感情があることをよくわかっている。それに、動物の感情についての研究が広がるにつれて、私たちの主張を裏づける証拠が次々に明らかになっている。

共通の認識で話を進めるために、ここで二、三の用語の定義を明確にしておきたい。「感情」とは何らかの行動を駆り立てる、見た目でわかる状態だ。[1] 私たちはウマの表情、発声、目、耳、態度、体の動きから感情を読み取れる。もし人間の鼻が優れていたら、ほかの多くの種と同様に、動物の体臭からも感情を嗅ぎ取れたことだろう。感情を隠したりごまかしたりするのは人間でさえ難しいが、ウマにはそうしなければならない理由はない。

感情は行動を駆り立てるが、それは本能的衝動によるものとは異なる。本能的な「衝動」は反射のようなものだ。衝動は毎回同じように自動的に起こり、極めて限定されたひとつの行動を生みだす。[2] ネコの目の前にネズミをポンと置いたら、ネコは衝動に従って身をかがめてネズミを追い詰め、飛びかかるはずだ。一方、感情の場合は、結果としての行動に選択の余地が残される。悲しんでいる人は

「大勢の前で泣きじゃくる」「密かに涙を浮かべる」「顔は赤くて腫れぼったいが、涙は出ない」「ただひたすら呆然としている」「悲しみをそらそうとして笑う」「毛布をかぶって家にこもる」かもしれない。感情によって起こる振る舞いでは、人には選択肢がいくつかある。同様に、怖がっているウマは「急に向きを変えて逃げる」「その場で動けなくなる」「全身がぶるぶる震える」「ひどく警戒して、慌てて後ずさりする」「人間に頼ろうとする」かもしれない。

　感情は体で表現されて外面に表れるものだが、「気持ち」は外からはわからない内面における精神状態だ[3]。気持ちは本人にしかわからないもので、主観的だ。ほかの人があなたの気持ちをわかるのは、あなたが話したときか、あるいは経験に基づいた推測ができるほどあなたをよく知っている場合だけだ。自分にしかわからない気持ちは、目に見える感情から来ている。たとえば、自身の頭に血がのぼって顔が赤くなり、体の筋肉がこわばっていることに気づいたら、自分が怒りの気持ちを感じているとわかる。だがそれは、感情と同じものではない。

　動物に衝動があることに、異議を唱える者はいない。感情があるかどうかについては今なお議論が続いているが、感情がある説を裏づける証拠がますます増えている。それに、動物には気持ちがある、あるいは少なくとも人間と同じように気持ちを抱くことができると思っている人はわずかながらいる。これらの三つの用語はどれもぞんざいな使われ方をしていて、正しく使っていない人がほとんどだ。通常、経験は衝動、感情、気持ちからできているが、その組み合わせの度合いは実にさまざまだ。

　こうした議論に関する科学は流動的で、今後行われるであろう多くの実験の結果次第になるだろう。霊長類に複雑な感情が存在する説については、確かな証拠がある。だが、霊長類は前頭前野を備えた、雑食性の捕食者だ。それに対して、ウマは前頭前野を持たない草食性の被食動物で、危険に直面すると一団となるほかの被食動物とは異なり、逃げようとする傾向が強いのだ。[4]

恐怖

生き延びるために必要な進化を遂げた結果、ウマの脳は主に恐怖によって突き動かされている。哺乳類が抱く感情のなかで、恐怖はおそらく最も強いものだろう。それは本当に感情と呼んでいいものだろうか？　では、感情の定義に従って考えてみると、ウマは恐怖を見た目に表しているし（チェック完了）、恐怖によって行動を駆り立てられているし（チェック完了）、その行動は選択肢の範囲から選ばれた、各自異なるものだ（チェック完了）。

感情の定義に従ってチェックする

- 見た目に表れているか？
- ウマの行動を駆り立てるか？
- その行動はウマや状況によって異なるか？

恐怖を感じない人生は、すばらしいのではないだろうか？　とんでもなく激しい荒馬乗りにも挑戦できるし、何千人もの観客の前でセックスの体位について話せるし、見知らぬ一〇代の若者たちに行儀よくするよう注意できる。だが実際には、人は恐怖心がないと大きな危険にさらされる恐れがある。ある女性の例では、まれな疾患が原因で扁桃体にカルシウムが沈着した[5]。扁桃体とは脳の奥深くに位置する、対となる二つの領域で、人間やウマの感情を調節する。彼女は恐怖を感じることも、ほかの人の表情から恐怖を読み取ることも、怖がっている人の顔を描くことも、恐怖はどう感じるものかを想像することもできなかった。この極めて重要な感情を抱けないせいで、彼女は銃を二度、ナイフを二度、突きつけられることとなった。なぜなら彼女の脳が、危険な状況を避けるよう彼女に警告できないからだ。

人間の脳では扁桃体は前頭前野につながっているため、私たちは恐怖を評価して危険を減らせるような判断を行える。この女性は扁桃体が損傷していたため、危険を評価できなかったのだ。ウマはそれとは異なる理由で危険を評価できない。ウマには立派な扁桃体があるが、それにつなげられる前頭前野がない。ウマは調教、記憶、観察、信頼関係を通じて身につけた知識を利用することはできるが、その瞬間の恐怖を評価するためのハードワイヤリングを備えていないのだ（図18−1A・1B）。

恐怖と不安に対処する

不安は、恐怖と密接な関係がある。それは、恐れている何かがまだ起きていないが、起きる恐れがあるときに生じる。強い不安を感じる人間やウマは、扁桃体が大きい[6]。ウマが感じる不安の度合いは、品種、育ち、受けてきた調教によって大きく異なる。なかには自分の影に驚いて踊るように素早く逃げたり、常歩や速歩するよりもその場を動かないピアッフェを一時間したがったりするウマもいる。

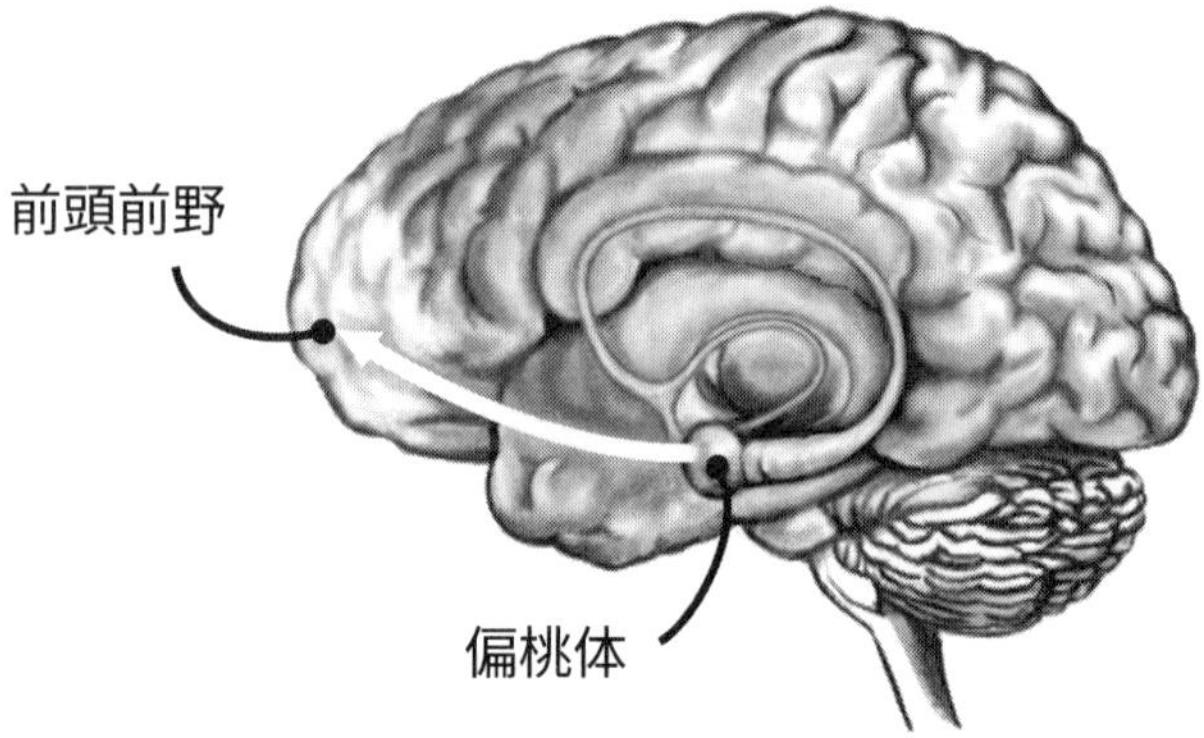

18-1A　人間の脳の両側にそれぞれ位置する２つの偏桃体は前頭前野とつながっていて、このハードワイヤリングが感情を評価に結びつけている。

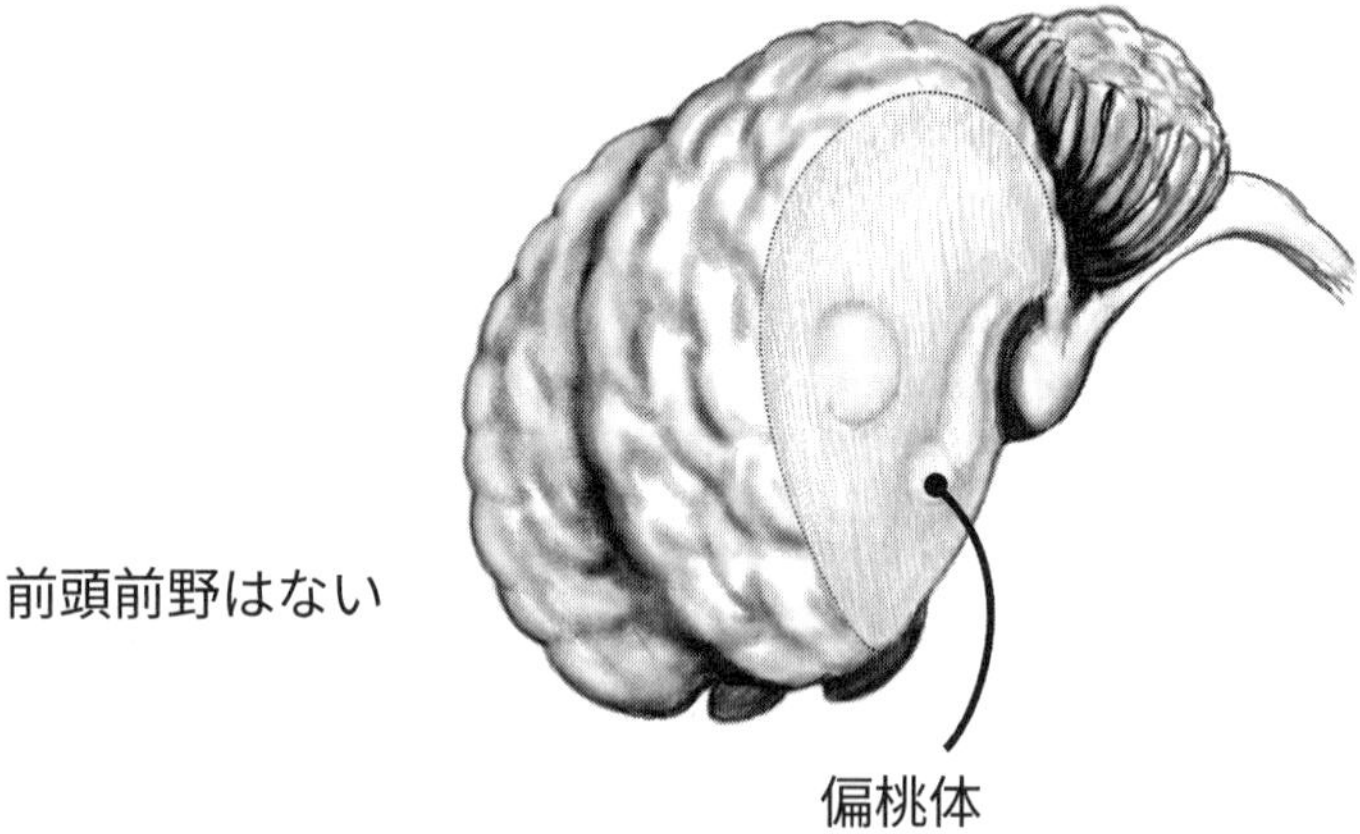

18-1B　ウマには感情を調整する２つの偏桃体があるが、それを評価するための前頭前野はない。

警戒している彼らの耳はチーズを薄く切れるほど鋭く、目はまぶたを閉じても白目が見えるほど強くむかれている。どんな乗り手でも、このウマが今にも恐怖でダウンしそうなことを感じられるほどだ。一方、ほかのウマたちは何の悩みもなさそうに頭を上下に揺らしながら、同じ道をのんびり歩いている。

恐怖と不安を軽減する最適な方法は、あらゆるウマと人間のチームに共通している。その基本となるのは次の三つだ。

- リラックスさせる……ウマは体の緊張をほぐしてやると落ち着きを取り戻し、あなたの指導を聞き入れる。そして、あなたが恐れていないことに気づくと、ウマの恐怖も多少和らぐ。
- 一貫性を保つ……ウマがあなたの服の袖をかじることを今日は許したのに、明日はしつこく感じて叱ったら、ウマは混乱して不安になる。学習の基本を身につけさせるために大事なのは、一貫性を保つことだ。
- 予測能力を高める……次に何が起きるかわかっているウマは、その先を予測できるようになる。予測能力によってコントロール感が生まれ、不安が減る。

予測を通じて不安を減らす

日常に決まった手順を取り入れることで、不安がるウマの予測能力を高めよう。餌、調教、休息、外に出る、馬服をかける時間を、毎日だいたい同じにしよう。張り縄をしにいくときや外に連れ出すときは同じ道を通り、群れ内で餌をやる順番や外に出る順番をいつも同じにし、手入れも常に同じやり方で行う。早ければ二週間もすれば、あの不安がっていたウマは張り縄をされても落ち着いていられるはずだ。なぜなら、彼はあなたがいつもとまったく同じ手順で、まず馬ぐしで毛をすいて、次にブラシをかけ、そのあと裏掘りすることが予測できるからだ。順番はあなたがどう決めてもかまわない。大事なのはそれを変えないことだ。

騎乗中も同様に一連の習慣をつくって、不安症のウマを落ち着けよう。たとえば、まず馬場を時計回りとその逆に三周ずつ常歩する、次に蛇乗りか八字乗りをして、そのあと軽く速歩する、といったことだ。こうした決まった手順はずっと続ける必要はなく、ウマの不安が減ってあなたを信頼しはじめたらやめても大丈夫だ。

恐怖に対抗するための武器

一二歳になる鹿毛のアラブ種〈ダスティ〉は、この厩舎での生活に慣れてきたところだった。華奢な肢をしていて顔の真ん中がくぼんでいるダスティは快活な性格だったが、警戒心の高さは軽種そのものだった。私たちはまだ、互いを知ろうとしていた時期だった。そんなある日、私は彼女を裏側（パドック側）から馬房に連れて帰ろうとしていた。馬房の表側へ歩いていると、突然ダスティの目と鼻の穴が大きく開き、首がキリンのように伸びて、体じゅうのあらゆる筋肉がこわばった。そしていきなり立ち止まると、すべての肢を外側に放り出すようにすごい勢いで飛び上がった。恐ろしさのあまり、気が動転したようだった。通路の向こうに目をやると、そこにはダスティがじっと見つめている新しい厩舎仲間がいた。みなさん、覚悟はいいだろうか。それは、何と、豹文のアパルーサだった。ヒョウ柄のような斑点に、体じゅうが覆われている！

そんな突然のギョッとするような恐怖に、どう対処すればいいのだろう？　その答えは、理解する気持ちと落ち着きだ。斑点、ビニール袋、自転車といったウマが怖がる物すべてについて、ウマにとっては本当に怖い物なのだとウマの恐怖を理解してあげよう。それらが、人間のあなたにとって怖い物かどうかは関係ない。もしあなたも恐怖を感じたら、自制しよう。こういうときの最善の姿勢は、私が「病的なまでの冷静さ」と呼んでいるものだ。この「病的なまでの冷静さ」は、地上でも、騎乗中でも、それにどんな緊急事態でも役に立つ技だ（ちなみに重役室でも有効だ）。身につけるには、まずしばらく目を閉じて、何度か大きく深呼吸する。そして、「私のウマは私を必要としている」と自分に言い聞かせよう。渦中にいる今、ウマを安心させて導くことだけを考えよう。自分がショックで参ってしまうのは、あとでいい。怖がることは何もないのだと、ボディランゲージを通じてウマに示してあげよう。

また、ウマが感じている恐怖は、あなたが感じている恐怖を映したものだという場合もある。たとえば、誰かが落ち葉集め用の送風機を使おうとしている様子を見たあなたは、ウマが音に飛び上がるのではないかと不安になる。すると、あなたの不安はウマの脳に伝わる。このことはウマを研究する科学者たちの実験によって、最近示された。まず、ある地点にきたら傘が開くことになっている道を人間がウマに乗るか、ウマを引いて進んでいく。傘が開くことは人間には知らされている。そのため、その後に起きることを案じた人間の心拍数は、当然ながら上昇した。すると、傘がまだ登場していないにもかかわらず、ウマの心拍数まで上昇した。[7] つまり、恐怖に打ち勝つ最善の策は、チームであたることだ。チームのどちらかが怖くなったら、協力して恐怖に対処しよう。

「病的なまでの冷静さ」には、ウマをリラックスさせるやり方もある。落ち着いて、ゆっくり呼吸しよう。人間の呼吸がウマの脳によい影響を与えることなど、思ってもみない人が多い。だが、馬場馬術の選手は息を吐いてウマを停止させるし、ハンター競技の選手はコースでの速度を一定に保つためにリズミカルに呼吸するし、競馬の騎手は息を吸ってウマをスタートさせる。ウマのマッサージ療法士は、ウマのリラックスした鼻息を真似て唇をすぼめて「ブー」と音を出すし、どんな乗り手やウマを扱う人も息を吸って吐くことでウマを落ち着かせられる。あえぐほど大きな息をする必要はない。ウマには人間の普通の呼吸が聞こえるし、息を感じられるのだから。

筋肉の力を抜いてリラックスした姿勢を取ろう。あなたの四本足の怖がり屋さんは、あなたのボディランゲージを映すはずだ。ウマとは視線が合わないようにすること。ウマにとって目をじっと見つめられるのは、警告されているか、叱られているか、圧力をかけられているかだ。前にも言ったとおり、私たちは捕食者なのだから。もしウマが望むのであれば、自由に動きまわらせて普段と違う光景、匂い、音に触れさせよう。このとき引き綱か手綱を離さないようにしなければならないが、ガチガチに握りしめないように。私たちは海兵隊の服装検査で直立不動の姿勢を取ろうとしているのではなく、リラックスしようとしているのだから。

低い声でゆっくりと話すことは、リラックスさせるため、あるいは報酬としても絶大な威力を発揮する。[8] 内容はさほど大事ではなく、重要なのは音の高低だ。高い声はウマをやる気にさせたり活気づけたりするときに取っておこう。それにもちろん、不安なウマが落ち着きだしたら報酬を与えることを忘れずに。なでてあげるのは報酬にもなるし、チームの心拍数を下げるためにも役立つ。[9] そう、ウマとあなた自身の心拍数を。

ウマをリラックスさせる

- 「病的なまでの冷静さ」の姿勢を身につける
- 落ち着いてゆっくり呼吸する
- 筋肉の力を抜いてリラックスした姿勢を取る
- ウマとは目を合わせないようにする
- ウマに好きな姿勢を取らせる
- ガチガチの握りを緩める
- 低い声でゆっくり話す
- ウマの肩をなでてリラックスさせる[10]

リラックスしているウマは、どんな様子だろう？　ウマがリラックスしているときは、頭が下がり、首が外に向かって伸びていて、耳がわずかに横に垂れ、筋肉の力が抜けていて、尾がだらりとしている。怯えていたときはまぶたを閉じても出ていた強膜が見えなくなっている。息を吐くときに長くゆったりした鼻息を立てるのは、明らかにリラックスしている証拠だ。こうした変化が現れたときは、恐怖を前にして落ち着くことができた、あなたの被食動物に報酬を与えよう！

ウマが抱くそのほかの感情

ウマがよく抱く感情は恐怖と不安だが、もちろんそれだけではない。ウマは悲しみ、喜び、自信、いら立ち、嫉妬、驚きを示すし、嫌悪、裏切られた、誇りといった感情を抱くときもある。おそらく恥ずかしさは感じないかもしれないが、クリスマス用のトナカイの角を馬勒《ばろく》につけるのは、念のためやめておいたほうがいいだろう。

休息で長い間、馬房に閉じこめられたウマの悲しみがあまりにも明らかなため、現在ではウマは人間のうつ病研究用の動物モデルに使われている。[11] 突然閉じこめられたウマは、最初は前を通る人をじろじろ見て注意を引こうとするが、すぐに馬房の奥に引きこもってしまう。[12] 頭を壁に向け、首を平らに伸ばし、額を重そうにしてうつむき、耳は後ろ向きでじっとしている。目は一点を見つめているかどんよりしていて、ほとんどまばたきをしない。これらは、元気なウマの起きているときや寝ているときの通常の姿勢とは異なっている。

落ちこんでいるウマは聞き慣れない音にも興味を示さず、皮膚に軽く触れられても無視し、周りの環境にほとんど注意を払わなくなる一方で、恐ろしい状況には異常なほど反応するようになる。おやつにさえ、興味を示さなくなるウマもいる。「もう、どうでもいい」というように。ウマは人間が感じるような悲しい気持ちにはならないかもしれないが、悲しみの感情は表に現れる。

では幸せはどうだろうか？　あなたはウマたちが陽気そうに遊んでいる様子を見たことがあるだろうか？　年上の先輩たちさえも、若い仲間とちょこまか動きまわったり、牧草地で気取って歩いたりして楽しそうにしている。人を乗せているときも、幸せなウマはどんな歩法のときも、頭を上下か前後にそっと揺らしながら跳ねるように進む。乗っていると、一歩一歩がバネのように弾んでいるのがわかる。この可愛いウマたちが幸せな「気持ち」かどうかはわからないが、そう見えるのはたしかだ。

乗馬の初心者でさえ、若く未熟なウマと経験豊かなウマの自信の違いは見てとれる。この二頭が、人を乗せて大きな円を描く輪乗りを速歩でしているところを想像してみてほしい。若いほうのウマが描く輪はあちこちがでこぼこしていて、しかもウマは頻繁に輪から目を離し、歩みを速くしたかと思うとまた遅くして、そばにいるウマたちに興味を引かれて体をもぞもぞさせながらじっと見つめ、近くの人がハエを叩いたらびっくりする。ましてやベビーカーが現れたら、乗っているあなたの幸運を祈るしかない！　ウマの感情としての自信を育むことは、調教の基本だ。若いウマは人間がつくる環境や、自分が人間に求められていることにどう対処すべきかを学ぶことで、自信をつけていく。その自信によって、ウマはよりリラックスして安心できるようになる。

いら立ちも、ウマによく見られる。それもそのはずで、共通の言語もなく、混乱させられるような矛盾した合図を送ってくる一貫性のない種が求めてくることを、解明しなければならないのだから。いら立ちを表にしているウマは、尾を鞭のように振り、背中と鼻口部を固くし、前進を求められても尻込みし、唇をすぼめながら勢いよく歯ぎしりし、素早く天を仰ぐ。甲高い鳴き声を上げたり、ブタのようにうなったりするウマもいれば、全力をこめて後肢で蹴り上げようとする動きを見せるウマも少なくない。私が調教していたあるウマは、トレーラー式馬運車へ乗りこむとても難しい取り組みを終えて馬房に戻る途中、これらすべての仕草を次々に披露した。そして、まさに不機嫌な歌姫のように、怒りをこめて自分用のおがくずの上に勢いよく身を投げ出したのだった。

私がこれまで最も強烈に嫉妬する姿（人間でもその以外でも）を目にしたのは、担当するウマのなかの二頭のもとに、新たな厩舎仲間がやってきたときのことだった。前に紹介した、体の大きな黒鹿毛のサラブレッドのコーリーと、レッスン用のウマである月毛のプリンセスを覚えているだろうか。この二頭は何年も前から知り合いだったが、一緒に外に出されたり同じ馬小屋に入れられたりしたことはなく、互いに気があるようにも見えなかった。コーリーは牝馬たちを魅了するやり方に長けていて、首をそらせては子イヌのような大きな目で好色な流し目を送ったが、プリンセスにはそういうふうに戯れたことは一度もなかった。それに、誘われても彼女は絶対に乗らなかっただろう。

シェークスピアの戯曲さながらの嫉妬劇の幕が開いたのは、プリンセスとコーリーが同じ厩舎の馬房に入れられたときだった。二頭の馬房の間には五つの馬房があったが、外にあるそれぞれのパドックからは、互いの姿が見えた。そして、プリンセスの隣の馬房に新たにやってきたのは、アラブ種の去勢馬だった。彼はどのウマが序列の上にいるのかをためらいがちに確認するという、この場に最もふさわしい振る舞いを見せた。誇り高き王女プリンセスは、彼をほぼ無視していた。だが、コーリーは。ああ、コーリーはとても我慢ならなかった！　彼はいきなり怒りをぶちまけると、次にプリンセスに向かって必死にいななき、それから新入りに刃物のような鋭い視線を送った。そして、息を荒げ、びっしょりと汗をかき、怒りのあまり膨れっ面をしたまま、フェンスに沿って走りながら行ったり来たりを繰り返した。コーリーはラバのような粘り強さで、これを何と二週間も続けたのだ。厩舎じゅうの牝馬たちが目を丸くして眺めるなか、コーリーは私たちにオスの嫉妬のすごさを教えてくれたのだった。

たとえ一〇年前でさえ、こうした逸話を科学者たちは「あきれるほど人間のご都合主義」とみなしただろう。つまり彼らの言い分は、人は自分の動物に人間的な性質があると信じたくてたまらないせいで、ウマには抱けるはずのない感情がさもあるかのように無意識に思いこんでいる、ということだ。ウマの恐怖や嫉妬は本能による衝動とみなされ、喜び、悲しみ、いら立ちは人間の思いこみにすぎないと思われてきた。だが今日では、類人猿、鳥、イルカ、クジラ、ブタ、ヤギといった多くの種類の動物が、衝動によるものではない振る舞いを起こす感情を表していることを裏づける証拠が、次々に示されている。[13]

信頼関係を築く

ウマに感情を抱く能力があるとしたら、ウマとつながりを築くための最善の方法は何だろうか？その第一歩は、正しい序列を導入することだ。どんなウマも自身の群れ内の序列を認識していて、ウマ社会の序列を表した複雑な組織図を頭のなかに持っている。人間にわかりやすいように簡略化して説明すると、群れ仲間の一部は同等で、ほかは下位のウマであり、そのほかにも、従わなければならないリーダー格が何頭かいる。さらに、通常は調整役のウマが群れに一、二頭いる。

ウマは上位の群れ仲間に抱く尊敬心を、常に導いてくれて安心できる結果をもたらしてくれる、どんな人間にも向けることができる。人間がウマと同等または下位になろうとすると、ウマは自分が問題行動を取ってもいいのだと思うようになる。あるいは、尊大な態度で上から支配しようとする人間にも、きちんと対応しようとしない。さらに、ウマは自分に対して前向きな態度を取る人間と、反対に否定的な態度を取る人間を見分けることができる。[14] ウマが必要としているのは両親の役割とも似た、信頼できる指導者だ。それはすなわち、人間社会をわたっていこうとする自分を助けてくれるはずだと信頼できる、親切なリーダーシップを発揮してくれる人だ。

指導者としてのあなたの役割は、ウマのあまりに多くの振る舞いの原動力となっている恐怖を和らげることだ。人を信頼することを身につけたウマは、彼の人間の指導者が助言してくれるまで、恐怖に対する生来の反応を抑えられる。その後、彼は指導者の提案を検討して、報酬につながる振る舞いを選ぶのだ。

絆をつくりあげるには、一連の細かい段階を何年もかけてひとつひとつ成功させていかなければならない。それぞれの段階は、ウマが怖がらずにうまくこなせるくらい簡単なものにする。やがて、ウマはあなたが自分を危ない目に遭わせることはしないと信じるようになる。それはどうしてだろうか？　なぜなら、それまであなたがそういう目に遭わせてこなかったからだ。私たちは時間をかけて献身的な愛情を示し、ウマに一万もの前向きな経験をさせることを通じて、ウマの信頼を得るにふさわしいとみなされるようになる。

病気や怪我をしたウマを愛情こめて看病し、回復させることでも信頼関係が生まれる。手で餌を食べさせる、軽い散歩に連れ出す、仲間に会いに連れていく、心地よい加減で体を掻いてやる、手入れが好きなウマにはそうしてやる、温かいお湯に傷口を浸して痛みを和らげる、そっと包帯を巻いてやる、なでてやる、優しく話しかける、痛みで熱を持っている肢にホースで冷たい水をかけてやる、そして何の見返りも求めない、といった振る舞いによって、あなたがウマの心地よさや健康を熱心に気にかけていることを彼に示せる。ここで挙げた手厚い振る舞いのいくつかは、ウマが怪我をするまで待たなくとも普段からできるものなので、早速毎週のウマとのスケジュールに加えよう。

ウマの信頼を失うのはほんの一瞬だが、再び信頼関係を築くためには何カ月もかかる。ウマが怖がることをやらせてはいけない。代わりに課題を簡単な段階に分けて、ウマがこなせるまでいくらでも時間をかけながらひとつずつ成功させていく。必要であれば、より遅い歩法や、同じ課題をより易しくしたものを一時的にやらせよう。グラウンドワークは前に戻ってやり直すためにぴったりの手段だ。トップレベルの乗り手さえ、ウマの動きや考えを邪魔してしまうことがあるため、乗り手なしで同じ基本レベルの調教をやってみるのも手だ。ウマがうまくこなせるようになったら、再び乗り手と組ませよう。

概して、ウマと信頼関係を築くのは、臆病な子どもの信頼を得ようとするようなものだ。リラックスするよう促し、リーダーシップを取って愛情を注ぎ、小さな段階に分けて優しく指導しながら学習させ、あなたがその子のためを心から思っていることを示さなければならない。一貫性を持ちながら時間をかけて多くの経験を一緒に積むことで、「あなたに傷つけられる心配はなく、あなたが常に自分の味方でいてくれる」ことを、子どももウマも学んでいく。

異種間コミュニケーションにおける顔の表情

よいチームをつくるためには、ウマも人間も互いの感情を読み取れなければならない。ウマはすべての種のなかで最も顔の表情が豊かな部類に入り、一七種類の異なる動きをあらゆる方法で組み合わせることができる[15]（みなさんのなかに数学マニアはいるだろうか？　実は一七の動きによって、三五五兆種類の組み合わせが可能になる。ものすごい数の顔の表情ではないか！）[16]。それに加えてウマは幅広い種類のボディランゲージも使える。ウマが自分の欲求を伝えるために言葉を発する必要がない理由が、これでおわかりだろう。人間同士においても、視線、態度、動く速さ、身ぶり、音の高低、姿勢、瞳の大きさといったものによるボディランゲージのほうが、言葉よりも細かい意味合いを伝えやすいこともある。

ウマも人間と同様に、正と負の感情をどちらも顔に表す。こうした顔の表情はボディランゲージの重要な前触れだ。ウマの顔つきを見て応えるほうが、言いたいことを伝えるためにウマが蹴ったり噛んだりせざるをえなくなるまで待つよりもずっと安全だ。顔の表情に関するある研究では、研究者が「標準的な方法」か「優しい方法」で、若いウマたちの手入れをそれぞれ毎日一〇分間行った[17]。標準的な方法は、私たちが日々行っている通常の手入れと似たようなもので、ウマの反応がどういったものであろうと、頭のてっぺんから尾の先まで馬ぐしで毛をすいてブラシをかける。このグループのウマたちは白目が見えるほど目を大きく見開く、唇をすぼめる、耳の位置を左右バラバラにする、頭を高く上げるといったことで不愉快さを示した。こうした表情が無視されると、ウマたちは遠ざかったり、耳をピンと立てたり、後肢を使った身振りをしたり、手入れをしている人に噛みつこうとしたりした。

優しい方法では、手入れが必要な箇所を探すために、掻いたりなでたりしてやった。どのウマも喜んでいるように見えた。こちらの方法でもどのウマも全身を手入れされるが、各ウマの好みや嫌なことを考慮に入れて行われた。優しく手入れされたウマたちは、目を半開きにする、鼻口部を前に突き出す、上唇を伸ばす、耳の外側を後ろにそっと垂らす、頭を中くらいの位置で保つといった穏やかな表情を見せた。つまり、この研究で調べたウマはみな、正や負の感情とつながっている顔の表情を示し、正負によるそれらの違いは明らかだった。

一年後、研究者たちは再び同じウマを手入れした。今回は標準的な方法と優しい方法の間の「中間の方法」で行われた。ウマたちはボディランゲージを使わずに、前と同じ顔の表情を浮かべた。彼らの感情は、今や顔つきだけで表されていた。あなたのウマの顔を注意深く観察すれば、彼が考えていることがもっとよく見えてくるはずだ。

ウマはほかのウマの顔に浮かんだ感情も読み取れる。こうした表情の読み取りは、相手のウマが知り合いであるかどうかは関係なくできるもので、ウマの群れ内の社会的なやりとりの調整に役立っている。あなたは最下位の若い牡馬が最優位の牝馬の餌に近づいたらどうなるか、見たことがあるだろうか？　牝馬は片耳をピンと立てるが、牡馬は経験がなさすぎて彼女が言わんとしていることを読み取れない。牝馬が伝えようとする意欲をもう一段階上げると、耳をまっすぐ寝かせ、歯をむき出し、鼻をしわくちゃにしながらすぼめ、大きく開いた顎をこしゃくな小僧のほうに向けて勢いよく閉めるという、彼女の恐ろしい表情をあなたは目にすることになる。これを愛情に満ちた親切な注意とは、誰も思わないはずだ。

一方、おだやかな表情もウマ同士での社会的な振る舞いを左右するものになる。前向きで、思いやりがありそうで、リラックスした顔つきのウマの写真を見せられたウマは、写真に近づいてもっと時間をかけてよく見ようとする。[18] 心拍数がわずかに下がることから、ウマがリラックスしていることがわかるが、数値はすぐに元に戻る。それに対して、ウマは攻撃的な顔つきのウマの写真には近寄りたがらない。見せられると心拍数が上がり、しかもその状態がより長く続く。

さらに驚くべきことに、ウマは実物のみならず、写真のなかの人間の表情も読み取れる。[19] ウマは怒った顔つきの人間の写真を避けようとするが、見てしまった場合は心拍数が急速に高くなる。一方、リラックスしたにこやかな顔つきの人間の写真は避けないし、心拍数の変化もない。要は、この次に厩舎でつまらない人間の事情で顔をしかめたら、あなたは自分のウマに何かを伝えようとしてしまっていることを忘れないでほしい。そんな顔はせずに、柔らかい目つきで気さくな笑みを浮かべよう（図18－2）。人間の顔の表情は、ウマの調教でも役立つ。たとえば、指示に従わないウマにはレーザー光線のような鋭い視線を送り、そのあと正しく振る舞うようになったら、視線をわずかに外した優しい目つきで見てあげよう。

18-2 柔らかい目つきをしているかわずかに視線を外している状態で、楽しそうにリラックスした人間の顔つきを、ウマは好む。

乗馬療法

ウマの脳は、評価（前頭前野）なしで感情を経験（扁桃体）するようにできている。この脳のつくりによって、ウマは感情を抱くが批判は一切せずに人間の態度や考えを映せる動物になった。そのため、ウマは人々に自信、感情の認識、社会的責任を教えることを非常に得意としている。乗馬療法用のウマたちは、ＰＴＳＤ、気分障害、不安障害、薬物乱用、自閉症、心の傷、悲しみの治療や緩和に役立っている。さらに、囚人の更生や、体が不自由は人々に対しても効果が見られている。

現在アメリカには約九〇〇〇の認定乗馬療法センターがあり、毎年六万六〇〇〇人以上の大人や子どもの治療に貢献している。[20] 性格が穏やかなら、ほぼどんなウマでもこの療法に携われる。感情面での特別な調教も必要なければ、この仕事にうってつけのウマを何年もかけて探しまわる必要もない。ウマの脳には人間の傷を癒す能力がもとから備わっている。このことについては、競馬調教師フェデリコ・テシオの次の言葉が、最もよく言い表している。「ウマは肺で疾走し、心臓で耐えて、性格で勝利を勝ち取る[21]」

19 ウマの悪口

厩舎経営者は、顔を真っ赤にしている。「〈タイニー〉が飼桶のなかにおしっこしたわ」。彼女は「おはよう」と言う代わりにそう吐き捨てた。私は朝、厩舎に着いたところで、彼女は馬房を掃除中だった。「本当に嫌な奴」。私は経営者の怒りに共感しているかのようにクスクスと笑ってみせた。だが、私にはこの一件は驚きでもなかったし、腹も立たなかった。

測定データからだけでも、このウマが排尿すると飼桶に尿が飛び散ってしまう恐れがあることは明白だ。タイニーは体高が一七・二ハンド（約一七五センチ）もあり、しかも肢が異様に長い。この大男が放牧地で体を伸ばしながら排尿すると、尿が飛ぶ範囲は馬房の奥行きを越えてしまうのだ。そのため、隅に固定されていない平らな飼桶の場合、馬房で排尿すると尿が飼桶に命中することが時々あった。だが、そんなときのために漂白剤や石鹸というものがあるのだから、別にいいのではないだろうか？

「違うのよ」。より怒りをにじませながら、彼女は断言した。「あいつは飼桶に『わざと』おしっこしたんだから！」。経営者は、タイニーがただ彼女の一日を台無しにしてやりたくて、綿密な戦略を立てたうえで行動に及んだのだと確信していた。そして、彼女の怒りは私にまで飛び火した……まるで、私があの大きな動物をそそのかして、こんな計画を立てさせたのではないかとでもいうように。

いやはや。どちらの疑惑もお門違いだ。人間に報復するために、事前に策略を練るウマなどいない。だが、この一件と同じように、普段は分別のある大人がこういったおかしな愚痴を言うのは、前にも聞いたことがある。

・「〈スモーキー〉は私が落ちても待ってくれなかった。野原に横たわっている私を残して、あいつは逃げてしまった。あいつのせいで、私は血を流しながら足をひきずって家に帰らなければならなかったんだ」
・「〈レインボー〉は蹄を持ち上げて辺りを見回すと、私が立っている場所を確認して、思いっきり私のつま先を踏んだの。私が彼女に乗れないように、私を床にはりつけたんだわ」
・「〈シャンディ〉は僕に捕まえさせてくれない。彼女は、彼女は僕を愛していないんだ」
・「〈マックドリーミー〉がおかしくなって、わけもなく囲いのなかで走りまわって、すごい勢いでフェンスの柱にぶつかっている！　もう正気じゃない！　助けて！　早く！」

この最後の事例は、穏やかな去勢馬の肢に地面に設置されていた輪状の電線が絡まってしまったことが原因だった。この電線には人間の成人男性が気絶するほどの電流が流れていた。これはウマの飼育施設の約一・六キロ以内では使われないものだ。その状況にパニック状態の人間たちの叫び声が加われば、ウマが錯乱してものすごい勢いで走りまわるのは、もっともではないだろうか。

ウマの計画性

科学において、ウマには高度な知性があることを示す研究例は多い。だが、人間、類人猿、一部の鳥に見られるような、目的を持って事前に計画を立てる行動をウマも行っていることを示す証拠はない。これは当然の話だ。なぜなら、即時に逃げることで生き延びようとするどんな被食動物にとっても、計画性があると進化において不利になるからだ。もしウマの脳内に、行動を起こす前にそれらを検討するようなつながりがあったら、危険に直面してから逃げるまでに無駄な時間が生じてしまう。その結果、古代のウマたちは捕食者に殺され、種自体が絶滅していたはずだ。ウマがこれほどうまく生き延びられた事実は、ウマの脳が思考よりも行動を優先したことがいかに重要だったかを示している。生き残るために計画しなければならない種もあるが、ウマの場合は「計画しない」ことが重要なのだ。

それでも、ウマが人間のような意図を持って今後の行動戦略を練っていると信じている人は多い。この見当違いの思いこみは最近よく見られる問題で、ウマと人間のチームの双方にとって危険をともなうものだ。もし、ウマがよい振る舞いをして、実際には彼が行わなかった的確な分析を称賛されるという結果に終われば、まあ悪くないだろう。だが、もしウマが問題行動を起こした場合、それらはすべて彼が事前に計画した戦略的なものだとみなされると、ウマに非難の矛先が向けられるような事態にいともたやすくなってしまう。しかも、そうした非難には罰がつきものなのだ。

ペットの天下

私たちはなぜウマの問題行動と計画性を、そんなに必死に関連づけようとするのだろう？　それは、私たち人間は何らかの狙いを持って問題行動を取ることがよくあるので、動物もそのはずだと思ってしまうのだ。ここ三〇年の間に、社会はかつてないほどペット中心になった。そのため、動物も人間と同じように考えて判断すると思う人も、ますます増えているのだ。

昔のペットとは異なり、今日のイヌやネコは私たちと同じベッドで眠り、一緒に車に乗り、職場にも同行し、休暇では同じホテルに泊まる。なかには、飼い主本人よりも頻繁に友達と遊ぶ機会をつくってもらえるペットもいる。二〇一九年のある調査によると、アメリカ人の六七パーセントが「一番の親友はイヌかネコだ」、七八パーセントが「ペットは家族の一員である」と答えた。[1]さらに、三分の一以上が「自分の子どもよりもペットのほうが好き」と答えたのだ！

では、ウマはどうだろう？　実は、今日ウマをペットだと思っているアメリカ人は、かつてないほど多い。毎日温かいシャワーを浴びてリラックスするウマ、豪華なRV車で旅をするウマ、蹄にマニキュアをしてもらったり、服を着せてもらったり、おもちゃで遊んだり、マッサージや整体に通ったりするウマはかなり多いし、さらには占い師に見てもらうウマさえいる。アメリカ人が飼っている動物を可愛がるために使う年間総費用は、六七〇億ドルだ。[2]この金額分の一〇〇ドル札を積み上げると、高さおよそ七万二〇〇〇メートルにもなる。[3] 毎年、こんなにも多額の金が使われているのだ。

ペットは感情を通わせるうえで理想的な相手になった。家族のなかの多くの人間たちとは違って、ペットは無条件に愛してくれ、求めると愛情を示してくれ、嬉しそうに歓迎してくれ、しかもすぐに許してくれる。それに彼らはすぐに喜んでもくれる。おやつを差し出せば、すべてよしだ。私たちは人に対するようにペットに話しかけ、ベルベットのように柔らかな耳に向かって自分の最大の秘密を打ち明ける。動物の一生の崇高さ、感動、神秘をうたった本が次々に出版され、一方、映画やテレビCMは、動物が人間のようにおしゃべりしている場面でいっぱいだ。

一九九〇年代には、自分のことをペットの「お母さん」や「お父さん」と呼ぶアメリカ人が、二八パーセント増加した。[4] 四〇年前はウマに人間の名前をつけることは珍しかったが、今ではごく普通だ。二〇一七年の調査では、ウマの所有者の大半が「自分のウマは最大の親友で、まぎれもなく家族の大切な一員」と答えている。[5]

私は、こうした風潮が間違いだと言っているわけではない。私もこの四本足の動物たちに毎日話しかけるし、ウマの「ママ」として思いっきり可愛がるときもある。その一方で、通常こうした行いにともなって生じる、無意識の思考過程を探ることも大事だと思っている。私たち人間は、自身とウマの脳の計り知れない違いを十分把握しながら、それでもなおウマを愛して尊敬できるものだ。動物の振る舞いを人間のものと同一視することは、どちらの側にとっても問題になりかねない。

たとえば、よちよち歩きの子どもに、可愛いウマの顔にキスをさせようとする両親の判断は正しいのだろうか？　愛しあう人間同士でキスするのだから、人間と動物のペアでそうしてもおかしくないはずだ、と両親は思っているかもしれない。だが、彼らはウマが自身の巨大な頭をいきなり振って、何のためらいもなしに子どもの顔をつぶしてしまうかもしれないことに気づいていない。あるいは、草を食んでいるウマのお腹を、地面に近いほうから手を伸ばして掻いてあげる所有者の振る舞いは？もしウマが何かに驚いたら、彼の脳がすぐに逃げろと命じるはずだ。そのとき、所有者の位置など考慮されない。人間と動物を同一視するこうした姿勢によって、次のようなことも起きた。ジャガーと自撮り写真を撮りたいと思った動物園の来場者が檻をよじ登って侵入し、腕を半分食いちぎられてしまった。[6] また、尻尾を引っ張った生後七カ月の赤ちゃんを引っ掻いた飼いネコが、子どもの父親に蹴飛ばされるという事態にもなってしまう。[7] これらの不幸な出来事で、非難されるのは誰だろう？ それはもちろん、ウマ、ジャガー、そしてネコだ。

ウマは人間の人生を惨めにしたいなど、ちっとも思っていない。彼らがやりたいのは、作業はなるべくせずに厩舎に戻って仲間と合流することや、一番北側の放牧地でクローバーを頬張ることだ。ウマは私たちに対する個人的な感情によって、問題行動を起こすわけではない。動物はあくまで「動物」なのだ。動物を人間であるかのように扱えば、彼らに過剰な期待を抱いてしまい、その結果、彼らのみならず自分の命まで危険にさらすことになる。

「ただの冗談だったのに！」

ウマが悪だくみをしていると話す人が、必ずしもみな本気で言っているわけではない。ウマが「次の作業回避計画を立てる」「新しいいたずらを思いつく」ことを考えながら夜を過ごしている、といった冗談を言う人は多い。深夜のウマのパーティーを想像しては盛り上がったり、ウマの滑稽なしぐさが人間の俳優の喜劇のようだと言ってはクスクス笑ったりもする。あるいは、「年配のウマが若いウマに『人間を知識まで導くことはできても、彼らに考えさせることはできない』と説く」という、ことわざをもじった冗談も面白がる。[8]私も、こういったふざけ話をして楽しむ当事者のひとりだ。

ウマ関連の楽しいユーモアに満ちた冗談は、絶やさないようにしよう。これでも足りないくらいなのだから！　だが、このユーモアの世界と現実をきちんと区別するためには、私たちが「人間のような能力を持つ、想像上のウマ」について笑っているのだということを、仲間もわかっていることが重要だ。それを忘れてはならない。

また、冗談以外の普通の言葉も、ウマは考えることができるという誤解をさらに与えてしまうこともある。たとえば、ウマが従うと私たちは「ウマが『喜ばせたいと思って』いる」と言う。彼らが私たちの指示をある振る舞いに関連づけることを学ぶと、「ウマが私たちを『理解』した」と言う。[9]人間との安全な距離を守るよう調教されたウマは「私たちとの距離感を『尊重』している」と言われる。引き綱で勢いよく発進したウマは「優れた職業倫理を持っている」と評価される。大勢のウマ仲間と一緒に参加したイベントで耳をピンと立てると、私たちは「彼らはこの品評会が『好きでたまらない』みたい」と言う。幼い乗り手たちのせいで、馬場に入ることを拒否するようになったポニーは「子どもたちを『巧みに利用して』さぼっている」と言われる。さらに、子どもたちに常におやつを与えられてガツガツ食べてきたポニーはやがて「『意地汚く』なった」とされる。

理論上は、話し方を変えればいい。たとえば、「ウマは私を『尊重』している」の代わりに、「ウマは、私の体を中心とした直径約六〇センチの円のなかに入らないよう距離を保つことを学んだ」と言うように。だが、それは現実にそぐわないし、変える必要もない。しかも、言葉を外から変えることは難しい。考え方を変えるよりよい方法は、二つの脳の違いの基本を、それを理解できる知的能力を持つ者に説明することだ。それは誰かというと、つまり人間に、だ。私たちは、ウマはなぜ人間と違って、計画したり、道徳を説いたり、批判的に考えたり、結果を評価したりする能力を持っていないのかを理解しなければならない。

再び、前頭前野について

前頭前野は実行機能を担っていることを覚えているだろうか？　そこには分析、戦略立案、計画、先見、評価、判断も含まれている。こうした能力はみな、問題行動を起こしたウマは非難されるべきかという議論のときにも出てきたものだ。実行機能を担っている脳組織の割合は、種によって大きく異なっている。[10]

脳における前頭前野の割合

- 人間……………三三パーセント
- サル……………一五パーセント
- イヌやネコ……五パーセント

二　・ウマ……………〇パーセント

人間の前頭前野は、脳内でこれほど大きな場所を独り占めしていることに加えて、思考や気持ちを調節する、遠くにある神経構造とも深く相互接続している。このハードワイヤリングによって、私たちは現在と予測される将来における気持ちを評価し、行動計画を立て、目標に対する戦略を練ることが即座にできるのだ。前頭前野は人間のほぼすべての活動に影響している。それは人間の精神を形づくる基本要素であり、私たちが行うあらゆるやりとりを、轟音を立てて進めていく。だが、たいていの場合、私たちはその絶え間ない活動に気づいてすらいないのだ。

将来に向けた考えをすべて記録するよう依頼された人は、一日平均五九回記録するそうだ[11]。これは起きている時間内で、一六分ごとに記録したということだ。また、電子機器で合図を送られるたびに、その瞬間に考えていた内容を記録する調査では、人は過去について考える三倍、将来について思案していることが示された[12]。一方、極めて短期的な出来事についての条件づけられた予想を除くと、将来に対する思考はウマの脳を形づくる要素のなかにまったく含まれていない。

概して、脳の成長の一部は、神経細胞の若枝（樹状突起という）を伸ばすことで行われる（図19－1）。これは、春になると植物が新たな茎を伸ばすのと似ている。使われないことでほかの神経細胞と接続していない樹状突起は、脳組織の働きのさらなる効率化を図るために、ある種の刈り込みによって除去される。私たちが脳細胞について「使わないと、なくなるぞ！」と言うのは、こういうことだ。最も多くの神経細胞と樹状突起が取り除かれるのは、二歳の頃だ[13]。その次の大きな伐採は、思春

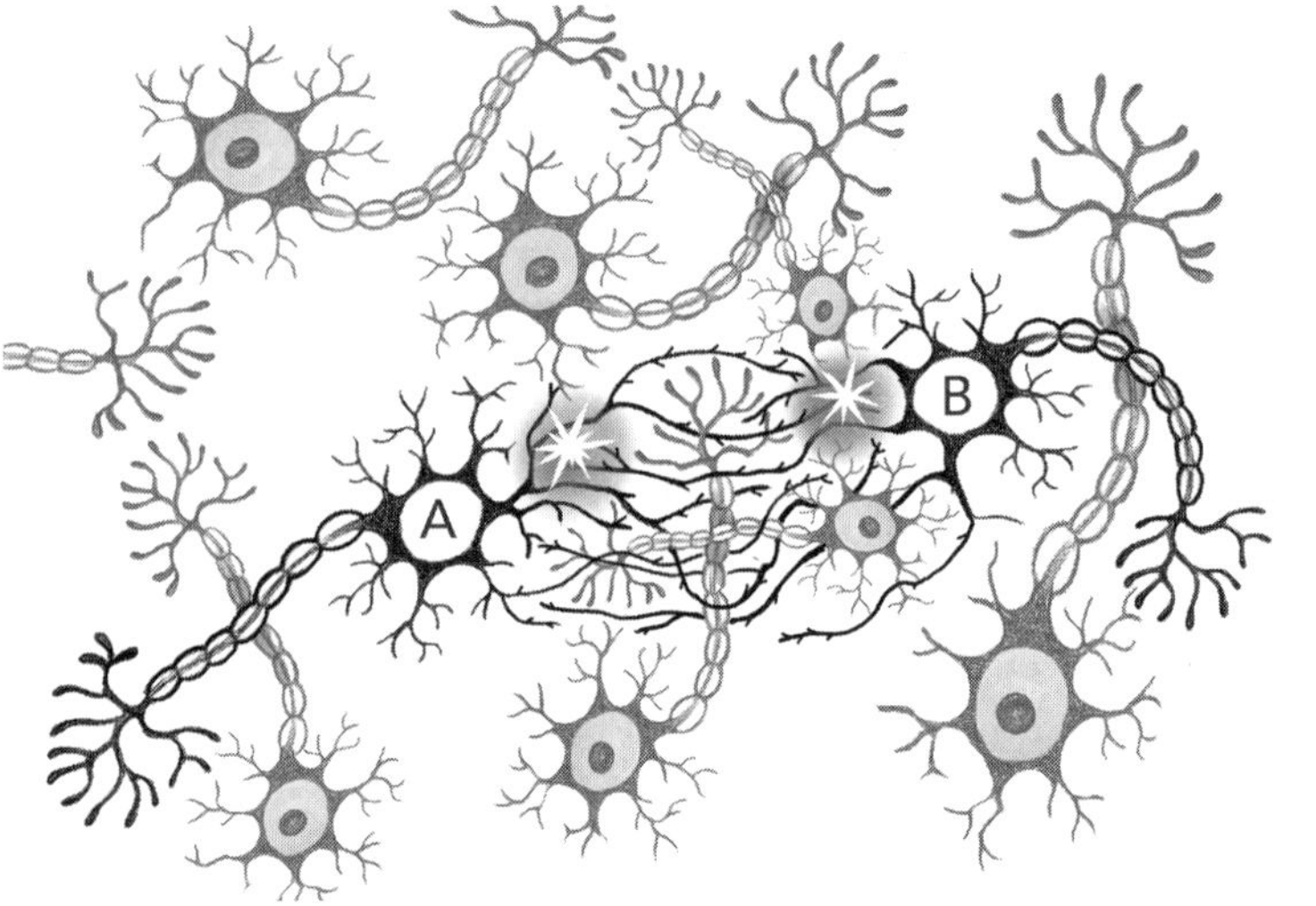

19-1 神経細胞ＡとＢの間の樹状突起は外に向かって成長し、さまざまな脳機能を調節する新たな接続をつくる。

期に起こる。除去される数は少ないが、使用されない樹状突起は生涯を通じて刈り込みが行われる。刈り込みによって余分になった酸素と糖は、活性神経細胞（この本を読み、あなたのウマに乗るためのもの）に回される。

動物界全体において、人間の前頭前野は少なくとも三つの点で、ほかの動物のものとは一線を画している。

- 最大の効率化を求める大がかりな刈り込みが最も遅い領域であり、二五歳頃に行われる。[14] つまり、この領域はその複雑さによって、脳のほかのどんな領域よりも発達に大幅な時間がかかるということだ。三〇歳の時点で刈り込まれていない樹状突起が皮質に大量に存在することと、統合失調症、知的障害、薬物またはストレスによる精神病には関連性があるとされている。

・脳全体に対する大きさが、ほかの動物のものとはまったく異なる。人間以外の霊長類（ゴリラ、チンパンジー、サル）にも前頭前野はある。だが、彼らのものでさえも、私たちの前頭前野の性能には到底かなわない。人間の前頭前野組織の二一～二六パーセントが活性神経細胞からできていて、それらの小さな分析装置は思考と感情のあらゆる小さな断片を評価している。[15]これに対して、人間以外の霊長類の前頭領域における活性神経細胞の割合はわずか一三～一七パーセントだ。前頭前野の細胞での接続性のある組織の分量も異なっていて、人間の約一二パーセントに対し、人間以外の霊長類では五から七パーセントだ。

・人間の前頭前野の一部には、人間以外の霊長類のものにさえ存在しない領域がある。たとえば、前頭極外側部という領域はマカクにはまったく存在しておらず、ウマでもそうだ。[16]それが何の関係があるのかって？　実は、この領域は人間の戦略立案、計画、意思決定において、最も大きな役割を担っているのだ。これらの機能はまさに、私たちがウマにおけるその能力の有無を議論しているものだ。

要は、人間の脳はほかのどんな種においても類を見ないレベルの実行機能を有するほど、進化を遂げたということだ。そのため、ウマにも似たような実行機能が備わっているという主張は、新生児が最も調子がいいときの世界チャンピオンに試合で勝つことを期待するようなものなのだ。

解剖学上における注意点

ウマには前頭前野がないが、それはウマには実行機能がまったく備わっていないという意味ではない。もしそうした能力があるのなら、それはウマの脳のまだ知られていないほかの領域を介して行われていることになる、と言っているにすぎない。とはいえ、この説には大きな問題点がいくつかある。そのひとつは、ウマの脳にはそうした能力を備えていそうな「余分な」領域がないという点だ。それに、ウマの額の奥にあるやわらかい豆腐を指差して、「ほら、見て！　ここに何もしていない塊があるわ。もしかしたら、思わぬ場所にあるこれが、前頭前野かもしれない！」と言って探すわけにもいかない。

さらに重大なのは、ウマの振る舞いはそうした領域の機能を必要としないという点だ。ウマの行動（飼桶におしっこする、乗り手が落馬したあとで家に逃げ帰る、捕まえられることを拒む、人間の足を踏む、パドックでパニック状態になる）は、もっと簡単な方法で説明できるものばかりだ。その一部は生まれつきのもので、ほかは学習したものだ。科学における正しい説とは、常に見られる結果を最も簡単に説明できるものである。もしそれがウマのように歩き、ウマのようにいななくなら、それはウマなのだ。

行為主体性

脳科学では目的や計画性のほかに、動物が自分の意志で行動することを選べる「行為主体性」についても研究が行われている。ウマにはもちろん、自由意志がある。ウマは「彼が」そうしたい気分のときに後肢を蹴り上げるのであって、「あなたが」そうしたい気分のときではない。それに、あなたがどんなに説得しても、ウマは橋を渡ることを拒む。ウマには行動を選択する行為主体性はあるが、人間のような結果を分析する精神的な装置がない。乗馬は「道具」が自分の意志をもつ生き物だという、まれなスポーツなのだ。

非があるのかどうかの考察

ウマは悪意を持って振る舞うと思いこむと、ウマが問題行動を起こしたときに彼らを非難するまで長くはかからない[17]。だが、「問題行動」とは、あくまで人間側の視点によるものだ。蹴る、噛む、はたく、急に駆け出す、驚いて跳び上がる、子ウマを守るために攻撃する、殺そうと戦う、逃げる。これらはすべて、ウマにとっては普通の行動である。これを問題行動とみなすのは、人間だけだ。つまり、人間社会においては、ウマはこうした自然な衝動を抑えて、人間に調教された方法で振る舞うことを学ばなければならない。

人間の衝動は、一部は学習、ほかの一部は論理的思考によって制御されている。海馬、大脳基底核、小脳の活動によって、私たちは「自分のお気に入りのおもちゃを盗んだ小さな友人（兼、敵）を、いきなり引き寄せて殴るわけにはいかない」ことを幼児期に学ぶ（図19－2A）。ウマにも脳の同じ領域を活用した、同じ学習能力がある（図19－2B）。だが、私たち人類には、取っておきの切り札がある。それは危険分析というブレーキをかけてくれる前頭前野だ。つまり、「もしあの子を叩いてし

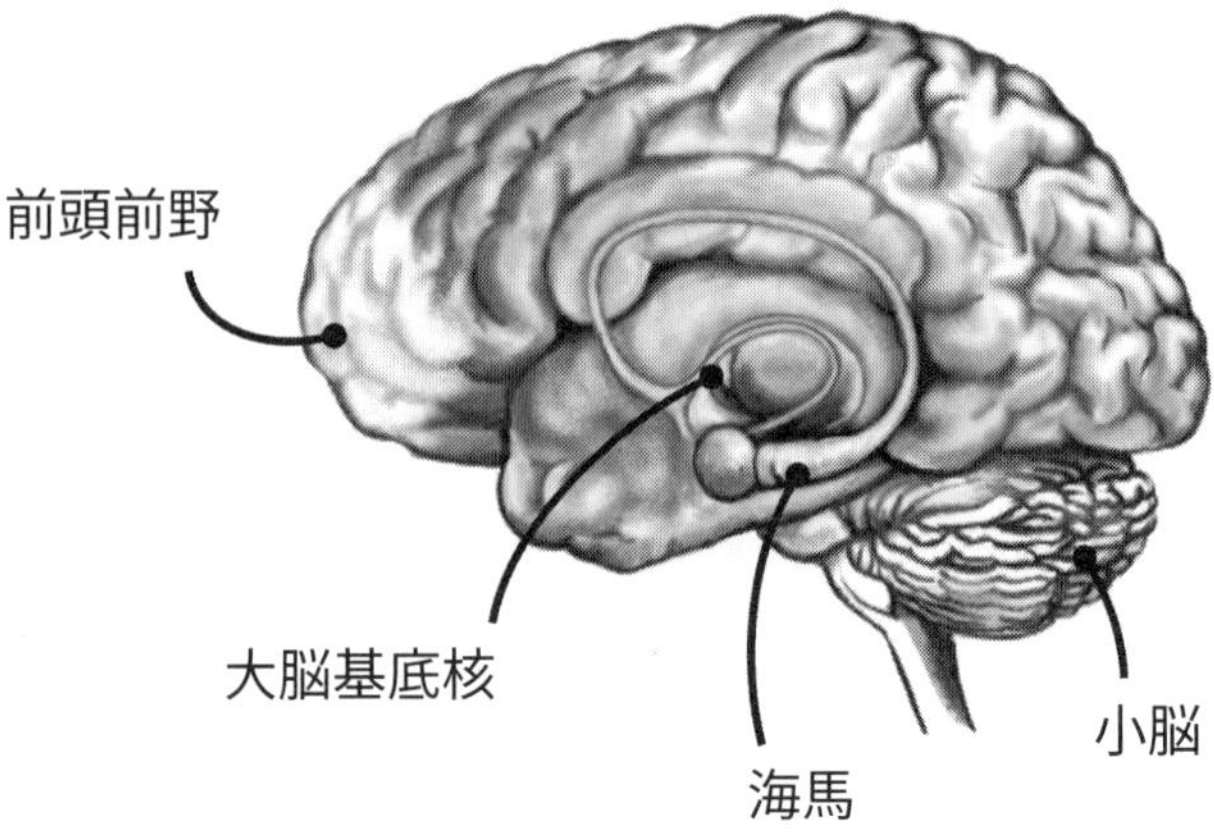

19-2A 人間の学習領域には大脳基底核、海馬、小脳も含まれている。論理的思考領域には前頭前野も含まれる。人間の脳では、学習と論理的思考が連携して働いている。

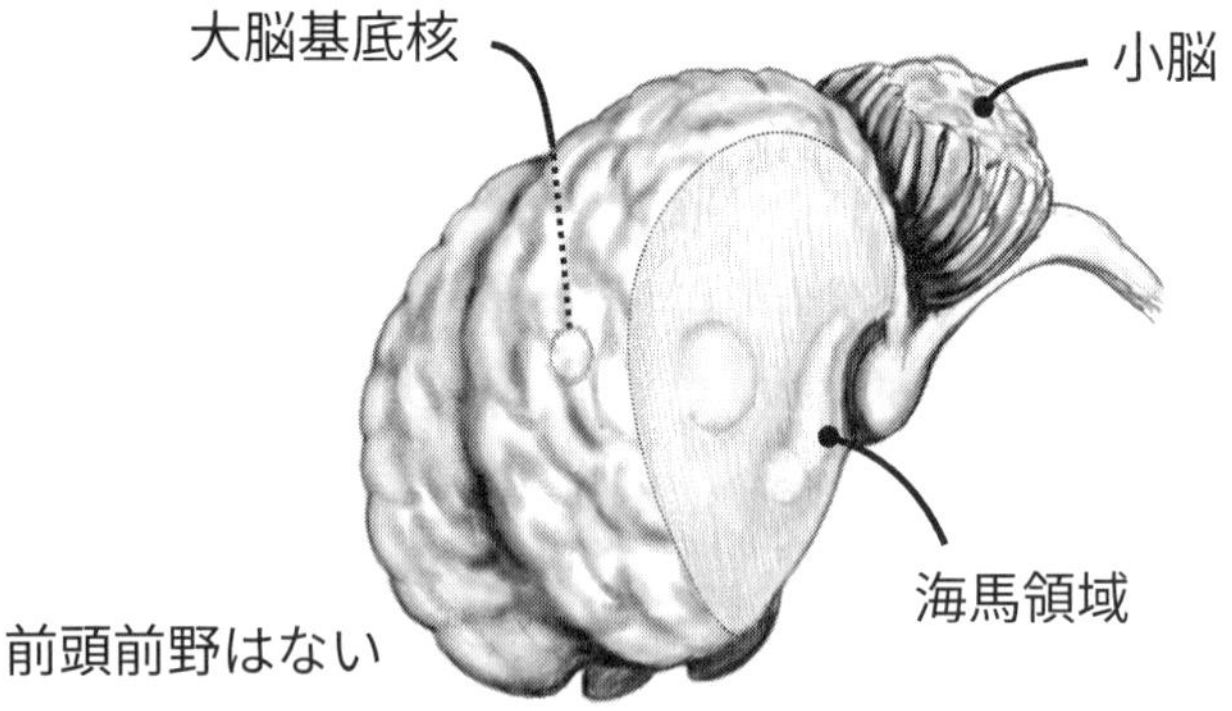

19-2B ウマも大脳基底核、海馬領域、小脳を活用して学習する。だが、論理的思考を司る前頭前野はない。そのためウマは人間よりもより直接的に学習するが、ウマの脳は学習する作業に論理的思考を取り入れることができない。

まったら、面倒なことになる」ということだ。こうした先のことに対する論理的思考がなければ、私たちは衝動によって脱線してしまう恐れがより大きくなっていただろう。それによって、ウマが脱線してしまうように。

前頭前野を持たない動物に非があるのかどうかを考察する場合、検討しなければならないことはたくさんある。当時一〇代だった私は、灰色をしたクォーターホース種のメスの子ウマを、大型のトレーラー式馬運車につないで手入れしていた。〈アジア〉は体の左側をトレーラーにしっかりとくっつけていて、私が前方から指示しても動こうとはしなかった。本来ならいったん綱をほどいて、体の位置を変えてやるべきだった。だが、私は急いでいたし（たいていの場合、この言葉は怪我の予兆だ）、この三歳馬の態度にむっとしていたので、彼女の後ろに回って腰の左側に自分の手を押しつけた。圧迫されたアジアは身を乗り出して耳を細めて平らにすると、さらに強くトレーラーにもたれかかった。手での指示に従わなかったので、左の尻をピシャリと叩いた。すると、目にもとまらぬ速さで、彼女は両後肢で私の両膝を蹴ったのだった。

非難されるべきなのは誰だろう？　それは、アジアの後ろに立って彼女を叩いたほうではないだろうか？　私の前頭前野はまだ完成していなかったが、それでも私にはウマについての知識は十分にあったし、結果を予想する知力もあった。アジアには、どちらもなかった。彼女は、ウマとして自然に振る舞ったにすぎなかったのだ。アジアが人を蹴ったのは初めてだった。それに、彼女は耳を細めて、事前に私に警告していた。しかも、彼女は若く未熟なウマで、指示を拒むことは好ましくない振る舞いだと知らなかったのだ。私は、アジアに罰を与えることはできなかった。何しろ、折れた二つの膝蓋骨を抱えた状態で、自力で運転して病院に行くのに必死だったのだ。だが、もっと大事な理由は、この損傷はウマのせいではなかったからだ。

前頭前野の機能障害

前頭前野が衝動をうまく抑制できない代表例は、反社会性パーソナリティ障害の患者だ。[18] 彼らには嘘をつく、攻撃的、共感や良心の呵責に欠ける、法律や道徳をほとんど顧みない、という傾向がある。その振る舞いは、犯罪につながることも少なくない。脳スキャンの結果、反社会性パーソナリティ障害の患者の脳は健常者の場合に比べて、脳組織が平均一一パーセント少なく、前頭前野の活動が大幅に少ないことが判明している。[19] 彼らの犯罪を起こす衝動が抑制されないのは、こうした理由によるものだ。

ウマと同様に、彼らの脳には衝動の抑制がある程度学習できる神経細胞構造が存在する。だが、犯罪者の多くは教育の機会に恵まれず、自身が肯定された経験もほとんどないため、学習能力に限界がある。しかも、暴力への衝動があまりに急なため、それを抑えるには学習と実行機能が必要になる。こうした研究結果は、次の重要な法的問題を提起することになった。前頭前野が損なわれている犯罪者は、それでもその問題行動を非難されて然るべきなのだろうか？　そして、私たちはウマについても同じことを問わなければならない。

危害×意図×責任＝罰

人間の前頭前野は非があるかどうかを判断して罪を決定するときに、与えられた危害とその意図を考慮する。危害を与えた振る舞いは、同じ振る舞いでも危害を与えることにならなかったものよりも非が大きいとみなされる。私たちは、もし危害が深刻で事前に計画されたものと判断した場合、罪を与えることが多い。それは脳における自然な等式であり、その計算をしないようにすることはとても難しい。進化を経て身についた、脳で行われるこの無意識な計算処理によって、私たちは協調と公正のための規則を設けて守らせようとする。

それが人間の脳の自然な仕組みのため、私たちは動物についてもそうだと思いがちだ。だが、ウマは危害を判断できない。誰かを蹴って両膝を骨折させたウマは、誰かを蹴り損なったウマよりも大きな罪の意識を感じるわけではない。人間が不本意に体に触られることを阻止するために仕方なく手を上げるのと同じで、ウマは自分を守るために蹴るにすぎない。あのときのアジアはまさにその例だ。彼女は意図的に蹴ったし、間違いなく危害を与えたが、だからといって彼女が罰を受けるべきだというわけではないのだ。

最新の実験機器によって、科学者たちは人間の脳のわずかな領域を区分けして、周辺の組織には影響を与えずに短時間機能させないことができる。活動を止められた一領域がどんな機能を担っていようと、脳はその領域以外では正常に思考できる。ある研究では、研究者が被験者の前頭前野のとある小さな領域の活動を停止させている間、被験者は問題行動についての話をいくつか読むよう指示された。問題行動によって深刻な危害が与えられた話もあれば、ほとんど与えられなかった話もあった。

どの話の問題行動にも意図があり、その度合いはさまざまだった。

前頭前野の当該領域の機能が停止していたとき、被験者たちは話のなかの問題行動を起こした人物に非があると判断したが、脳がすべて正常に機能しているときに比べると、その人物に与えた罰はそこまで深刻ではなかった。前頭前野のこのおよそ二・五センチ四方の組織こそが処罰の中枢であり、問題行動に罰を与えるかどうか、どの程度重く罰するかを判断する領域だったのだ。[20] ウマに携わる者がウマと何かに取り組んでいるときに制御するよう学ばなければならないのは、まぎれもなく自身の脳のこの領域だ。

「それは決してウマのせいではない」

何らかの問題が起きたとき、調教師はこの使い古された言葉をよく口にするが、それを聞いた周りの者はかえっていら立ってしまう。前頭前野にどっぷり支配されている私たち人間は、何事も誰かのせいであるはずだと思いがちだ。ある振る舞いがウマのせいではないと言うのなら、それは「人間のせい」ということになる。しかも、木に接触させられたり、土のなかに顔から突っこまされたりした直後だと、それを自分のせいだと認めようとするのはかなり難しいものだ。

より正確な言いまわしは、「それは決してウマが意図したものではない」となるだろう。ウマの脳は、悪意のある長期的な戦略を立てることはできない。それがいいか悪いかは別にして、ウマが非難をこめて行動を起こすことはまずない。彼らは、ただ行動するのだ。では、私たちはウマの問題行動を見逃すべきなのだろうか？　それも決してない！　まず起きたことを検証し、再び起きないようにする、あるいはまた起きたときすぐに修正するには、どうすればいいかを検討する。私との小競り合いのあと、もちろんアジアは指示に従うための調教を、数週間にわたって受けるはめになった！　ウマの悪い振る舞いを責めるのではなく、よい振る舞いを教えてあげよう。そのほうが効果的だし、しかもずっと楽しいのだから。そうそう、この方法は人間にも有効だ。

とはいえ、クマのようなウマの場合は、どうすればいいのだろうか？　めったにいないが、あなたが近づくたびに襲ってくるあの暴漢のようなウマのことだ。彼の振る舞いは、陰謀とは無縁だ。そうした行動は、お粗末な調教、虐待、不適切な罰、極めて大きなショック、病気、痛み、あるいは脳の機能障害によるものだ。ひょっとすると、「攻撃すればあなたはいなくなってしまうので、平和な気分で干し草を食べられる」ということを学習しただけかもしれない。通常こういった行動は、これらの問題が組み合わさって起きるものだ。

人間社会で、うまくやっていけない人間だっている。それなのになぜ、私たちはすべてのウマが人間社会になじんで当然だと思ってしまうのだろう？　うまくやっていけないウマには、問題行動の修正を専門とする調教師が時間をかけて取り組まなければならない。それはたいていの場合、何年もの間、毎日調教を行うということだ。人を危険にさらして、しかも何の技も身につけようとしない動物のために、そこまでお金をかけられる所有者はほとんどいないというのが現実だ。

ウマとつきあう最高の理由のひとつは（たとえ難しいウマでも）、彼らが一〇〇パーセント純粋だということだ。ウマは裏切らないし、批判しないし、騙しもしなければ、裏で操ることもしない。ウマは、いわゆる「見たままのものが得られる」ことの神髄である。私たち人間が、そうしたまぎれもない純粋さに人生でお目にかかれることはほとんどない。だから、それを受け入れることを難しく感じてしまうのかもしれない。でも、ウマのそうした面を変えようとするのではなく、慈しんであげよう。ウマは私たちとは違うし、彼らを私たちと同じようにしたいと望んではならないのだ。

V

ホースマンシップは知識だけではない

Horsemanship Is More Than Knowledge

20　真のホースマンシップとは

本書では、進化を遂げて今日の形になったウマの脳と、それが周囲を感知する数多くの方法について探索してきた。学習する、記憶する、そして、非常に小さくて細かい動きに気づきながらも集中し続けるためのウマの優れた方法について、より深く調べた。ウマの脳は感情を利用して行動や表情をもたらすが、陰謀を企てたり私たちの行動を批判したりする能力は持っていないこともわかった。こうした科学的知識は、人間社会で生きるウマのストレスを和らげるために、すべてのウマに活用することができる。

私たちが理解しなければならないのは、ウマの脳だけではない。ウマと人間のチームでは、両方の脳の仕組みを把握することが同じくらい重要だ。それゆえ、本書では両種の脳の違いと類似点を探った。近年の動物研究においては、研究者たちは類似性に重点を置く傾向が強くなっている。[1] だが、ウマに携わる者たちは、人間との違いを重視するよう最善を尽くしている。ただでさえ、私たちはウマの頭は人間のものとよく似ているという誤った認識を抱きがちで、二つの違いを見ようとしない。だが、安全のために最も重要なのは、この違いを認識することなのだ。ウマと人間の脳についての知識を手に入れれば、あなたもウマの振る舞いをより深いレベルで理解できるようになるはずだ。そこから、あなたのウマの脳、そしてあなた自身の脳を、あなたの目的により合ったものにつくり変えることができる。

ウマについては、本書一冊では語りつくせないほど多くの情報が明らかになっているが、まだ知られていないことも同じくらいたくさんある。今後ウマ関連の科学者たちは、ウマの嗅覚、原因を探る能力、カテゴリカル知覚、観察学習の可能性について掘り下げる必要があるだろう。また、ウマの概念カテゴリー化能力や、ウマの肯定的感情についても、さらに深く探る余地がありそうだ。数えきれないほど多くの実験パラダイムのウマへの実施が待たれていて、そのどれもが私たちが思ってもみなかったウマについての驚きを示してくれる可能性を秘めている。

チームの機能をウマ側でも人間側でも同等に向上させるためには、私たちの四本足の動物の両耳の間にあるやわらかい豆腐について学んだことをすべて、人間の脳においても検証しなければならない。騎乗をともなうあらゆる動きや、地上での一部の動きでは、ウマと人間の脳が同時に働くのみならず、ほぼ一体となって働く。つまり、レベルの高いチームは、人間とウマの脳が別々で働くよりもはるかに優れた働きを持つ、ひとつの巨大な脳を持っているというわけだ。

異種間コミュニケーションの頂点

脳科学者や比較心理学者たちは、あまりに長くウマをないがしろにし続けてきた。たしかに、ウマを狭いところに閉じこめて実験をするのは大変だ。だが、その結果は基礎科学、獣医学、ウマの研究、動物コミュニケーション研究で有効活用できるはずだ。大きく異なる二つの種（たとえば、イヌと人間、チンパンジーとカラス）がどのようにしてコミュニケーションを取っているのかを知りたい研究者たちは、今日の最高の事例にまず焦点を当てるべきだろう。それは、ウマと騎乗者による非言語コミュニケーションだ。その研究によって、科学者は人間とほかのあらゆる動物との間のコミュニケーションにも応用できる、多くのことを学べるはずだ。この新たな知識は、倫理学、哲学、解剖学、生理学、言語学、医学、通信システム学においても役立つだろう。

ウマの研究をもっと幅広く行うべきだということの意見が、多くの学者たちに衝撃を与えるものだということは、認知科学者である私自身がよくわかっている。「ウマだって？ 冗談だろ！」と言われることは百も承知だ。それでも、そうした批判を恐れずに、すべての脳科学者に次のように呼びかけるほど、私はウマと脳に関する自身の知識には自信があるつもりだ。「まずはウマについて、そして彼らがどんなふうに人とやりとりするのかについて学びにきて、それでも納得できなければ、そこで反論してほしい」。ここで行われているコミュニケーションのレベルの深さは、人間とイヌやネコとのどんなに親しい関係においてさえ実現されていないものだ。

異種間コミュニケーションとは単に理論的や抽象的なものではなく、物理的、身体的なものであることは、見てきたとおりだ。まるで皮膚をはさんで両者のシナプスが向かいあっているかのように、ウマの神経細胞が人間の神経細胞に直接反応して発火し、その逆も起こる。このコミュニケーションループのなかにいる乗り手は、被食動物の脳の働きを内側から経験するという、かつてない機会に恵まれる。一緒に何かに取り組むと、私たちはウマの脳の一部になり、そして彼らも私たち人間の脳の一部になるのだ。動物が世界をどのように経験しているかというこの視点から、人間は非常に多くのことを学べる。当然ながら、この能力に秀でるには何年もの訓練と、数えきれないほど多くのウマとの経験が必要だ。生まれて初めてポニーに乗る子どもが、ただお尻をサドルにポンと載せて待ってみても、ウマの脳に入るあの崇高な瞬間は訪れないのだ！

自分以外の脳を通じて考えることとは、たとえ騎乗中に使わなくとも身につけておいて決して無駄にならない能力だ。世界が狭くなってますます多様化するなか、他人の視点から物事を見る方法を学ぶことは、誰にとっても有益なはずだ。あなたの頭のなかをウマのものと融合すれば、あなたの近くにいる人間、イヌ、ネコを理解することをより簡単に思えるようになる。さらには、あなたの子どもや両親のことさえも！

ウマと人間の脳科学のしっかりとした知識を会得するには、時間と努力が必要だ。では、なぜそこまでして学ばなければならないのだろう？　本書がその答えになっていることを願っている。より具体的には、実力を高めてよりうまく発揮できるようになるため、安全の向上のため、それぞれのウマに合わせた調教を行うため、あなたが望んでいることをウマがよりよく理解できるようになるため、そしてあなたもウマの望みをよりよく理解できるようになるためだ。そして、次の最後の数ページでは、その多大な努力が必要である理由をもうひとつ説明したい。それは昔ながらのものでありながら、今なお必要とされているホースマンシップの意味だ。

真のホースマンシップが与えるもの

一〇代の少女と指導員がホースショーで行われている競技会のゲート近くに立って、美しいサラブレッドがハンター競技のステイクフラット種目を終えて出てくる様子を眺めている。ウマの乗り手は大喜びだった。にこやかに笑いながらウマの首をなで、形のいい耳に褒め言葉を優しく囁いている。一〇代の少女は、このウマが最下位で何をやってもからっきしだめだったことを知っている。見るからに緊張していたし、競技中に収縮駈歩を使いすぎていたし、しかも屋内競技場の奥の隅で一度後ずさりした。しかも、このウマは四本の肢で三〇秒しっかり立ち続ける課目ができなかった。中間種はみな、根が生えたように砂の上にしっかり立っていたというのに。そこで少女は指導員に、なぜ乗り手はウマを軽く叩いて称賛しているのか尋ねた。「それがホースマンシップだからさ」と指導員は答えた。「ウマは自分のベストを尽くして、乗り手は今日の出来をこれまでのものと比べたんだ。競技場内のほかのウマたちとではなく。彼がすごくうまくできなくても、それは関係のないことなんだ」。少女は慎重に耳を傾けているが、困惑のあまり顔をしかめている。

「ホースマンシップ」という言葉は、最近あちこちでよく使われている。そうしたなかで新たな意味が加えられたために真の意味が薄れ、しかもそれらのなかにはこの言葉の基本精神と矛盾するものさえある。「ホースマンシップ・クリニック」では、参加者はウマの栄養学、発達、心身の健康、応急処置、厩舎管理を学ぶ。どれも重要な科目だ。「ナチュラル・ホースマンシップ」では、ある流派に則ってウマを調教する。カッティング、ローピング、障害飛越（ジャンピング）、馬場馬術（ドレッサージュ）、馬車（ドライビング）、レイニング、トレイルといったどんな競技においても「ホースマンシップ・レッスン」が設けられている。私も「脳の仕組みに基づいたホースマンシップ」という形で、この本書でもこの言葉を使っている。ホースマンシップに関する雑誌では、「馬具の手入れ」「蹄のトリミング」「厩舎のイヌ」といった話題が取りあげられている。この言葉の下にあまりに多くの題目を含めることができるため、ホースマンシップはウマに関するほぼすべてのものを意味するようになっている。

私がここで伝えたい真のホースマンシップの意味は、次の短い一文に集約されている。「ウマが最優先」。よきホースマン（この呼び名は、あのすばらしい動物に携わる女性および男性にとって、最高の賛辞だ）は、ウマを優先することを考える必要さえない。彼らが幼いとき、朝食や夕食を出されるのはウマに餌を与えたあとと決まっていた。そうすれば、彼らがウマに餌をやるのを絶対に忘れないからだ。また、ウマに水をやり忘れるのは、友人を殺そうとしていることと同じだとみなされた。その不名誉はあまりに大きく、それ以上の罰を与える必要がなかったほどだ。

私たちはウマを厩舎や放牧地に拘束しているのだから、ウマは私たちに守られなければならない。栄養ある食べ物、新鮮な水、安心できる寝床について、彼らは私たちを頼るしか選択肢がないのだ。それに、安全についても私たちに頼るしかない。たとえば、危険防止度の高い柵、清潔な施設、獣医による健康管理、蹄鉄工の定期訪問、定期的な運動、そしてウマ仲間との分別のある交流。私たちには、捕虜になっているウマたちに可能なかぎり最善の世話ができるよう、ウマに関する自身の知識を最大限にまで高める義務がある。必要な知識を身につけるためにはひたむきに勉強して、多くの違うウマたちとの経験を日々積み重ねなければならない。しかも長期にわたって。ウマを飼育することは非常に特殊な作業であり、家でイヌやネコを飼うのとはわけが違う。

真のホースマンは生涯にわたって学び続け、誰かに教えを乞うことを怖いとも恥ずかしいとも思わない。どんなウマも、新しいことを教えてくれる。調教での騒動から始まり人間同士のいざこざにいたる何らかの問題が生じたとき、彼らにとって最も重要な問いは「ウマにとって最善の策は何だろう?」である。真のホースマンは、運動能力向上薬、過酷な練習、人間のひどいかんしゃくといったもので、ウマの健康や幸せを損なうようなことは決してしない。ウマが不当な扱いを受けたり危険にさらされたりしたときは、どんなことをしてでも介入する。彼らのウマをからかって見下すのは、親になったばかりの人に「あなたの子どもは不細工だ」と言うようなものだ。あなたはたっぷり叱られるはずだから、どこかに避難するほうがいい。真のホースマンは、馬房の掃除、裏掘り、陰茎鞘洗浄を、プライドが許さないからと拒否するようなことは決してしない。彼らは、ウマの名誉と尊厳に最大の敬意を払っている。

ホースマンの大半は、当然ながら女性だ。それは女性のほうがウマの世話が上手だからというわけではなく、今日ウマが関わるスポーツを支えているのは主に女性の騎乗者やウマを扱う人々だからだ。ホース「マン」という言葉が依然として使われているのは、真のホースマンシップ精神を伝えられるジェンダーレスな言葉を、私たちはまだつくりだせていないからだ。ウマに乗る、馬車を引かせる、ウマを扱う、ウマを飼育する方法は誰でも学べる。だが、真のホースマンは、こうした高い専門性を持つ人々よりもさらにもう一段上にいる。それは「ウマが最優先」という精神を会得しているからだ。

ウマがお返しをしてくれるもの

ウマは気前がいいが、真のホースマンと深い信頼関係を築いているウマは気前がいいどころか心底尽くそうとする。そんなウマに走れと指示すると、倒れて死ぬ最後の一歩まで全速力で走り続ける。私たちが望むことをウマにごく控えめにしか伝えられないのは、そういうわけだ。

私たちの最善の世話と最大の心配りのお返しとして、ウマがくれるものはとてつもなく大きい。今日のウマはサドルと乗り手を載せて、時速七〇キロで走ることができる。これは地球の陸生哺乳動物のなかで最速だ。[2] エンデュランス馬術競技の山地コースのレースでは、約八〇〇キロを休みなしに走ることができる。[3] 高さ二・五メートル近い障害物を飛び越すことができる。[4] 飛行機で世界中を飛びまわり、その場に立ったまま音楽のリズムに合わせて踊ることもできる。ペアを組んで、二〇一九年型フォードＦ３５０スーパーデューティーピックアップトラック二台分の重さを牽引することもできる。[5] とても真似できない！　さらに、ウマは後肢で約一〇メートル歩くこともできる。[6] ウマたちはなぜ、ここまでやるのだろうか？　それはただ、私たちが彼らにそう指示したからだ。

ウマは運動競技でこうした驚くべき成果を出す一方で、休むときは頭をそっと私たちの肩にもたれかけさせて、優しい寝息を耳に届けてくれる。私たちが泣いていると、何も言わずにそばに立っていてくれる。ウマは虐待された子ども、暴力を振るわれた妻、精神的外傷を受けた退役軍人、危険にさらされている一〇代の若者、性的暴行の被害者、子どもを失って悲しみに暮れている両親など、さまざまな問題を抱えた人間と心を通わせて、この人たちの癒しになれるよう懸命に努める。「僕がここにいるから」。彼らは言葉を使わずに、穏やかにそう伝える。「ただこのまま、こうしていていいから」

精神的な強化、体の調整、思いやりの気持ちを通じて、この巨大だが敏捷な動物を律することを学ぶための日々の取り組みで会得できるほどの自信と謙虚さを教えてもらえる活動は、ほかにはほとんどないだろう。ウマは私たちに明確な境界線の引き方、非言語コミュニケーションを習得する方法、目標を順序だった小さな段階に分ける方法、学習とやる気をもたらす最良の手法の実践方法を教えてくれる。さらに、恐怖を克服する、思いやりを示す、信頼関係を築く、不安を追い払う、一切隠し事をせずに振る舞うなどの方法も教えてくれる。動物によって磨かれたこうした技は人間同士のやりとりにも活用できて、それはあらゆる人にとって有益なものとなる。もし私たちがみな、真のホースマンがウマを扱うように人々と接することができれば、世界はよりよいものになるはずだ。

謝辞

本書は、ウマに対する愛情と、私のその思いを支え、励ましてくださったすばらしい方々の協力によってできた。雑誌「エクウス（*EQUUS*）」の担当編集者ローリー・プリンツは、私が初めて書いた「ホースマンシップと神経科学」の記事に命を吹きこんでくれた。彼女は私のひらめきを大切に育ててくれ、原稿を鋭い目でチェックしては優しく指導してくれた。「エクウス」の読者のみなさんは、質問、意見、そしてどんな書き手も勇気づけられるような好意的な感想を頻繁に送ってくれた。

科学ジャーナリストでベストセラー『ザ・ホース（*The Horse*）』の著者でもあるウェンディー・ウィリアムズは、本書の企画が人に見せられるような具体的な形になるよりもずっと前の、まだ構想を温めている段階から相談役になってくれた。ウィリアムズは出版業界での経験が浅い新人同様の私にさまざまな情報を喜んで教えてくれ、彼女との交流のおかげでこの業界での仕事がはるかにやりやすく、楽しくなったのは言うまでもない。

トラファルガースクエア・ブックスの私の担当編集者レベッカ・ディディエは、本書の企画にすぐさま熱心な興味を示してくれ、完成するまでの各段階でよき仲間として支援し続けてくれた。同じくトラファルガーの編集発行人キャロライン・ロビンスは、私の原稿を丁寧に編集してくれた。彼女のおかげで、誤解を生むような表現や本書にふさわしくないユーモアがこの世に出ずにすんだ。業務執行取締役かつマーケティングの第一人者であるマーサ・クックは、ソーシャルメディアと本の宣伝活動という新たな世界で私を導いてくれた。この頭の切れる優秀な女性たちはみな、私にとって最高の指導者だ。

ウマを専門に描いている画家スーザン・ハリスは、難しい構想のイラストをお願いしたにもかかわらず、ウマ仲間同士の気さくさで依頼を受けてくれて、美しいイラストをいくつも描いてくれた。その多くは獣医学での最先端の研究に基づいた、史上初のウマの脳内図だ。ほかにも、ウマの目から周囲を見た図も描いてもらった。これは簡単そうに聞こえるかもしれないが、最高レベルの画家でさえ難しく感じるような、高度な技能を必要とするものだ。ティム・ホルツは見る者を飽きさせないさまざまな技巧を用いて各ページをデザインしてくれて、アンドレア・ジョーンズは本書全体の索引を作成してくれた。レベッカ・ディディエはグラフィックアーティストとしての魔法のような手腕を発揮してすべてのイラストをまとめあげ、美しいカバーを作成してくれた。

次の方々は私の原稿を読んでくれて、寛大にもさまざまな助言をくれた。レベッカ・ディディエ、デニー・エマーソン、ジェリー・ジョーンズ、ティック・メイナード、キャロライン・ロビンス、エリック・スマイリー、カレン・スピア博士、ジェフリー・ウォーレン獣医学博士、ウェンディー・ウィリアムズ。以上のみなさんは細かい箇所まで目を通し、建設的なアイデアを出してくれたり、間違いを指摘してくれたりした。お礼申し上げる。本書内の間違いはすべて私ひとりの責任であることも、あわせてお伝えしておく。

次の獣医神経科医のお二人は、ウマの脳についての私の質問に快く答えてくれた。イタリアのパドヴァ大学獣医解剖学教授ブルーノ・コッツィ獣医学博士、アメリカのコロラド州立大学ウマ科内科学准教授イベット・ノート・ローマス獣医学博士。お二人にお礼申し上げる。さらに、論文内の情報で本書に貢献してくれた、獣医学の研究者やウマ関連の科学者のみなさんの熱意と努力に感謝する。

私に調教を依頼してくれたウマの所有者のみなさんや、あぶみなしの軽速歩や遅い駈歩を、想像以上に長くやらされたはずの乗馬学校の生徒のみなさんにも感謝する。たとえ筋肉痛になっても私の指導への情熱に応えてくれる、意欲ある依頼者や生徒たちと緊密な関わりを持てることはとても幸運だ。

そして、本書を執筆するというワクワクする気持ちに共感してくれ、ウマを理解する私なりの方法を世間に広めるために協力を申し出てくれた友人たち。私たちは互いを高めあい、互いの成果を心から喜びあう間柄だ。彼らの変わることのない友情に感謝している。本書を完成させるというこのプロジェクトに大きな関心を持ち、私がくじけそうになるたびに励ましてくれた友人たちの名前をここに記したい。ロウ・バブコック、ジェニファー・ベック、キャロリン・ビィディンガー、デビー・ビショップ、タビー・ボワーズ、ジニア・キャントレル、サンドラ・アイゼマン、キャシー・グリーン、ゲイル・コーザー、シンディー・ローレンス、フランシー・オルソン、メレディス・ページ、スザンヌ・ライリー、カレン・ライダー、パット・ステルター、キャロル・ティール、ケリー・ツィーグラー。姉妹同然のカレン・スピアは、本書の各章における私の迷いに耳を傾け、たくさんの助言をしてくれた。彼女は私の人生の各章においても、同じようにして支えてくれた人だ。

本を書いているときは、何カ月もの間、ひとりで閉じこもって作業することになりがちで、その間さまざまな形で絶えず励まし支えてくれた家族には、ありがたい気持ちでいっぱいだ。私の父ジェリー・ジョーンズは、九〇代の今も現役で続けている芸術と建築の仕事を通じて、作業の孤独さを私よりもよく理解している。また、ベス・ヘンデルとジョー・ヘンデル、レスリー・ジョーンズ、ロイス・マクダーモットとケビン・マクダーモット、ダイアン・モールズ、リン・ノリス、ジョアン・パブリカとフランク・パブリカ、シンディ・プレボスト、サンディ・ローマン、レイ・トーレス、そして姉妹同然の従姉妹ダイアナ・トーレスにも感謝を述べたい。

これまで私が関わってきた数百頭のウマたちも、称賛に値する。ウマの脳について、それぞれが私に新たなことを教えてくれた（なかにはとてつもなく大がかりな調教が必要な、大変な例もあったが）。ウマたちはみな個性が強く、「どんなことにも備えよ」という心構えを私に教えてくれた。今も、ウマたちには毎日のように新しいことを教えてもらっている。

最後に、私が行ってきたホースマンシップの脳科学の研究を、一〇年もの間、励まし支えてくれた友人、ジェフリー・ウォーレンに深く感謝する。ジェフはどんなやりとりにも温かさ、笑い、謙虚さ、知性を込められる、類まれな人物だ。さまざまな面において、本書の方向性を決めてくれたのはジェフであり、私はただその実現のために励んだだけだ。

著者について

ジャネット・ジョーンズは、ウマの調教や騎乗者の指導に脳科学を取り入れている認知科学者である。七歳で乗馬を始め、一七歳のときにオリンピック障害飛越（ジャンピング）関連プログラムへの参加資格を得る。さらに、何百頭もの若いウマを調教しながら、ハンター、障害飛越、ホルター、レイニング、ウエスタンプレジャー競技に出場してきた。そうした経験に基づき、ジョーンズはすべての乗り手に対して、ウマを知りつくして真のホースマンシップを身につけることを強く推奨している。そして、馬術競技間の壁を越えた調教や訓練を推進するべきだという考えのもとに、あらゆるウマに対して馬場馬術（ドレッサージュ）とグラウンドワークの基本原則を用いた調教を行っている。

ジョーンズはカリフォルニア大学ロサンゼルス校（ＵＣＬＡ）において、言語の曖昧さを解決する人間の脳の能力に関する研究で、認知科学の博士号を取得している。また、この研究プロジェクトで、一九八九年にＵＣＬＡゲンゲレリ優秀論文賞を受賞している。その後、二三年間にわたって、大学生に知覚、言語、記憶、思考に関する神経科学を教えてきた。ジョーンズは全米優等学生友愛会、科学的心理学会、米国馬術連盟、米国ハンター／ジャンパー協会、北米神経科学学会の会員である。

本書はジョーンズの四作目にあたる。過去の著作には科学的研究や人間の記憶を題材にしたものもある。さらに、乗馬関連の雑誌「エクウス（*EQUUS*）」をはじめ、乗馬、教育、心理学関係のさまざまな専門誌に寄稿している。

現在ジョーンズはロッキー山脈に住んでいて、ともに暮らしている三歳のダッチ・ウォームブラッドは、日々ジョーンズの技能に磨きをかけてくれる。ジョーンズは余暇には音楽、文学、自然を楽しんでいる。さらに詳しい経歴はwww.janet-jones.comを参照のこと。

用語集

アセチルコリン　ウマの脳内に大量に存在する化学物質。筋の活性化と記憶に重要な役割を果たす。

アドレナリン　「戦うか逃げるか」反応時に血流を促進する天然化学物質。エピネフリンともいう。

暗順応　明るい場所から暗い場所へ移ったときに、瞳孔を広げて目を慣らす調節過程。

威嚇・逃避行動　ストレスを避けるためのウマの習性。

一般化　学習した行動をほかのどんな状況下でも取れること。

ウォームブラッド　重種と軽種との交配でつくられた混血種。中間種。

うなじ　ウマの首の上側。たてがみが生える部位。

運動検出器細胞　動きを捉えてその情報を脳に送る視細胞

運動野　体の各部位の動きを引き起こす役割を持つ神経細胞を有する帯状の脳組織。運動皮質ともいう。

エクウス・カバッルス　現代のウマの学名。

エピネフリン　「戦うか逃げるか」反応時に血流を促進する天然化学物質。アドレナリンともいう。

オクサー　障害飛越における障害物の一種。少なくとも二本の横木が間隔を空けて幅ができるよう設置されている。

オペラント条件づけ　報酬、負の強化、罰という結果によって教える手法。道具的条件づけとも。

音源定位　音がどの方向から聞こえてくるのかを特定する能力。

海馬　脳の一領域で、新しい記憶を強固なものにする役割を担う。

家畜化　穏やかさといった、調教しやすくなる特徴を実現するために繁殖を行うこと。

活性化　神経細胞を発火させて情報を伝達するための、電気的および化学的な過程。

カテゴリカル知覚　人間の脳がつくりだすバイアスで、それぞれ異なる物が自動的にグループ化される現象。

カプリオール　馬場馬術における跳躍運動の一種。ウマが両後肢で後方に蹴って、上方に飛ぶ動作。跳躍。

刈り込み　使用しない脳細胞を除去すること。

感情　何らかの行動を駆り立てる、見た目でわかる精神状態。

関節受容器　関節がどの向きにどれくらい曲がっているかを脳に伝える細胞。

桿体　目のなかの細胞で、動きを符号化する役割を持つ。

き甲　ウマの首の付け根の上側にある、骨が膨らんでいる部分。鬐甲。

拮抗条件づけ　望ましくない振る舞い代わりに関連した振る舞いを行わせる手法。

輝板　ウマの目のなかにある光沢のある繊維上の層で、暗闇で光を反射する。タペタム。

気持ち　外からはわからない、内面における主観的な精神状態。

嗅覚　匂いに対する感覚。

嗅球　脳の領域の一部で、匂いに関する情報を受容細胞から収集する。

球節　ウマの主要な関節で、「膝」にあたる副手根骨と蹄をつないでいる。足首と呼ばれることもある。

強膜　目の白い部分。

筋紡錘　筋肉が伸びる長さや速さを脳に伝える筋肉細胞。

グラウンドワーク　ウマに乗らずに行う調教。

グリア細胞　脳細胞の一種で、死んだ神経細胞を取り除くなどの役割を持つ。

グルコース　脳のエネルギー源となる糖。ブドウ糖ともいう。

クロスモーダル知覚　同時に見たり聞いたりするように、複数の器官で知覚すること。

軽種　サラブレッドやアラブ種といった、神経質で興奮しやすい品種。

距　球節にできている小さい角質塊。けづめ。

虹彩　目のなかの色のついた部分。

行為主体性　自分の意志で行動すること。

後頭葉　人間の脳の視覚を制御する領域。

国際馬術連盟　国際的な馬術競技会を統括する組織。

古典的条件づけ　ベルの音のような新たな刺激を、すでに身についている振る舞いと関連づける手法。

固有受容覚　自身の体の位置と動きを感じる能力。

ゴルジ腱器官　筋肉に加えられた張力を脳に知らせる細胞。

コルチコステロン　齧歯動物、鳥類、爬虫類の体で分泌されるストレスホルモンの一種。

コルチゾール　ウマや人間の体で分泌されるストレスホルモンの一種。

さく癖　ウマの悪癖の一種で、物体の端をくわえて鋭く息を吸いこむ行動。齰癖。

耳介後部　ウマの頭の両耳の間の部分。

視覚的捕獲　人間の脳の、優位を占める視覚への偏り。

視覚野　脳の表層にある、視覚情報が処理される領域。

ジグ　速歩しながら飛んだり跳ねたりすること。神経がたかぶっているウマが常歩したがらないときに行う。

軸索　脳細胞の一種である神経細胞の一部で、電気的刺激をある神経細胞からほかの神経細胞へ伝える役割を持つ。

刺激　脳を興奮させる外部のものや出来事。

視床　あらゆる感覚入力情報を調整する神経構造。

視神経乳頭　目のなかで桿体と錐体が情報を伝送できない領域。

視神経　目から脳へ情報を伝達する神経。

自然選択　環境に最も適応した個体が生存、繁殖すること。

失音楽症　関連しあう音を音楽として認識できない症状。

実行機能　計画する、論理的に考える、戦略を立てるといった人間の脳の能力。

失認　関連するものを視覚や聴覚を通じて全体的に感知できない障害。

重種　クライズデールやペルシュロンのように、力強さのためにつくられたウマの品種。

樹状突起　神経細胞の短い突起で、ほかの神経細胞から情報を受け取る役割を持つ。

受容細胞　感覚器内の細胞で、外からの刺激を受容する役割を持つ（例：桿体、錐体）。

ジョインアップ　ウマが自分と関わっている人間に近づいてあとをついていく行動。

消去　学習した関連性を忘れさせる過程。

小脳　脳の一部位で、協調運動や学習に重要な役割を果たす。

鋤鼻器　匂いを捉えてさらなる処理を行うための、ウマの二つ目の「鼻」。じょびき。

視力　対象物を細かく見分ける能力。

人為選択　種のある特徴を強化するために雄と雌の個体を選んで繁殖させること。

神経系の疲労　神経細胞が通常、活性しつづけられる能力の時間的な限界。

神経細胞　精神機能に関する基本的な脳細胞。ニューロンともいう。脳細胞にはほかの種類のものもある。

神経細胞のチューニング　ある神経細胞の反応を特定の刺激に限定するという調整。

神経細胞網　特定の能力や概念を構築する、結合した神経細胞の集まり。

水晶体　目のなかの組織で、像を結ぶために光を屈折させるレンズのような役割を持つ。

錐体　目のなかの細胞で、色を符号化する役割を持つ。

垂直障害　高さはあるが奥行きのない飛越の障害物。

スプラッシュホワイト　ウマの聴覚障害の原因となる遺伝的要因。

スプレッツァトゥーラ　難しいことを簡単そうに行っているように見せられる能力。

セルフキャリッジ　ウマが乗り手の扶助なしに姿勢、速度、バランス、歩様を維持するための能力。

前帯状皮質　脳の中央に近い領域で、心拍や血圧の調節のほかに一部の感情や認知の処理に関わっている。

前頭前野　脳の表層の部位で、額の裏側から目の上の裏側までを占めている。

前頭側頭型認知症　認知症の一種。前頭葉と側頭葉が縮小し、判断能力を損なう。一方、記憶と言語能力は末期段階まで影響を受けない。

前頭皮質　人間の脳の表層の一部で、額の裏側から頭頂部までを占めている。

前頭葉　人間の脳の表層の一部で、額の裏側から頭頂部までを占めている。発語、動作、人格、実行機能といった多くの能力を制御している。

側頭葉　各耳の上にある脳の領域で、音、音楽、記憶の処理を補助する。

速筋　スピードや瞬時の力を出すときに使われる筋線維。

体性感覚野　脳の一領域で、体から送られてくる皮膚感覚、圧力、運動、温度についての情報を受け取る。

大脳基底核　脳の奥深くにある一連の神経構造で、運動制御や学習に大きな役割を果たしている。

大脳皮質　人間やウマの脳の表層部分で、知覚、記憶、言語、思考に関わる情報や指令を伝える細胞が含まれている。

多極性神経細胞　標準的な脳細胞で、インパルスを伝送する。

タペタム　ウマの目のなかにある光沢のある繊維上の層で、暗闇で光を反射する。輝板。

探索非対称性　存在しているもののほうが欠如しているものより気づきやすいという、人間の脳が抱いているバイアス。

中間種　重種と軽種との交配でつくられた混血種。ウォームブラッド。

中躯　ウマの肩と尻の間の胴体。

聴覚野　脳の表層にある、聴覚情報が処理される領域。

長期増強　神経細胞の活性化能力が高められる現象。

調節　焦点を合わせるために水晶体の厚さを変えること。

調馬索　調教師が中央に立って、その周りをウマがさまざまな歩法で周回するという調教で使われる、長さ約七・五～九メートルの綱。

ツーポイント姿勢　騎乗時のバランスと強さを身につけるための訓練で取る姿勢。両足の母指球で体重のバランスを取る。

デシベル　音の大きさを測る単位。dB。

道具的条件づけ　報酬、負の強化、罰という結果によって教える手法。オペラント条件づけとも。

瞳孔　目の一部で、入ってくる光の量を調節するために拡大、収縮する。

頭頂葉　脳の領域のひとつで、頭頂部から後頭部までを占めている。

動物行動学　動物の振る舞いを研究する学問。

ドーパミン　脳で生成される化学物質で、報酬に関係している。

内転筋　人間の内股の筋肉。

斜め横足　ウマが乗り手の脚から逃れるために斜めに移動すること。このときウマの首はまっすぐか、外側にわずかに傾いている。

ニコチン　脳で生成される、警戒心を高める化学物質。

認知科学　人間の精神と脳に関する学際的研究。

認知心理学　正常な人間の精神に関する研究。

脳脊髄液　脊椎と脳の特定の領域を循環している、栄養価のある液体。

ノルエピネフリン　体を行動に備えさせる天然化学物質。「戦うか逃げるか」反応を高める。ノルアドレナリンともいう。

ハードワイヤリング　脳内の確立された経路。

ハーフシート　ハンター競技の騎手が取る姿勢で、尻をサドルからわずかに浮かせる。

ハーフパス　馬術でのウマの動きの一種で、頭をわずかに内側に曲げ、体はまっすぐな状態で斜めに進む。

バソプレッシン　血圧や腎機能を制御するホルモンで、ストレスが多いと上昇する。

罰　望ましくない振る舞いに対して与えられる不快な結果。虐待とは異なる。

バナミン　ウマ用の鎮痛剤で、苦い味がする。

バリント症候群　一度にひとつの物体にしか注意を向けることができなくなる、まれな疾患。

半減却　ウマを減速させたり、遅い歩法に変換させたりするための騎乗者の操作。

反射　脊髄を介して起きる、脳に制御されていない無意識の反応。

反対駈歩　ウマの運動のひとつで、外方に屈曲するときに外方の手前で駈歩すること。

ピアッフェ　馬場馬術の動作のひとつで、前進せずにその場で速歩すること。

比較心理学　人間の精神と脳を動物の精神と脳と比較する研究。

皮質盲　原因が脳にある失明。目は正常に機能している。

被食者・被食動物　獲物となる動物。捕食者から逃げるため、広い視野を確保して周りの動きを検知しやすいよう目が顔の横についている。

非注意性盲目　別のことにひたすら注意を向けている人間が、明らかな刺激に気づけない現象。

ピッチ　たとえばベース音とソプラノ音の違いのように、感知できる音の周波数の差。

病的なまでの冷静さ　取り乱したウマや不安なウマに対して人間が示さなければならないときがある、病的に近いほど冷静で落ち着いた態度を著者はこう呼んでいる。

フェロモン　動物の行動を誘発する天然化学物質。

フォン・エコノモ神経細胞　注意を促進する役割に特化された、大型の神経細胞。

副管骨　ウマの下脚部にある小さな骨で、退化した指の痕跡。

扶助　乗り手の体、とりわけ拳(手)、騎座、脚、背中、体重移動によってウマに出される指示。

負の強化　不快な刺激を取り除くことで学習させる手法。

フレーメン反応　ウマの行動の一種で、鋤鼻器内に空気を閉じこめるために上唇をまくりあげること。

米国馬術連盟　アメリカの馬術競技会を統括する組織。

ペーシング　ウマの悪癖の一種で、一直線上で急速に行ったり来たりを繰り返す。

ヘルツ　音の周波数の単位。Hz。

変換　外部からの感覚刺激光などを、脳が理解できる電気インパルスに変えること

偏桃体　感情を調節する脳の領域。

報酬　求められた振る舞いを行うと得られる嬉しい経験。

ホースマンシップ　ウマに関する詳しい知識に基づいて、ウマのニーズを第一に考える哲学的精神。

捕食者・捕食動物　被食者(獲物)を捕まえて殺す動物。狩りの最中の認識能力を高めるために、目が前方に向かってついている。

補足運動野　人間の脳の皮質の一領域で、汚い言葉の処理も行われ

る。

ポップアウト　色や傾きといった特定の刺激属性を自動的に処理すること。

本能　ある先天的な行動。

マルチタスク　複数の作業を同時にこなすことで生産性を向上できるという誤った思いこみによる取り組み。

味覚　味を感じる感覚。

ミラーニューロン　運動神経細胞を行動に備えさせる脳細胞。ほかの誰かが行動を取るのを見ているだけでも活性化する。

味蕾　舌のなかの受容細胞で、味に関する情報を捉える。

無計画な報酬　特定の振る舞いに関連づけられることなく与えられる報酬。

明順応　暗い場所から明るい場所へ移ったときに、瞳孔を小さくして目を慣らす調節過程。

盲視　見ることができないにもかかわらず、物の位置がわかる現象。

毛様体筋　焦点を合わせるときに目のなかの水晶体を引っ張ったり緩めたりして厚みを変える筋肉。

網様体賦活系　脳の一領域で、覚醒に関与している。

誘因　求められる行動が取られる前に、意欲を引き出すために与えられる刺激。

遊脚期　蹄が持ち上がって再び地面に着くまでのわずかな時間。

熊癖　体を左右に繰り返し揺する悪癖。ゆうへき。

葉　前頭、頭頂、側頭、後頭の領域も含む、人間の脳の皮質の区分。

夜目　ウマの肢の内側にある硬くカサカサした角質。よめ。指の痕跡。附蝉ともいう。

ラウドネス　感知できる音量の差。

立体視力　脳に備わっている、両目からの二つの像から奥行きを計算できる能力。

ルバード　馬場馬術の動作のひとつで、ウマが後肢を曲げた状態で立つこと。

Owen Jones, and Rene Marois, "From Blame to Punishment: Disrupting Prefrontal Cortex Activity Reveals Norm Enforcement Mechanisms," *Neuron* 87 (September 23, 2015): 1369-1380. この実験で機能が一時的に停止されたのは、背外側前頭前野内の一部だった。

第20章

1. Frans de Waal, *Mama's Last Hug* (New York: W. W. Norton & Company, 2019). ／邦訳：『ママ、最後の抱擁——わたしたちに動物の情動がわかるのか』フランス・ドゥ・ヴァール、2020年、紀伊國屋書店
2. http://www.guinnessworldrecords.com/search?term=horse
3. 米国エンデュランス競技連盟。www.aerc.org
4. http://www.guinnessworldrecords.com/search?term=horse
5. 2012年に2頭のウマがおよそ6トンを約4.2メートル引き、重量引きの新記録を達成した。https://www.horsetalk.co.nz/2012/07/17/heavyweights-show-their-stuff-stampede/ これはF350トラック2台分に相当する。https://www.ford.com/trucks/super-duty/models/f350-xl/
6. http://www.guinnessworldrecords.com/search?term=horse

2. http://www.americanpetproducts.org/press_industrytrends.asp
3. https://www.ehd.org/science_technology_largenumbers.php
4. Rebecca Gardyn, "Animal Magnetism," *American Demographics* 24 (2002): 30-37.
5. Market Research Report, *U.S. Equine Market Third Edition* (Rockville, MD: Packaged Facts Press, 2017). https://www.packagedfacts.com/Equine-Edition-10706833/
6. Lindsey Bever, "A Woman Was Trying to Take a Selfie With a Jaguar When It Attacked Her, Authorities Say," *The Washington Post* (March 10,2019). https://www.washingtonpost.com/science/2019/03/10/woman-was-trying-take-selfie-with-jaguar-when-it-attacked-her-authorities-say/
7. Rene Lynch, "22-Pound Pet Cat Holds Family Hostage until Police Arrive," *Los Angeles Times* (March 11, 2014). https://www.latimes.com/nation/la-sh-22-pound-house-cat-traps-family-20140311-story.html
8. 2014年のジェア・ケルシュの言葉。
9. Paul McGreevy, *Equine Behavior 2e* (Sydney: Saunders Elsevier, 2012).
10. 次の文献で引用された、マサチューセッツ工科大学神経科学教授アール・ミラーの研究より。Alina Tugend, "Multitasking Can Make You Lose... Um... Focus," *New York Times* (October24, 2008). https://www.nytimes.com/2008/10/25/business/yourmoney/25shortcuts.html
11. Arnaud D'Argembeau, Olivier Renaud, and Martial Van der Linden, "Frequency, Characteristics, and Functions of Future-Oriented Thoughts in Daily Life," *Applied Cognitive Psychology* 25, No. 1 (2011): 96-103.
12. Martin E. P. Seligman and John Tierney, "We Aren't Built to Live in the Moment," *New York Times Sunday Review* (May 20, 2017): SR 1.
13. R. W. Oppenheim, "Cell Death During Development of the Nervous System," *Annual Review of Neuroscience* 14 (1991): 453-501.
14. Zdravko Petanjek, Milos Judas, Goran Simic, Mladen Roko Rasin, Harry Uylings, Pasko Rakic, and Ivica Kostovic, "Extraordinary Neoteny of Synaptic Spines in the Human Prefrontal Cortex," *Proceedings of the National Academy of Sciences of the United States of America* 108 (August 9, 2011): 13281-13286.
15. Chad Donahue, Matthew Glasser, Todd Preuss, James Rilling, and David Van Essen, "Quantitative Assessment of Prefrontal Cortex in Humans relative to Nonhuman Primates," *Proceedings of the National Academy of Sciences of the United States of America* 115 (May 29, 2018): E5183-E5192.
16. Franz-Xaver Neubert, Rogier B. Mars, Adam Thomas, Jerome Sallet, and Matthew F. S. Rushworth, "Comparison of Human Ventral Frontal Cortex Areas for Cognitive Control and Language with Areas in Monkey Frontal Cortex," *Neuron* 81, no. 3 (February 5, 2014): 700-713; Martin J. Schmidt, Carola Knemeyer, and Helmut Heinsen, "Neuroanatomy of the Equine Brain as Revealed by High-Field (3Tesla) Magnetic-Resonance-Imaging," *PLOS One* (April 1, 2019): doi 10.1371/pone.0213814.
17. Andrew McLean and Janne Christensen, "The Application of Learning Theory in Horse Training," *Applied Animal Behaviour Science* 190 (2017):18-27.
18. Adrian Raine, Todd Lencz, Susan Bihrle, Lori LaCasse, and Patrick Colletti, "Reduced Prefrontal Gray Matter Volume and Reduced Autonomic Activity in Antisocial Personality Disorder," *Archives of General Psychiatry* 57 (2000): 119-127; Erin D. Bigler, Adrian Raine, Lori LaCasse, and Patrick Colletti, "Frontal Lobe Pathology and Antisocial Personality Disorder," *Archives of General Psychiatry* 58 (2001): 609-611.
19. Dean Mobbs, Hakwan C. Lau, Owen D. Jones, and Christopher D. Frith, "Law, Responsibility, and the Brain," *PLoS Biology* 5, no. 4 (April 17, 2007): doi 10.1371/pbio.0050103.
20. Joshua W. Buckholtz, Justin W. Martin, Michael T. Treadway, Katherine Jan, David H. Zald,

https://www.washingtonpost.com/news/speaking-of-science/wp/2015/01/20/meet-the-woman-who-cant-feel-fear/
6. Shaozheng Qin, Christina B. Young, Xujun Duan, Tianwen Chen, Kaustubh Supekar, and Vinod Menon, "Amygdala Subregional Structure and Intrinsic Functional Connectivity Predicts Individual Differences in Anxiety During Early Childhood," *Biological Psychiatry* 75, No. 11 (June 1, 2014); 892-900.
7. Linda J. Keeling, Liv Jonare, and Lovisa Lanneborn, "Investigating Horse-Human Interactions: The Effect of a Nervous Human," *Veterinary Journal* 181 (July 2009): 70-71.
8. すべての哺乳類において、極度の不安を表すときは声が高くなることが多い。Temple Grandin, *Animals in Translation* (New York: Simon and Schuster, 2005), 35. ／邦訳：『動物感覚　アニマル・マインドを読み解く』テンプル・グランディン、キャサリン・ジョンソン、2006年、NHK出版
9. Haruyo Hama, Masao Yogo, and Yoshinori Matsuyama, "Effects of Stroking Horses on Both Humans' and Horses' Heart Rate Responses," *Japanese Psychological Research* 38, No. 2 (1996): 66-73.
10. Susan McBane, *Horse Senses* (London: Manson Publishing Ltd, 2012).
11. Carole Fureix, Patrick Jego, Severine Henry, Lea Lansade, and Martine Hausberger, "Towards an Ethological Animal Model of Depression? A Study on Horses," *PLOS One 7* (June 28, 2012). https://journals.plos.org/plosone/article?id=10.1371/journal.pone.0039280
12. Celine Rochais, Severine Henry, Carole Fureix, and Martine Hausberger, "Investigating Attentional Processes in Depressive-Like Domestic Horses (*Equus caballus*)," *Behavioural Processes* 124 (March 2016): 93-96.
13. Frans de Waal, *Mama's Last Hug* (New York: W. W. Norton & Company, 2019). ／邦訳：『ママ、最後の抱擁――わたしたちに動物の情動がわかるのか』フランス・ドゥ・ヴァール、2020年、紀伊國屋書店。Luigi Baciadonna, Elodie F. Briefer, Livio Favaro, and Alan G. McElligott, "Goats Distinguish between Positive and Negative Emotion-Linked Vocalisations," *Frontiers in Zoology* 16 (2019): 25.
14. Haruyo Hama, Masao Yogo, and Yoshinori Matsuyama, "Effects of Stroking Horses on Both Humans' and Horses' Heart Rate Responses," *Japanese Psychological Research* 38, No. 2 (1996): 66-73.
15. Frans de Waal, *Mama's Last Hug* (New York: W. W. Norton & Company, 2019). ／邦訳：『ママ、最後の抱擁――わたしたちに動物の情動がわかるのか』フランス・ドゥ・ヴァール、2020年、紀伊國屋書店
16. https://www.calculatorsoup.com/calculators/discretemathematics/permutations.php
17. Lea Lansade, Raymond Noak, Anne-Lyse Laine, Christine Leterrier, Coralie Bonneau, Celine Parias, and Aline Bertin, "Facial Expression and Oxytocin as Possible Markers of Positive Emotions in Horses," *Scientific Reports* 8 (October 2, 2018): article 14680.
18. Jennifer V. Wathan, Leanne Proops, Kate Grounds, and Karen McComb, "Horses Discriminate between Facial Expressions of Conspecifics," *Scientific Reports* 6 (December 20, 2016): article 38322.
19. Amy Victoria Smith, Leanne Proops, Kate Grounds, Jennifer Wathan, and Karen McComb, "Functionally Relevant Responses to Human Facial Expressions of Emotion in the Domestic Horse (*Equus caballus*)," *Biology Letters*12 (2016): doi 10.1098/rsbl.2015.0907.
20. Robin Roenker, "Horses of Hope and Joy," *U.S. Equestrian* (Fall, 2018): 127-135.
21. フェデリコ・テシオの言葉から引用。https://www.azquotes.com/quote/609305

第19章

1. 2019年7月11日～25日にワンポールがwww.iandloveandyou.com の依頼で行った調査結果より。https://www.studyfinds.org/survey-a-third-of-parents-say-their-favorite-child-is-their-pet/

2. Bruno van Swinderen and Ralph J. Greenspan, "Salience Modulates 20-30 Hz Brain Activity in Drosophila," *Nature Neuroscience* 6 (2003): 579-586.
3. John Medina, *Brain Rules* (Seattle, WA: Pear Press,2008), 87. ／邦訳：『ブレイン・ルール』ジョン・メディナ、2009年、NHK出版
4. Joshua S. Rubinstein, David E. Meyer, and Jeffrey E. Evans, "Executive Control of Cognitive Processes in Task Switching," *Journal of Experimental Psychology: Human Perception and Performance 27* (2001):763-797.
5. Jared A. Forrester, Thomas G. Weiser, and Joseph D. Forrester, "An Update on Fatalities due to Venomous and Nonvenomous Animals in the United States (2008-2015)," *Wilderness and Environmental Medicine* 29 (March2018): 36-44.
6. Saarimaki, Heini. "Decoding Emotions from Brain Activity and Connectivity Patterns." PhD dissertation, Aalto University, 2018. https://medicalxpress.com/news/2018-02-visible-brain-restricted-region.html
7. Michael Posner (Editor), *The Cognitive Neuroscience of Attention 2e* (New York: Guilford Press, 2011); George Mangun, *The Neuroscience of Attention: Attentional Control and Selection* (Oxford: Oxford University Press, 2012).
8. Susan Casey, *Voices in the Ocean* (New York: Penguin Random House, 2015).
9. Sandra Blakeslee and Matthew Blakeslee, *The Body has a Mind of Its Own* (New York: Random House, 2007). ／邦訳：『脳の中の身体地図――ボディ・マップのおかげで、たいていのことがうまくいくわけ』サンドラ・ブレイクスリー、マシュー・ブレイクスリー、2009年、インターシフト
10. Mary Ann Raghanti, Linda B. Spurlock, F. Robert Treichler, Sara E. Weigel, Raphaela Stimmelmayr, Camilla Butti, J. G. M. Hans Thewissen, and Patrick R. Hof, "An Analysis of Von Economo Neurons in the Cerebral Cortex of Cetaceans, Artiodactyls, and Perissodactyls," *Brain Structure& Function* 220, No. 4 (July 2015): 2303-2314.
11. Celine Rochais, Severine Henry, Carol Sankey, Fouad Nassur, A. Goracka-Bruzda, and Martine Hausberger, "Visual Attention, An Indicator of Human-Animal Relationships? A Study of Domestic Horses (*Equus Caballus*)," *Frontiers in Psychology* 5 (2014):108-117.
12. Tony Simon and Steven J. Luck, "Attentional Impairments in Children with 22q11.2DS Chromosome Deletion Syndrome" in Michael Posner (Ed.) *The Cognitive Neuroscience of Attention 2e* (New York: Guilford Press, 2011): 441-453.
13. E. Bruce Goldstein, *Sensation and Perception 7e* (Belmont, CA: Thomson Wadsworth, 2007), 133; Jeremy Wolfe, Keith Kluender, Dennis Levi, Linda Bartoshuk, Rachel Herz, Roberta Klatzky, and Susan Lederman, *Sensation & Perception* (Sunderland, MA: Sinauer Associates,2006), 193.

第18章

1. Frans de Waal, *Mama's Last Hug* (New York: W. W. Norton & Company, 2019). ／邦訳：『ママ、最後の抱擁――わたしたちに動物の情動がわかるのか』フランス・ドゥ・ヴァール、2020年、紀伊國屋書店
2. Frans de Waal, *Mama's Last Hug* (New York: W. W. Norton & Company, 2019). ／邦訳：『ママ、最後の抱擁――わたしたちに動物の情動がわかるのか』フランス・ドゥ・ヴァール、2020年、紀伊國屋書店
3. Frans de Waal, *Mama's Last Hug* (New York: W. W. Norton & Company, 2019). ／邦訳：『ママ、最後の抱擁――わたしたちに動物の情動がわかるのか』フランス・ドゥ・ヴァール、2020年、紀伊國屋書店
4. Temple Grandin, *Animals in Translation* (New York: Simon and Schuster, 2005). ／邦訳：『動物感覚　アニマル・マインドを読み解く』テンプル・グランディン、キャサリン・ジョンソン、2006年、NHK出版
5. Rachel Feltman, "Meet the Woman Who Can't Feel Fear," *Washington Post* (January 20,2015).

and Luis A. Bate, "Management Factors Affecting Stereotypies and Body Condition Score in Nonracing Horses in Prince Edward Island," *The Canadian Veterinary Journal* 47 (February2006): 136-143.

17. Nancy S. Loving, "Hives in Horses," *The Horse* (January 16, 2019). https://thehorse.com/122959/hives-in-horses/
18. Lea Lansade and Faustine Simon, "Horses' Learning Performances are Under the Influence of Several Temperamental Dimensions," *Applied Animal Behaviour Science* 125 (June 2010): 30-37.
19. Kirsty Roberts, Andrew J. Hemmings, Meriel Moore-Colyer, Matthew O. Parker, and Sebastian D. McBride, "Neural Modulators of Temperament: A Multivariate Approach to Personality Trait Identification in the Horse," *Physiology and Behavior* 167 (2016): 125-131.
20. Orla Doherty, Paul D. McGreevy, and Gemma Pearson, "The Importance of Learning Theory and Equitation Science to the Veterinarian," *Applied Animal Behaviour Science* 190 (2017): 111-122.
21. Sebastian McBride and Daniel Mills, "Psychological Factors Affecting Equine Performance," *Bio Med Central Veterinary Research* 8 (September 2012). https://www.ncbi.nlm.nih.gov/pmc/articles/PMC3514365/
22. Kelly Yarnell, Carol Hall, and E. Billett, "An Assessment of the Aversive Nature of an Animal Management Procedure (Clipping) using Behavioral and Physiological Measures," *Physiology and Behavior* 118 (June 2013): 32-39.

第16章

1. Johannes Spaethe, Jurgen Tautz, and Lars Chittka, "Do Honeybees Detect Colour Targets Using Serial or Parallel Visual Search?," *Journal of Experimental Biology*209 (2006): 987-993.
2. Daniel Simons and Christopher Chabris, "Gorillas in Our Midst: Sustained Inattentional Blindness for Dynamic Events," *Perception* 28 (1999): 1059-1074. https://www.youtube.com/watch?v=vJG698U2Mvo
3. Daniel Simons and Daniel Levin, "Failure to Detect Changes to People During a Real-World Interaction," *Psychonomic Bulletin & Review* 5 (December 1998): 644-649.
4. Steven E. Petersen and Michael I. Posner, "The Attention System of the Human Brain: 20 Years After," *Annual Review of Neuroscience* 35 (July 21, 2012):73-89. 次のウェブサイトは、ウマの内分泌物の一覧表である。Francis Burton, *Ultimate Horse Care* (Lydney, UK: Ringpress Books, 1999). www.gla.ac.uk/external/EBF/EndocrineTable.html
5. Gene ID report, CHRNA1 Cholinergic Receptor Nicotinic Alpha 1 Subunit [Equus Caballus (Horse)], (January 14,2019). https://www.ncbi.nlm.nih.gov/gene/100065034; Matthew S. Hestand, Theodore S. Kalbfleisch, S. J. Coleman, Zhenling Zeng, Jian Hua Liu, L. Orlando, and James N. MacLeod, "Annotation of the Protein Coding Regions of the Equine Genome," *PLOS One* 10 (June 24, 2015).
6. Peter H. Kay, Roger L. Dawkins, Ann T. Bowling, and Domenico Bernoco, "Polymorphism of the Acetylcholine Receptor in the Horse," *The Veterinary Record* 120 (April 11, 1987): 363-365.
7. William H. Calvin, *The River that Flows Uphill: A Journey from the Big Bang to the Big Brain* (San Francisco: Sierra Club Books, 1986).
8. Tirin Mooreand Marc Zirnsak, "Neural Mechanisms of Selective Visual Attention," *Annual Review of Psychology* 68 (2017): 47-72.

第17章

1. Celine Rochais, Severine Henry, Carol Sankey, Fouad Nassur, A. Goracka-Bruzda, and Martine Hausberger, "Visual Attention, An Indicator of Human-Animal Relationships? A Study of Domestic Horses (*Equus Caballus*)," *Frontiers in Psychology* 5 (2014): 108-117.

年閲覧)。https://memory.ucsf.edu/frontotemporal-dementia
5. Clive Wynne and Monique Udell, *Animal Cognition 2e* (New York: Palgrave MacMillan, 2013), 134.
6. 一般的にはアルベルト・アインシュタインによるものとされているが、出典は不明である。https://quoteinvestigator.com/2017/03/23/same/
7. 1868年頃に書かれた、詩1129番より。"Tell all the Truth but tell it slant." Emily Dickinson, *The Complete Poems of Emily Dickinson,* ed. Thomas H. Johnson (Boston: Little, Brown and Company,1960), 506.

第15章

1. 葉の定義は長年の間に変化してきたが、近年の文献では「脳の(表面の)皮質領域」という意味で使われている。Michael S. Gazzaniga, Richard B. Ivry, and George R. Mangun, *Cognitive Neuroscience 5e* (New York: W. W. Norton & Company, 2019).
2. Eric H. Chudler, University of Washington Center for Neurotechnology, "Brain Facts and Figures." www.faculty.washington.edu/chudler/facts.html
3. Eric H. Chudler, University of Washington Center for Neurotechnology, "Brain Facts and Figures." www.faculty.washington.edu/chudler/facts.html; Michel-Antoine Leblanc, *The Mind of the Horse*, trans. Giselle Weiss (Cambridge, MA: Harvard University Press, 2013).
4. Maurizio Corbetta and Gordon L. Shulman, "Control of Goal-Directed and Stimulus-Driven Attention in the Brain," *Nature Reviews Neuroscience* 3 (March 2002): 201-215.
5. Andre M. M. Sousa, et al., "Molecular and Cellular Reorganization of Neural Circuits in the Human Lineage," *Science* 358 (November 2017): 1027-1032.
6. Andre Nieoullon, "Dopamine and the Regulation of Cognition and Attention," *Progress in Neurobiology* 67, No. 1 (May 2002): 53-83.
7. Christian Beste, Nico Adelhofer, Krutika Gohil, Susanne Passow, Veit Roessner, and Shu-Chen Li, "Dopamine Modulates the Efficiency of Sensory Evidence Accumulation During Perceptual Decision Making," *International Journal of Neuropsychopharmacology* 21, no. 7 (July 2018): 649-655.
8. Kirsty Roberts, Andrew J. Hemmings, Meriel Moor-Colyer, Matthew O. Parker, and Sebastian D. McBride, "Neural Modulators of Temperament: A Multivariate Approach to Personality Trait Identification in the Horse," *Physiology& Behavior* 167 (December 1, 2016):125-131.
9. Kentucky Equine Research, "Equine Behavior and Dopamine Levels," *EquiNews* (November 16, 2016). https://ket.com/equinews/equine-behavior-dopamine-levels/.
10. Kentucky Equine Research, "Equine Behavior and Dopamine Levels," *EquiNews* (November 16, 2016). https://ket.com/equinews/equine-behavior-dopamine-levels/.
11. "There is no such thing as over-handling"「構いすぎるということなどはない」とインターネットで検索したところ、3分もしないうちにまったく同じ言葉が使われているウェブサイトが4つも見つかった(www.horsegroomingsupplies.com, www.horsehomeschool.homestead.com, www.stockyard.net, www.vichorse.com)。検索を続けていたら、さらに多くのサイトが見つかったと思われる。
12. Temple Grandin, "Safe Handling of Large Animals (Cattle and Horses)," *Occupational Medicine: State of the Art Reviews* 14 (April-June 1999). http://www.grandin.com/references/safe.html
13. Jane Myers, *Horse Safe: A Complete Guide to Equine Safety* (Clayton VIC, Australia: CSIRO Publishing, 2005), 124.
14. Martine Hausberger, Helene Roche, Severine Henry, and E. Kathalijne Visser, "A Review of the Human-Horse Relationship," *Applied Animal Behaviour Science*109 (2008): 1-24.
15. Martine Hausberger, Helene Roche, Severine Henry, and E. Kathalijne Visser, "A Review of the Human-Horse Relationship," *Applied Animal Behaviour Science* 109 (2008): 1-24.
16. Julie L. Christie, Caroline J. Hewson, Christopher B. Riley, Mary A. McNiven, Ian R. Dohoo,

第11章

1. Andrew McLean and Janne Christensen, "The Application of Learning Theory in Horse Training," *Applied Animal Behaviour Science* 190 (2017):18-27.
2. Hilary Clayton, "Measurement and Interpretation of Saddle Pressure Data," *Comparative Exercise Physiology* 9 (January 2013): 3-12.
3. 次の文献内のデータに基づいて算出。Stig Drevemo, Goran Dalin, I. Fredricson, and G. Hjerten, "Equine Locomotion: 1. The Analysis of Linear and Temporal Stride Characteristics of Trotting Standardbreds," *Equine Veterinary Journal* 12 (April 1980): 60-65; W. Back et al., "How the Horse Moves: 2. Significance of Graphical Representations of Equine Hind Limb Kinematics," *Equine Veterinary Journal* 27 (January 1995): 39-45; W. Back, A. Barneveld, H. C. Schamhardt, and G. Bruin, "Longitudinal Development of the Kinematics of 4-,10-,18-, and 26-month-old Dutch Warmblood Horses," *Equine Veterinary Journal Supplement* 17 (1994): 3-6.
4. Andrew McLean and Janne Christensen, "The Application of Learning Theory in Horse Training," *Applied Animal Behaviour Science* 190(2017): 18-27.

第12章

1. ウマの頭の重さは、全体の体重のおよそ1割を占めている。http://www.answers.com/Q/How_much_does_a_horse%27s_head_weigh
2. 意欲が満たされると多くの種類の脳内化学物質が放出されるが、満足感を伝えるうえで最も重要なのはドーパミンだ。
3. James Olds and Peter Milner, "Positive Reinforcement Produced by Electrical Stimulation of Septal Area and Other Regions of Rat Brain," *Journal of Comparative Physiological Psychology* 47 (December1954): 419-427.
4. Edward L. Deci, Richard Koestner, and Richard M. Ryan, "A Meta-Analytic Review of Experiments Examining the Effects of Extrinsic Rewards on Intrinsic Motivation," *Psychological Bulletin* 125 (November1999): 627-668.
5. Sebastian D. McBride, Matthew O. Parker, Kirsty Roberts, and Andrew Hemmings, "Applied Neurophysiology of the Horse: Implications for Training, Husbandry and Welfare," *Applied Animal Behaviour Science* 190 (2017): 90-101.
6. Markus Ullsperger, "Minding Mistakes: How the Brain Monitors Errors and Learns from Goofs," *Scientific American Mind* 19 (August/September 2008): 52-59.
7. Haruyo Hama, Masao Yogo, and Yoshinori Matsuyama, "Effects of Stroking Horses on Both Humans' and Horses' Heart Rate Responses," *Japanese Psychological Research* 38 (August 2009): 66-73.

第13章

1. Anne Treisman and Garry Gelade, "A Feature-Integration Theory of Attention," *Cognitive Psychology* 12 (1980): 97-136.

第14章

1. J. N. Giedd, "Structural Magnetic Resonance Imaging of the Adolescent Brain," *Annals of the New York Academy of Sciences,* 1021 (2004): 77–85.
2. カリフォルニア大学サンフランシスコ校ワイル神経科学研究所記憶と高齢化センターウェブサイトより（2019年閲覧）。https://memory.ucsf.edu/executive-functions
3. Joseph Le Doux, *The Emotional Brain* (New York: Simon and Schuster, 1996). ／邦訳：『エモーショナル・ブレイン――情動の脳科学』 ジョセフ・ルドゥー、2003年、東京大学出版会
4. カリフォルニア大学サンフランシスコ校ワイル神経科学研究所記憶と高齢化センターウェブサイトより（2019

第10章

1. この言葉は次の文献の64ページに出てくるカーラ・シャッツのものだ。"The Developing Brain," *Scientific American* 267 (1992): 60-67. だが、その背後にある理論は以下の文献を参照のこと。Donald O. Hebb, *The Organization of Behavior: A Neuropsychological Theory* (New York: Wiley and Sons, 1949).
2. 古典的条件づけとも呼ばれるこの方法の学術的な起源は少なくともアリストテレスまで遡ることができるが、厳密な理論を立てたのはパブロフである。Ivan P. Pavlov, "Conditioned Reflexes: An Investigation of the Physiological Activity of the Cerebral Cortex," trans. G. V. Anrep, *Nature* 121 (1927): 662-664.
3. Burrhus Frederick Skinner, *About Behaviorism* (New York: Vintage, 1976). ／邦訳:『行動工学とはなにか――スキナー心理学入門』バラス・F・スキナー、1975年、佑学社
4. Albert Bandura, Dorothea Ross, and Sheila A. Ross, "Transmission of Aggression through Imitation of Aggressive Models," *Journal of Abnormal and Social Psychology* 63 (1961): 575-582.
5. Stanley Coren, "Dogs Learn by Modeling the Behavior of Other Dogs," *Psychology Today*, January 23, 2013. https://www.psychologytoday.com/us/blog/canine-corner/201301/dogs-learn-modeling-the-behavior-other-dogs
6. WDC (Whale and Dolphin Conservation) "Wild Dolphins Learn From Each Other to 'Walk on Water'... but It's Just a Fad," August 29, 2018. https://us.whales.org/news/2018/08/wild-dolphins-learn-from-each-other-to-walk-on-waterbut-its-just-fad
7. Konstanze Krueger and Jurgen Heinze, "Horse Sense: Social Status of Horses (Equus Caballus) Affects their Likelihood of Copying Other Horses' Behavior," *Animal Cognition* 11 (July 1, 2008): 431-439.
8. Christa Leste-Lasserre, "Study: Dams Shape Foals' Relationships with Humans," *The Horse*. https://thehorse.com/112179/study-dams-shape-foals-relationships-with-humans/
9. J. W. Christensen, "Early-Life Object Exposure with a Habituated Mother Reduces Fear Reactions in Foals," *Animal Cognition* 19 (January 2016):171-179.
10. Temple Grandin, *Animals in Translation* (New York: Simon and Schuster, 2005), 247. ／邦訳：『動物感覚　アニマル・マインドを読み解く』テンプル・グランディン、キャサリン・ジョンソン、2006年、NHK出版
11. 「ジョインアップ」とはウマが人間のあとをついていく行動を差す。これは本能によるものだと思われることが多いが、今では観察による学習がこの行動を引き起こす要因の少なくとも一部であることが、ウマを研究している科学者たちによって示されている。Konstanze Krueger and Jurgen Heinze, "Horse Sense: Social Status of Horses (Equus Caballus) Affects their Likelihood of Copying Other Horses' Behavior," *Animal Cognition* 11 (July 1, 2008): 431-439.
12. Aurelia Schuetz, Kate Farmer, and Konstanze Krueger, "Social Learning Across Species: Horses (Equus Caballus) Learn from Humans by Observation," *Animal Cognition* 20 (May 1, 2017):567-573.
13. Marco Iacoboni, *Mirroring People* (New York: Farrar, Straus and Giroux, 2008). ／邦訳:『ミラーニューロンの発見――「物まね細胞」が明かす驚きの脳科学』マルコ・イアコボーニ、2011年、早川書房
14. Paul E. Gold, "Modulation of Emotional and Nonemotional Memories: Same Pharmacological Systems, Different Neuroanatomical Systems," in *Brain and Memory: Modulation and Mediation of Neuropasticity*, ed. James L McGaugh, N.M. Weinberger, and Gary Lynch (New York: Oxford University Press, 1995),41-74.
15. "Mesa Verde Horses," *The Durango Herald*, March 25, 2014, 10A; Jim Mimiaga, "Mesa Verde National Park prefers removal of 'trespass horses'," *The Durango Herald*, April 22, 2018.
16. Wendy Williams, *The Horse* (New York: Scientific American /Farrar, Straus and Giroux, 2015).
17. Alan Baddeley, *Human Memory: Theory and Practice* (Needham Heights, MA: Allyn & Bacon, 1998), 112-114.

12. 獣医学博士イベット・ノート・ローマスからのメールより（2020年1月16日）。
13. Mortimer Gierthmuehlen, et al., "Mapping of Sheep Sensory Cortex with a Novel Microelectrocorticography Grid," *The Journal of Comparative Neurology* 522 (2014): 3590-3608.
14. Thomas Gore, Paula Gore, and James M. Giffin, *Horse Owner's Veterinary Handbook 3e* (Hoboken, NJ: Wiley, 2008), 432-433.

第9章

1. https://animaldiversity.org/accounts/Musca_domestica/. また、データは以下の文献内の情報を参考に計算したもの。Michel-Antoine Leblanc, *The Mind of the Horse*, trans. Giselle Weiss (Cambridge, MA: Harvard University Press, 2013); Carol A. Saslow, "Understanding the Perceptual World of Horses," *Applied Animal Behaviour Science*78 (2002): 209-224 (www.agroatlas.ru, www.biokids.umich.edu); "How Sensitive is Human Touch?" (www.isciencetimes.com); Michael S. Fleming and Wenqin Luo, "The Anatomy, Function, and Development of Mammalian A-beta Low-Threshold Mechanoreceptors," *Frontiers in Biology* 8, no. 4 (2013): 408-420; Stanley Coren, Lawrence M. Ward, and James T. Enns, *Sensation and Perception 6e* (New York: Wiley, 2004).
2. http://www.agroatlas.ru/en/content/weeds/Taraxacum_officinale/
3. 実際に「賢馬ハンス」は0.2ミリの頭の動きを感知できたという。Michel-Antoine Leblanc *The Mind of the Horse,* trans. Giselle Weiss (Cambridge, MA: Harvard University Press, 2013), 31. また、データはこの文献と次の文献内の情報を参考に計算したもの。Joseph S. Lappin, Duje Tadin, Jeffrey B. Nyquist, and Anne L. Corn, "Spatial and Temporal Limits of Motion Perception Across Variations in Speed, Eccentricity, and Low Vision," *Journal of Vision* 9, no. 1 (2009): 1-14.
4. Joseph S. Lappin, Duje Tadin, Jeffrey B. Nyquist, and Anne L. Corn, "Spatial and Temporal Limits of Motion Perception Across Variations in Speed, Eccentricity, and Low Vision." *Journal of Vision* 9, No. 1 (2009): 1-14.
5. Lea Lansade, Gaelle Pichard, and Mathilde Leconte, "Sensory Sensitivities: Components of a horse's temperament dimension," *Applied Animal Behavior Science*114, No. 3-4 (2008): 534-553.
6. https://www.quora.com/How-many-atoms-are-there-in-a-grain-of-sand
7. Jack Loomis, "An Investigation of Tactile Hyperacuity," *Sensory Processes* 3 (1979): 289-302; M. Hollins and S. R. Risner, "Evidence for the Duplex Theory of Tactile Texture Perception," *Perception &Psychophysics* 62 (2000): 695-705.
8. Susanne Dietrich, Ingo Hertrich, and Hermann Ackermann, "Ultra-Fast Speech Comprehension in Blind Subjects Engages Primary Visual Cortex, Fusiform Gyrus, and Pulvinar - A Functional Magnetic Resonance Imaging (fMRI) Study," *BMC Neuroscience* 14 (July 23, 2013): 74.
9. Thomas Elbert, Christo Pantev, Christian Wienbruch, Brigitte Rockstroh, and Edward Taub, "Increased Cortical Representation of the Fingers of the Left Hand in String Players," *Science* 270, No. 5234 (October13, 1995): 305-307.
10. Eleanor Maguire, Katherine Woollett, and H. J. Spiers, "London Taxi Drivers and Bus Drivers: A Structural MRI and Neuropsychological Analysis," *Hippocampus* 16, No. 12(2006): 1091-1101.
11. Katherine Woollett and Eleanor Maguire, "Acquiring 'the Knowledge' of London's Layout Drives Structural Brain Changes," *Current Biology* 21, (December 20, 2011): 2109-2114.
12. この言葉が初めて取りあげられたのは、ポール・クランプの『バーン・キラー・バーン!（*Burn, Killer, Burn!*）』だというのが一般的な説だ。Paul Crump, *Burn, Killer, Burn!* (Chicago: Johnson Publishing, 1962).
13. Fernando Ribeiro and Jose Oliveira, "Aging Effects of Joint Proprioception: The Role of Physical Activity in Proprioception Preservation," *European Review of Aging and Physical Activity* 4, (2007): 71-76.

wonder-horse-adventure-de-kannan-to-be-retired-at-this-year-s-al-shira-aa-hickstead-derby-meeting/https://www.independent.ie/irish-news/news/wonder-horse-astonishing-success-of-showjumping-champ-with-just-one-eye-30495783.html

4. Ed Kane, "Hearing Loss in Veterinary Equine Patients," *Veterinary News DVM360*, March 19, 2015.
5. 獲得賞金は2020年3月時点のもの。https://www.google.com/search?q=Tough+Sunday+earnings
6. http://www.ejbevents.co.uk/press/karen-law-britains-first-blind-show-jumper/
7. https://apnews.com/1b308a6abc7ff2667fc8d25eec1ccf68
8. Elizabeth Huber, Kelly Chang, Ivan Alvarex, Aaron Hundle, Holly Bridge, and Ione Fine, "Early Blindness Shapes Cortical Representations of Auditory Frequency within Auditory Cortex," *The Journal of Neuroscience* (April 22, 2019): 2896-2918.
9. Hajime Ohmura, Seiji Hobo, Atsushi Hiraga, and James H. Jones, "Changes in Heart Rate and Heart Rate Variability during Transportation of Horses by Road and Air," *American Journal of Veterinary Research* 73, no. 4 (April 2012): 515-521.
10. Kelly Yarnell, Carol Hall, and E. Billett, "An Assessment of the Aversive Nature of an Animal Management Procedure (Clipping) using Behavioral and Physiological Measures," *Physiology and Behavior* 118 (June 2013): 32-39.
11. Margaret W. Matlin and Hugh J. Foley, *Sensation and Perception 4e* (Boston: Allyn and Bacon, 1997), 96-97.

第8章

1. Mark Helprin, *Winter's Tale* (New York: Mariner Books, 1983). ／邦訳：『ウィンターズ・テイル』（上・下）マーク・ヘルプリン、2014年、早川書房
2. Jonathan Cole, *Pride and a Daily Marathon* (London: MIT Press, 1991). ユーチューブではウォーターマン氏の動画を視聴できる。
3. Richard C. Fitzpatrick, Douglas K. Rogers, and Dierdre I. McCloskey, "Stable Human Standing with Lower-Limb Muscle Afferents Providing the Only Sensory Input," *Journal of Physiology* 480 (October15, 1994): 395-403.
4. Jennifer A. Stone, Nina B. Partin, Joseph S. Lueken, Kent E. Timm, and Edward J. Ryan, "Upper Extremity Proprioceptive Training," *Journal of Athletic Training* 29 (1994): 15.
5. Guy M. Goodwin, Dierdre I. McCloskey, and P.B. Matthews, "Proprioceptive Illusions Induced by Muscle Vibration: Contribution by Muscle Spindles to Perception?" *Science* 175, no. 4028 (March 24, 1972):1382-1384.
6. Grigore C. Burdea and Philippe Coiffet, *Virtual Reality Technology, Volume 1* (Hoboken, NJ: Wiley,2003), 95.
7. Dale Purves, George J. Augustine, and David Fitzpatrick et al., "The Major Afferent Pathway for Mechanosensory Information: The Dorsal Column-Medial Lemniscus System," *Neuroscience 2e* (Sunderland, MA: Sinauer Associates, 2001).
8. *Women's Health*, November 2014, p. 64.
9. Oliver Sacks, *A Leg To Stand On* (New York: Touchstone, 1984), 54-60. ／邦訳：『左足をとりもどすまで』オリバー・サックス、1994年、晶文社
10. E. Bruce Goldstein, *Sensation & Perception7e* (Belmont, CA: Thomson Wadsworth, 2007).
11. Jonathan M. Levine, Gwendolyn J. Levine, Anton G. Hoffman, and Gerald Bratton, "Comparative Anatomy of the Horse, Ox, and Dog: The Brain and Associated Vessels," *Compendium Equine* (April 2008): 153-164. 現在では磁気共鳴画像（MRI）、コンピューター断層撮影（CTスキャン）、経頭蓋磁気刺激がウマの脳にも利用できる。それらによって得られる画像で神経回路網を体の特定の部位と対応づけられるほど詳細なものはごく稀だが、それでも領域全体を調べるのに役立っている。

14. この件に関連するいくつかの研究が次の文献で取りあげられている。Michel-Antoine Leblanc, *The Mind of the Horse,* trans. Giselle Weiss (Cambridge, MA: Harvard University Press, 2013), 308-319.
15. L. Proops and K. McComb, "Cross-modal Individual Recognition in Domestic Horses (*Equus caballus*)," *Proceedings of the National Academy of Sciences of the USA* 106 (2012): 947-51.

第6章

1. Isaac Newton, "Optics," (1704), *Great Books of the Western World*, ed. R.M. Hutchins (Chicago: Encyclopedia Britannica, Inc.,1952).
2. Andreas Keller, et al., "Predicting Human Olfactory Perception from Chemical Features of Odor Molecules," *Science* 355, no. 6327 (February24, 2017): 820-826.
3. Susan McBane, *Horse Senses* (London: Manson Publishing, 2012); Michel-Antoine Leblanc, *The Mind of the Horse*, trans. Giselle Weiss (Cambridge, MA: Harvard University Press, 2013).
4. Stephen Budiansky, *The Nature of Horses* (New York: Free Press, 1997), 170.
5. Karen Briggs, "Equine Sense of Smell," *The Horse* (December 11, 2013). https://thehorse.com/13971/equine-sense-of-smell/
6. Susan McBane, *Horse Senses* (London: Manson Publishing, 2012).
7. Michel-Antoine Leblanc, *The Mind of the Horse*, trans. Giselle Weiss (Cambridge, MA: Harvard University Press, 2013).
8. Peter A. Brennan, "Pheromones and Mammalian Behavior," *The Neurobiology of Olfaction*, ed. A. Menini. Boca Raton, FL: CRC Press/Taylor &Francis, 2010. https://www.ncbi.nlm.nih.gov/books/NBK55973/
9. Maureen Maurer, Michael McCulloch, Angel M. Willey, Wendi Hirsch, and Danielle Dewey, "Detection of Bacteriuria by Canine Olfaction," *Open Forum Infectious Diseases* 3, no. 2 (March 9, 2016), https://doi.org/10.1093/ofid/ofw051; https://massivesci.com/articles/dogs-smell-diseases-diagnose-cancer-diabetes/; https://www.mnn.com/family/pets/stories/6-medical-conditions-that-dogs-can-sniff
10. Michel-Antoine Leblanc, *The Mind of the Horse,* trans. Giselle Weiss (Cambridge, MA: Harvard University Press, 2013), 337-341.
11. 推定値にはさまざまな説がある。ルブランは1982年の研究に基づいて、人間の嗅覚系には1000万個の嗅細胞があると推定した。だが、次のより新しく信頼性の高い文献では600万個と推定されている。Michael W. Levine, *Fundamentals of Sensation and Perception 3e* (Oxford: Oxford University Press, 2006), 465.
12. Stanley Coren, *How Dogs Think* (New York: Free Press, 2004), 55. ／邦訳:『犬も平気でうそをつく?』スタンレー・コレン、2007年、文藝春秋
13. Michel-Antoine Leblanc, *The Mind of the Horse,* trans. Giselle Weiss (Cambridge, MA: Harvard University Press, 2013), 354.
14. Susan McBane, *Horse Senses* (London: Manson Publishing, 2012).

第7章

1. Eliza McGraw, "A One-eyed Horse named Patch has a Chance of Winning the Kentucky Derby," *The Washington Post Animalia*, May 3, 2017. https://www.washingtonpost.com/news/animalia/wp/2017/05/03/a-one-eyed-horse-named-patch-has-a-chance-of-winning-the-kentucky-derby/?noredirect=on&utm_term=.177417e41d34
2. 正式名は「カーネルズ・スモーキング・ガン」。https://www.usef.org/media/press-releases/2570_the-reining-horse-gunner-becomes-million-dollar-sire
3. 正式名「アドベンチャー・ド・カナン」は「スピードダービー、イベンティンググランプリ、全英グランプリ、クイーンエリザベス二世カップ、英国飛越ダービーのすべてに勝った唯一のウマ」である。これらはみな、世界で最も難しいレベルの障害飛越大会だ。http://www.hickstead.co.uk/news/2017/the-one-eyed-

University Press, 2013).

8. David Eagleman, *The Brain: The Story of You* (New York: Pantheon Books, 2015). ／邦訳：『あなたの脳のはなし——神経科学者が解き明かす意識の謎』デイヴィッド・イーグルマン、2017年、早川書房
9. Wendy Williams, *The Horse* (New York: Scientific American/Farrar, Straus and Giroux, 2015).
10. Bianca Britton, "New Research on Horse Eyesight Could Improve Racecourse Safety," *CNN News* (October 23, 2018). https://edition.cnn.com/2018/10/23/sport/racecourse-safety-horse-vision-spt-intl/index.html
11. Marcus Armytage, "Horse Deaths at Racecourses Reach Highest Level for Six Years," *The Telegraph* (January 28, 2019). https://www.telegraph.co.uk/racing/2019/01/28/horse-deaths-racecourses-reach-highest-level-six-years/
12. この動画の制作者ははっきりしないのだが、フランスの乗馬学校「アラ・デュ・ラ・サンス」が2016年に制作、投稿したと思われる。https://www.agdaily.com/video/simulation-shows-horse-eye-view/

第5章

1. Rickye S. Heffner and Henry E. Heffner, "Hearing in Large Mammals: Horses (*Equus caballus*) and Cattle (*Bos taurus*)," *Behavioral Neuroscience*97 (1983): 299-309. この文献はウマの聴覚閾値に関する画期的な研究であり、適切に計画され進められたものだ。だが、この研究結果は3頭の非常に若いウマだけから得られたものだ。少数の未成熟な個体の結果を、世界中の6000万頭のウマへと拡張するのは懸念が残る。
2. Rickye S. Heffner and Henry E. Heffner, "Hearing in Large Mammals: Horses (*Equus caballus*) and Cattle (*Bos taurus*)," *Behavioral Neuroscience*97 (1983): 299-309.
3. Rickye S. Heffner and Henry E. Heffner, "Hearing Range of the Domestic Cat," *Hearing Research* 19, no. 1 (1985): 85-88.
4. Henry E. Heffner, "Hearing in Large and Small Dogs: Absolute Thresholds and Size of the Tympanic Membrane," *Behavioral Neuroscience* 97 (1983): 310-318.
5. http://hyperphysics.phy-astr.gsu.edu/hbase/Music/pianof.html
6. Rickye S. Heffner, "Your Horse's Hearing," *Practical Horseman (*August 2000). https://practicalhorsemanmag.com/health-archive/eqhearing933-11344
7. Elaine Pascoe, "All Ears: Horse Hearing Problems," *Practical Horseman* (November 2014). https://practicalhorsemanmag.com/health-archive/ears-horse-hearing-problems-25832
8. Susan McBane, *Horse Senses* (London: Manson Publishing Ltd, 2012), 84-5, 90.
9. Oliver Sacks, *Musicophilia: Tales of Music and the Brain* (NY: Knopf, 2007) 105, 113. ／邦訳：『音楽嗜好症（ミュージコフィリア）——脳神経科医と音楽に憑かれた人々』オリヴァー　サックス、2010年、早川書房
10. Jens Madsen, Elizabeth Hellmuth Margulis, Rhimmon Simchy-Gross, and Lucas C. Parra, "Music Synchronizes Brainwaves Across Listeners with Strong Effects of Repetition, Familiarity, and Training," *Nature: Scientific Reports* 9(March 5, 2019), Article 3576.
11. Anna Stachurska, Iwona Janczarek, Isabela Wilk, and Witold Kedzierski, "Does Music Influence Emotional State in Race Horses?" *Journal of Equine Veterinary Science* 35, no. 8 (August 2015): 650-656.
12. 一部のフリーライターはウマの各耳の筋肉は10個と書いているが、ともにウマの知覚研究の第一人者であるバートンとルブランは、各耳に16個の筋肉があると指摘している。Francis Burton, *Ultimate Horse Care* (Lydney, UK: Ringpress Books, 1999); Michel-Antoine Leblanc, *The Mind of the Horse,* trans. Giselle Weiss (Cambridge, MA: Harvard University Press, 2013).
13. Rickye S. Heffner and Henry E. Heffner, "Localization of Tones by Horses: Use of Binaural Cues and the Role of the Superior Olivary Complex," *Behavioral Neuroscience* 100 (1986): 93-103; Brian Timney and Todd Macuda, "Vision and Hearing in Horses," *Journal of the American Veterinary Medical Association*218, no. 10 (May 15, 2001): 1567-1574.

22. Suzana Herculano-Houzel, *The Human Advantage: A New Understanding of How Our Brain Became Remarkable* (Cambridge, MA: The MIT Press, 2017).
23. John Morrison, Professor of Neurology at University of California, Davis. https://www.brainfacts.org/thinking-sensing-and-behaving/learning-and-memory/2019/the-short-answer-what-is-a-synapse-072519

第3章

1. Jason Holt, *Blindsight and the Nature of Consciousness* (Peterborough, Ontario: Broadview Press, 2003).
2. エデルマンの言葉「記憶についての私たちの見方が正しければ、高等生物にとってはどんな知覚的な活動もある意味創造的な活動であり、どんな記憶的な活動もある意味想像的な活動である」より。Gerald M. Edelman and Guilio Tononi, *A Universe of Consciousness: How Matter Becomes Imagination* (New York: Basic Books, 2000), 101.
3. Michel-Antoine Leblanc, *The Mind of the Horse,* trans. Giselle Weiss (Cambridge, MA: Harvard University Press, 2013).
4. Zoe Davies, *Equine Science* (Hoboken, NJ: John Wiley & Sons, 2018).
5. 次の参考文献内のアリソン・ハーマンによる写真を参照のこと。Paul McGreevy, *Equine Behavior 2e* (Sydney: Saunders Elsevier,2012), 41.
6. Michel-Antoine Leblanc, *The Mind of the Horse,* trans. Giselle Weiss (Cambridge, MA: Harvard University Press, 2013).
7. Michel-Antoine Leblanc, *The Mind of the Horse,* trans. Giselle Weiss (Cambridge, MA: Harvard University Press, 2013).
8. www.horsewyse.com.au/howhorsessee.html
9. *Merck Veterinary Manual.* https://www.merckvetmanual.com/horse-owners/eye-disorders-of-horses/eye-structure-and-function-in-horses
10. Richard H. Masland, "The Fundamental Plan of the Retina," *Nature Neuroscience* 4 (2001): 877-886.
11. Margaret W. Matlin and Hugh J. Foley, *Sensation and Perception 4e* (Needham Heights, MA: Allyn and Bacon, 1997).
12. David Eagleman, *The Brain: The Story of You* (New York: Pantheon Books, 2015). ／邦訳：『あなたの脳のはなし――神経科学者が解き明かす意識の謎』デイヴィッド・イーグルマン、2017年、早川書房
13. Vilayanur S. Ramachandran, *Phantoms in the Brain* (New York: William Morrow and Company, Inc., 1998), 91. ／邦訳：『脳のなかの幽霊』V・S・ラマチャンドラン、1999年、角川書店

第4章

1. Zoe Davies, *Equine Science* (Hoboken, NJ: Wiley Blackwell, 2018).
2. Zoe Davies, *Equine Science* (Hoboken, NJ: Wiley Blackwell, 2018).
3. Atul Gawande, *Being Mortal* (New York: Metropolitan Books, 2014). ／邦訳：『死すべき定め――死にゆく人に何ができるか』アトゥール・ガワンデ、2016年、みすず書房
4. 本節は主に両眼視差を取りあげているが、人間の視覚系でもウマのものでも、奥行き知覚には単眼手がかりも使われている。たとえば、運動視差は両種にとって重要なものだ。
5. O.J. Braddick, Binocular Vision. H.B. Barlow and J.D. Mollon, *The Senses* (Cambridge: Cambridge University Press, 1982).
6. 次の文献の情報に基づいて算出した数値。B. Timney and K. Keil, "Local and Global Stereopsis in the Horse," *Vision Research* 39, (1999):1861-1867.
7. Francis Burton, *Ultimate Horse Care* (Lydney, UK: Ringpress Books,1999). なお、ルブランは人間の両眼視野が120度であるのに対して、ウマのそれは60度であると、次の文献でより詳しく述べている。Michel-Antoine Leblanc, *The Mind of the Horse,* trans. Giselle Weiss (Cambridge, MA: Harvard

第2章

1. J. N. Giedd, "Structural Magnetic Resonance Imaging of the Adolescent Brain," *Annals of the New York Academy of Sciences,* 1021 (2004): 77–85.
2. Isabella Edwards, "When are Horses Mature?," *Equine Wellness,* April 17, 2014.
3. Aurèlie Ernst and Jonas Frisèn, "Adult Neurogenesis in Humans—Common and Unique Traits in Mammals," PLOS Biology, 13 (2015): doi 10.1371/journal.pbio.1002045
4. https://www.science20.com/news_releases/why_did_ice_antarctica_suddenly_appear_35_million_years_ago_co2_says_study
5. https://www.inverse.com/article/40590-horse-toe-feet-evolution-metacarpal-equus-mesohippus; https://ker.com/equinews/horse-splints/
6. Wendy Williams, *The Horse* (New York: Scientific American/Farrar, Straus and Giroux, 2015). ウマの自然史を詳細かつ興味深く描いたベストセラー。ウマの化石の写真と、考古学者がそれらの年代をどのようにして特定するかの説明も掲載されている。
7. ウマの神経細胞の軸索で最長のものは、脳幹とその十数センチ先の喉頭を結んでいる反回神経だ。この神経は進化上の興味深い理由によって、脳幹からまず心臓まで下がり、そこから上方に向かって喉頭に到達するという遠回りの経路をたどっている。Michel-Antoine Leblanc, *The Mind of the Horse,* trans. Giselle Weiss (Cambridge, MA: Harvard University Press, 2013), 73; Janet L. Jones, "Cory's Second Wind," *EQUUS*470, (November 2016): 32-42.
8. Zoe Davies, *Equine Science* (Hoboken, NJ: John Wiley& Sons, 2018).
9. https://faculty.washington.edu/chudler/ffacts.html
10. http://www.ebhrc.com/article2.htmlによるとウマの脳の重さはおよそ700～900グラムで、ウマの平均体重約450キロから計算すると、体重に占める脳の重さの割合は0.2パーセントとなる。ウマの脳が体内のグルコースの25パーセントを消費している点については次を参照のこと。American Association of Equine Practitioners, *Equine Veterinary Education,* (October 2017). https://aaep.org/site-search?search=glucose+brain
11. 人間の脳の場合、ある状況下では前頭前野での分析を減らした2番目の情報伝達経路が使われるが、それでもウマのものと比べると遅い。Joseph Le Doux, *The Emotional Brain* (New York: Simon and Schuster, 1996). ／邦訳：『エモーショナル・ブレイン――情動の脳科学』ジョセフ・ルドゥー、2003年、東京大学出版会
12. Louisa Dahmani, Raihaan M. Patel, Yiling Yang, M. Mallar Chakravarty, Lesley K. Fellows, and Veronique D. Bohbot, "An Intrinsic Association Between Olfactory Identification and Spatial Memory in Humans," *Nature Communications* 9, (October 16,2018): 4162.
13. Lauren Wingfield, "Glimpses Into Brain Uncover Neurological Basis for Processing Social Information," *Neuroscience News* (November 5, 2018).
14. Wendy Williams, *The Horse* (New York: Scientific American/Farrar, Straus and Giroux, 2015).
15. Wendy Williams, *The Horse* (New York: Scientific American/Farrar, Straus and Giroux,2015).
16. Elizabeth Pennisi, "Ancient DNA upends the horse family tree," *Science* (February 22, 2018). https://www.sciencemag.org/news/2018/02/ancient-dna-upends-horse-family-tree
17. Katrina Firlik, *Another Day in the Frontal Lobe* (New York: Random House, 2006).
18. Bruno Cozzi, Michele Povinelli, Cristina Ballarin, and Alberto Granato, "The Brain of the Horse: Weight and Cephalization Quotients," *Brain Behavior and Evolution* 83, no. 1 (December2013): 9-16.
19. 獣医学博士ブルーノ・コッツィとのメールのやりとりより（2019年9月17、18日）。
20. Bruno Cozzi, Michele Povinelli, Cristina Ballarin, and Alberto Granato, "The Brain of the Horse: Weight and Cephalization Quotients," *Brain Behavior and Evolution* 83, no. 1 (December2013): 9-16.
21. Michel-Antoine Leblanc, *The Mind of the Horse,* trans. Giselle Weiss (Cambridge, MA: Harvard University Press, 2013).

注

*　この詩にはいくつかのバージョンがあるが、ここではディキンソンのオリジナル版をそのまま掲載。

The Brain—is wider than the Sky—
For—put them side by side—
The one the other will contain
With ease—and You—beside—

The Brain is deeper than the sea—
For—hold them—Blue to Blue—
The one the other will absorb—
As Sponges—Buckets—do—

The Brain is just the weight of God—
For—Heft them—Pound for Pound—
And they will differ—if they do—
As Syllable from Sound—

Emily Dickinson, c. 1862

第1章

1. https://www.sciencedaily.com/releases/2009/03/090305141627.htm
2. 同統計によるとアメリカの馬頭数は720万頭（ポニー、ミニチュアホースを除く）。https://www.horsecouncil.org/about-us/ahc-programs/ahc-foundation/
3. https://www.sportsbusinessdaily.com/Journal/Issues/2017/01/09/Marketing-and-Sponsorship/Equestrian.aspx
4. 国際連合食糧農業機関のデータベース「家畜多様性情報システム」より。https://www/fao.org/dad-is/en
5. 障害飛越競技用の壁の最高飛越記録は8フィート1インチ（約2.46メートル）。https://en.wikipedia.org/wiki/Puissance
6. Xenophon, *The Art of Horsemanship* (New York: Dover Publications, 350 BC/2006 AD).
7. 1960年の国勢調査によると、当時のスコッツデールの人口は1万26人。面積は3.8平方マイル（約9.8平方キロメートル）。https://scottsdalehistory.org/page-18189
8. この格言は一般的にレオナルド・ダ・ヴィンチのものとされているが、正確な出典は不明だ。https://quoteinvestigator.com/2015/04/02/simple/
9. 次の詩の第一節。Ronald Duncan, *The Horse* (London: Souvenir Press Ltd, 1990) © (Copyright of) the Ronald Duncan Estate.

■著者紹介

ジャネット・L・ジョーンズ（Janet L. Jones, PhD）

ウマの調教や騎乗者の指導に脳科学を取り入れる認知科学者。カリフォルニア大学ロサンゼルス校（UCLA）で認知科学の博士号を取得したのち、知覚、言語、記憶、思考に関する神経科学を23年にわたって教えてきた。大規模な厩舎で長年ウマの調教を行い、その後、調教関連の事業を自ら立ち上げて軌道に乗せる。何百頭もの若いウマや問題のあるウマを調教しながら、ハンター、障害飛越、ホルター、レイニング、ウエスタンプレジャーなどの競技大会に出場してきた経験を持つ。

■訳者紹介

尼丁千津子（あまちょう・ちずこ）

英語翻訳者。神戸大学理学部数学科卒。訳書に『10代脳の鍛え方――悪いリスクから守り、伸びるチャレンジの場をつくる』（晶文社）、『「ユーザーフレンドリー」全史――世界と人間を変えてきた「使いやすいモノ」の法則』（双葉社）、『人工知能時代に生き残る会社は、ここが違う――リーダーの発想と情熱がデータをチャンスに変える』（集英社）などがある。

■編集協力

持田裕之（もちだ・ひろゆき）

Hiroyuki Mochida Horsemanship代表。一般社団法人ジャパンホースグラウンドワーク協会理事。ナチュラルホースマンシップ（ウマ本来の性質や心理学の側面からウマと関わり合い、信頼関係を構築し無理なくウマを馴致・調教していく方法）の日本の第一人者であり、全国各地で競走馬から乗用馬まで幅広く講習会を開催。近年では、競馬界でも引退競争馬のリトレーニングにホースマンシップを取り入れた方法が導入されている。公益社団法人全国乗馬倶楽部振興協会や特定非営利活動法人宇都宮国際障がい者乗馬協会「ピルエット」などで講演・講習も行うなど、業界関係者からの信頼も厚い。

■翻訳協力／リベル

2021年8月3日 初版第1刷発行
2022年5月3日 第2刷発行

フェニックスシリーズ⑫④

馬《うま》のこころ
——脳科学者が解説するコミュニケーションガイド

著　者　ジャネット・L・ジョーンズ
訳　者　尼丁千津子
発行者　後藤康徳
発行所　パンローリング株式会社
〒160-0023　東京都新宿区西新宿7-9-18　6階
TEL 03-5386-7391　FAX 03-5386-7393
http://www.panrolling.com/
E-mail　info@panrolling.com
装　丁　パンローリング装丁室
印刷・製本　株式会社シナノ

ISBN978-4-7759-4253-6

関 連 書

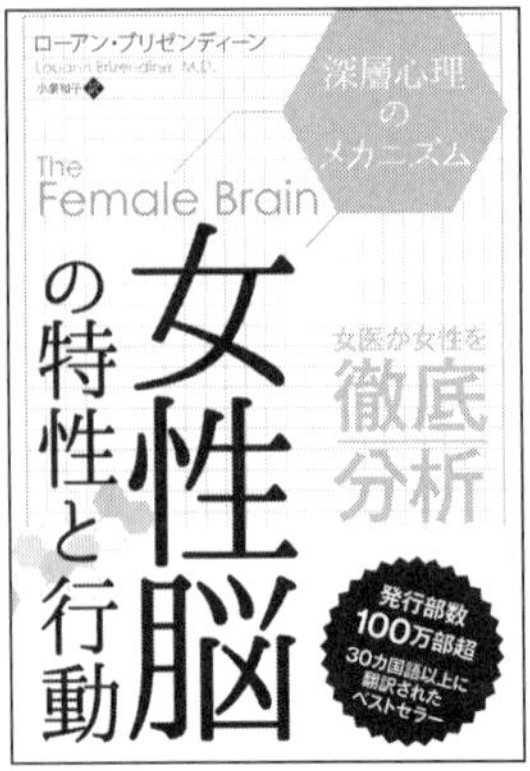

女性脳の特性と行動

深層心理のメカニズム

ローアン・ブリゼンディーン【著】

定価 本体1,600円+税　ISBN:9784775941904

発行部数100万部超
30カ国語以上に翻訳されたベストセラー
女医が女性を徹底分析

女性と男性の違いは、老若男女を問わず悩みの種でした。その問題を解決すべく神経精神科医ローアン・ブリゼンディーン博士は女性の脳機能を研究し本書を執筆しました。過去の多くの研究が男性のみに焦点を当てていたため、女性に特化した本書は大変な注目を集めています。本書では生物学的に身体の変化が女性の一生にどのような影響を及ぼしているのかを《幼児期・思春期・恋愛期・セックス・育児期・閉経期とその後》に区分し検証をしています。女性脳で何が起こっているのかを理解すれば、永遠の悩みと思われていた問題を解決することができます。

進化心理学から考えるホモサピエンス

一万年変化しない価値観

アラン・S・ミラー、サトシ・カナザワ【著】

定価 本体2,000円+税　ISBN:9784775942055

男は繁殖、女はリソース、
すべては自分の遺伝子を後世につなぐため

進化心理学は人間の本性を扱うサイエンスです。本書では、二人の進化心理学者が、最新の研究の成果を用いてヒトの心理メカニズムを紐解いていきます。わたしたちが生きていくうえで直面する出来事——配偶者選び、結婚、家族、犯罪、社会、宗教と紛争——を項目ごとにわかりやすく解説。日常のあらゆる領域にみられるひと筋縄ではいかないさまざまな問題、そしてこれまでタブー視されていた過激な問いかけも、進化心理学の視点を用いてクリアにしていきます。素朴な疑問から、非道徳的な事項、残酷な要素もあえて提示した本書は、これまでの常識をくつがえす真実をわかりやすく紹介していきます。

好評発売中

ジェームズ・クリアー式
複利で伸びる1つの習慣

ジェームズ・クリアー【著】
ISBN 9784775942154　328ページ
定価：本体 1,500円＋税

習慣は、自己改善を
複利で積み上げたものである。

良い習慣を身につけるのに唯一の正しい方法などないが、ここでは著者の知っている最善の方法を紹介する。ここで取りあげる戦略は、目標が健康、お金、生産性、人間関係、もしくはその全部でも、段階的な方法を求めている人なら、誰にでも合うはずだ。人間の行動に関するかぎり、本書はあなたのよきガイドとなるだろう。

ぼくが猫の行動専門家になれた理由

ジャクソン・ギャラクシー【著】
ISBN 9784775941317　304ページ
定価：本体 1,500円＋税

“猫にしつけ”ってできるの？

これまでにない手法で猫の問題行動を解決するのは、世界中で“キャットダディ”の愛称で呼ばれるジャクソン・ギャラクシーだ。その風貌と、“猫の行動専門家”という肩書きを結びつけることはむずかしい。しかし本書を読めば、そんな戸惑いも吹っ飛ぶ。もしあなたが猫のことで悩んでいるなら、ぜひ本書のアドバイスを参考にしてみてほしい。

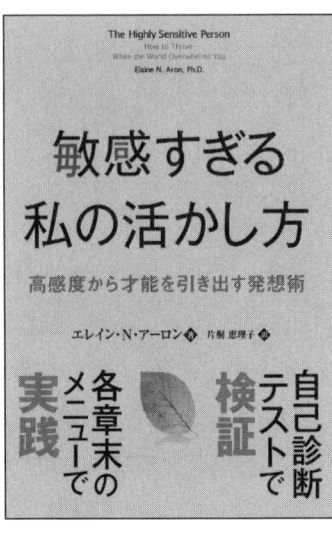

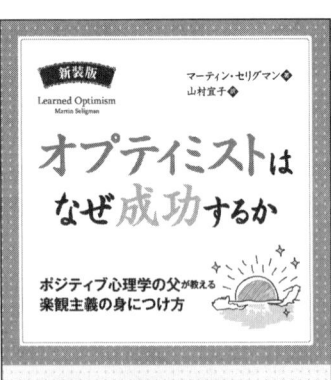